ポリマーバッテリーⅡ
Polymer Battery Ⅱ

監修：金村聖志

シーエムシー出版

はじめに

　高分子材料を電池に応用することが長年考えられてきた。電池のバインダーやセパレーターはまさに高分子材料である。これらの高分子(ポリマー)材料は，すでに実用化され電池にとってなくてはならない材料となっている。一方，ここ十数年の電池の歴史を振り返って見ると，ポリマー材料に関するものが多く見受けられる。ポリマーを用いて電池の構成要素をすべて作り出すことも考えられてきた。すなわち，電極材料や電解質材料としての検討である。これらの材料は電池中では主たる材料であり，このような材料をポリマーで構成するには電気の流れる高分子やイオンが容易に移動できるポリマーが必要であり，これまでに多くの研究がなされ，その結果，多くの新しい材料が創製されてきた。そして，多くの興味ある電気化学的に活性なポリマーに関する提案が発表され，その度にリチウム電池や他の電池への応用が検討されてきた。このような状態は現在も継続されている。そして，これらの研究開発を行ってきた中の一つの成果として，リチウムイオン伝導性のゲルポリマーがリチウムイオン電池の電解質として実際に応用され，ポリマー電池として分類され携帯電話の電源として実際に使用されている。しかしながら，これまでに多くの研究が行われてきたものの，実用電池への適用は以外に少ない気がする。これは，ポリマー以外の無機系あるいは液系の多くの優れた材料があり，ポリマーでなくてはならないという究極的な理由がなかったためであろう。ゲル系電解質の場合には，角型の電池を作製するためには，液体よりもポリマーの方が適していると判断され，ゲルポリマーが実用化されたものと思われる。具体的には，電池のエネルギー密度を向上させるために，ゲル電解質を使用することが不可欠であったことが大きな要因となっているものと考えられる。

　リチウムイオン電池あるいはリチウム電池が今後もいろいろな機器において使用され，多種多様なニーズが生み出され，その結果電池への要求もいろいろ変化する。この時に，電解質は電解液系だけ，活物質は遷移金属酸化物系だけといったように，単一の電解質材料系あるいは電極材料系しか我々が有していなければ，新しいニーズに対応できなくなる可能性がある。現在の社会状況を眺めてみると，新しい電池への要求が噴出してきそうな時であり，今まさに新しい材料，ポリマー材料への期待の高まる時代が訪れようとしている。その代表例が，電気自動車であり，燃料電池車である。ポリマー電池に関する技術を継承し，加えて新しい材料の開発やシステムの構築を進めていかなければならない時代になりつつある。

　本著書は，初版のポリマー電池に関する著書を基にしてその内容を改訂しながら，新しい内容

を加えた総説として位置づけることができる。前回の出版から既に数年の年月が経過しており，その間にもいろいろなポリマー電池に関する動きがあったが，そのことも含めてポリマー電池に関する情報を集めた書物として出版されている。ポリマーといえばイオン伝導性高分子であり，導電性高分子であるが，バインダーやセパレーターもポリマーであるし，広い意味では炭素もポリマーの一種である。これらの材料がリチウム電池やキャパシターに応用されているが，今後ますますこれらの材料が研究され，実用化されることを大いに期待し，本書を出版するものである。

2003年9月

金村　聖志

普及版の刊行にあたって

本書は2003年に『ポリマーバッテリーの最新技術Ⅱ』として刊行されました。普及版の刊行にあたり，内容は当時のままであり加筆・訂正などの手は加えておりませんので，ご了承ください。

2009年7月

シーエムシー出版　編集部

執筆者一覧（執筆順）

金村　聖志	（現）首都大学東京　大学院都市環境科学研究科　環境調和・材料化学専攻　教授
髙見　則雄	（現）㈱東芝　研究開発センター　技監
矢田　静邦	（現）㈱KRI　顧問
天池　正登	（現）日本曹達㈱　高機能材料研究所　第二研究部　主任研究員
桑畑　　進	（現）大阪大学　大学院工学研究科　応用化学専攻　教授
直井　勝彦	（現）東京農工大学　大学院　教授
荻原　信宏	東京農工大学　大学院工学研究科　応用化学専攻　博士後期課程 （現）㈱豊田中央研究所　副研究員
德田　浩之	横浜国立大学　大学院工学府　機能発現工学専攻　博士後期課程； 日本学術振興会　特別研究員
渡邉　正義	（現）横浜国立大学　大学院工学研究院　教授
田畑誠一郎	横浜国立大学　大学院工学府　機能発現工学専攻　博士後期課程
河野　通之	（現）第一工業製薬㈱　電子材料研究所　所長
宇恵　　誠	㈱三菱化学科学技術研究センター　電池材料研究所　電池システム研究所　所長 （現）㈱三菱化学科学技術研究センター　電池材料研究所　所長； 三菱化学㈱　フェロー
内本　喜晴	（現）京都大学　大学院人間・環境学研究科　教授
脇原　將孝	（現）東京工業大学　名誉教授
辻岡　則夫	旭化成㈱　応用製品開発研究所　主席研究員 （現）京都大学キャリアサポートセンター
Lie Shi	Celgard Inc.　Technology　Vice President
足立　　厚	セルガード㈱　セルガードチーム　テクニカルサービスエンジニア
John Zhang	Celgard Inc.　New Technology　Vice President
永井　愛作	（現）㈱クレハ　炭素電池材事業部　事業部長補佐
白石　壮志	（現）群馬大学　大学院工学研究科　応用化学・生物化学専攻　准教授
中根　育朗	（現）㈳電池工業会　部長

執筆者の所属表記は，注記以外は2003年当時のものを使用しております．

目　次

第1章　ポリマーバッテリーの現状と今後の進展　　金村聖志
　　　　　　　　　　　　　　　　　　　　　　　　　　　　1

第2章　ポリマー負極材料

1　炭素材料　　　　　　　　高見則雄　9
　1.1　はじめに　　　　　　　　　　　9
　1.2　負極特性　　　　　　　　　　　11
　　1.2.1　黒鉛質材料　　　　　　　　12
　　1.2.2　易黒鉛化性炭素　　　　　　19
　　1.2.3　難黒鉛化性炭素　　　　　　19
　　1.2.4　低温焼成炭素　　　　　　　20
　1.3　リチウム吸蔵放出反応　　　　　21
　　1.3.1　炭素の構造と容量　　　　　21
　　1.3.2　黒鉛のリチウムインターカレーション　　　　　　　　　　　　　22
　　1.3.3　低温焼成炭素のリチウム吸蔵反応　　　　　　　　　　　　　　　25

　　1.3.4　難黒鉛化炭素のリチウム吸蔵反応　　　　　　　　　　　　　　　27
　1.4　おわりに　　　　　　　　　　　28
2　ポリアセン・PAHs系材料　　矢田静邦　33
　2.1　はじめに　　　　　　　　　　　33
　2.2　ポリアセン系物質（一次元グラファイト）　　　　　　　　　　　　35
　2.3　ポリアセン系物質のリチウム2次電池への応用　　　　　　　　　　36
　2.4　PAHsの構造と物性　　　　　　39
　2.5　PAHs電池　　　　　　　　　　41
　2.6　リチウム2次電池の将来　　　　43

第3章　ポリマー正極材料

1　導電性高分子　　　　　　　　　　47
　1.1　総論　　　　　　　　金村聖志　47
　　1.1.1　正極材料の電気化学　　　　47
　　1.1.2　導電性ポリマーの形状と電気化学的特性　　　　　　　　　　　49

　　1.1.3　導電性ポリマー正極の改良　52
　　1.1.4　おわりに　　　　　　　　　54
　1.2　ポリピロール　　　　天池正登　56
　　1.2.1　はじめに　　　　　　　　　56
　　1.2.2　ピロールモノマーの合成方法　56

I

1.2.3　ポリピロールの合成とその性質
　　　　　　…………………………… 57
　　　1.2.4　3,4-置換ピロール重合体の開発
　　　　　　…………………………… 60
　　　1.2.5　おわりに ………………… 64
　1.3　ポリアニリン ………**桑畑　進**… 67
　1.4　その他の導電性高分子
　　　　　　…………………**桑畑　進**… 72
2　有機硫黄系化合物
　　　　　……………**直井勝彦, 荻原信宏**… 74
　2.1　はじめに …………………………… 74
　2.2　有機硫黄系材料のエネルギー貯蔵
　　　　原理 …………………………………… 75
　2.3　有機硫黄系材料の分類と電池特性
　　　　比較 …………………………………… 76
　　　2.3.1　分類 ……………………… 76
　　　2.3.2　電池特性 ……………………… 77
　2.4　有機硫黄系正極材料の報告例 …… 79

　　　2.4.1　有機ジスルフィド化合物 …… 79
　　　2.4.2　カーボンスルフィド化合物 … 81
　　　2.4.3　単体硫黄 ………………… 82
　2.5　現状のLithium/Sulfur Battery
　　　　開発動向 …………………………… 84
　　　2.5.1　電極作製（ファブリケーション）
　　　　　　…………………………… 84
　　　2.5.2　Lithium/Sulfur Battery用電解
　　　　　　質の検討 ………………… 86
　　　2.5.3　Lithium/Sulfur Batteryの
　　　　　　電池特性 ………………… 87
　2.6　おわりに …………………………… 89
3　無機材料・導電性高分子コンポジット
　　正極 …………………**桑畑　進**… 92
　3.1　層状化合物と導電性高分子のコンポ
　　　　ジット材料 ………………………… 92
　3.2　金属酸化物粒子と導電性高分子のコ
　　　　ンポジット材料 …………………… 94

第4章　ポリマー電解質

1　ポリマー電解質の応用と実用化
　　　　………………………**金村聖志**… 98
　1.1　ポリマー電解質の種類 …………… 98
　1.2　ポリマー電解質のイオン伝導性 … 99
　1.3　ポリマー電解質の界面構造制御 … 101
　1.4　セパレーターとしてのポリマー電
　　　　解質 ………………………………… 103
　1.5　新規イオン伝導性ポリマーの開発
　　　　………………………………………… 105
　1.6　ポリマー電解質の熱的安定性と実
　　　　用化 ………………………………… 106

　1.7　おわりに …………………………… 107
2　ポリエーテル系固体電解質
　　　　…………………**徳田浩之, 渡邉正義**… 108
　2.1　電解質と高分子 …………………… 108
　2.2　ポリエーテル中のイオン伝導の特徴
　　　　と分子設計 ………………………… 109
　　　2.2.1　イオン解離・輸送機構 …… 109
　　　2.2.2　ポリエーテル構造の変遷 …… 111
　2.3　リチウム塩の研究展開 …………… 114
　　　2.3.1　電解質特性に及ぼすリチウム塩
　　　　　　の影響 …………………… 114

2.3.2 新しいアニオン構造 ………… 115
2.4 高分子固体電解質の機能化 ……… 117
　2.4.1 高分子電解質型イオン伝導体
　　　　…………………………… 117
　2.4.2 アニオン捕捉型高分子 ……… 118
　2.4.3 無機金属酸化物の添加効果 … 120
2.5 高分子固体電解質が形成する電気化
　　学界面 …………………………… 120
　2.5.1 金属リチウムと高分子固体電解
　　　　質の界面 …………………… 120
　2.5.2 複合正極と高分子固体電解質の
　　　　界面 ………………………… 122
2.6 おわりに ………………………… 124

3 高分子ゲル電解質
　…田畑誠一郎, 河野通之, 渡邉正義… 127
3.1 リチウム二次電池と高分子ゲル電
　　解質 ……………………………… 127
3.2 様々な高分子ゲル電解質 ……… 128
　3.2.1 ポリアクリロニトリル(PAN)系
　　　　…………………………… 129
　3.2.2 ポリフッ化ビニリデン(PVDF)系
　　　　…………………………… 129
　3.2.3 ポリメチルメタクリレート
　　　　(PMMA)系 ………… 130
3.3 ポリエーテル系高分子ゲル電解質に
　　おけるイオン伝導性と電極界面挙動
　　…………………………………… 130
　3.3.1 イオン導電率 ……………… 132
　3.3.2 高分子ゲル電解質／リチウム金
　　　　属における界面挙動 ……… 133

3.3.3 リチウム二次電池としての特性
　　　　…………………………… 135
3.4 高分子ゲル電解質の最近の動向 … 136
　3.4.1 ルイス酸を導入した高分子ゲル
　　　　電解質 ……………………… 136
　3.4.2 イオン性液体を溶媒に用いた高
　　　　分子ゲル電解質 …………… 137
3.5 おわりに ………………………… 138

4 電解質と支持塩…………宇恵　誠… 140
4.1 はじめに ………………………… 140
4.2 電解質の役割と要求性能 ……… 141
4.3 電解質材料の分子設計 ………… 143
　4.3.1 電気伝導率 ………………… 144
　4.3.2 電位窓 ……………………… 149
　4.3.3 界面特性 …………………… 152
　4.3.4 使用可能温度領域 ………… 152
　4.3.5 安全性 ……………………… 152
4.4 新規電解質材料 ………………… 153
4.5 おわりに ………………………… 153

5 新規高分子固体電解質
　……………………内本喜晴, 脇原將孝… 156
5.1 はじめに ………………………… 156
5.2 13族エステルを添加した高分子固体
　　電解質 …………………………… 158
5.3 高分子固体電解質／電極界面での電
　　荷移動反応速度 ………………… 164
5.4 電荷移動反応速度に及ぼすルイス酸
　　添加効果 ………………………… 166
5.5 おわりに ………………………… 169

第5章　セパレーター

1　材料開発と製造プロセス…辻岡則夫 … 171
  1.1　はじめに …………………………… 171
  1.2　LIBおよびLIPの市場動向 ……… 172
  1.3　各種二次電池とセパレーター要求特性 ………………………………… 173
  1.4　微多孔ポリオレフィンフィルムの物性と製法 ……………………… 174
    1.4.1　微多孔ポリオレフィンフィルムの設計 ……………………… 174
    1.4.2　機械特性 ………………… 174
    1.4.3　透過性 …………………… 175
    1.4.4　熱特性 …………………… 176
  1.5　微多孔フィルム製造技術 ………… 177
    1.5.1　多孔化技術 ……………… 177
    1.5.2　フィルム化技術 ………… 178
  1.6　LIPセパレーター ………………… 179
    1.6.1　ゲルポリマー電解質とセパレーター …………………………… 179
    1.6.2　LIP用セパレーターの開発 … 179
  1.7　おわりに …………………………… 180

2　リチウムポリマーバッテリー用セパレーターの機能と特性
　　　… Lie Shi，足立　厚，John Zhang … 182
  2.1　はじめに …………………………… 182
  2.2　Sonyタイプのリチウムポリマーバッテリーシステム用セパレーター … 183
  2.3　Bellcoreタイプのリチウムポリマーバッテリーシステム用セパレーター …………………………………… 186
    2.3.1　Bellcoreシステムとその欠点 ………………………………… 186
    2.3.2　PVDFコートセパレーター … 187
  2.4　おわりに …………………………… 190

第6章　リチウムイオン電池用ポリマーバインダー　　永井愛作

1　バインダー樹脂の持つべき役割と特性 ……………………………………… 192
2　各種のポリマーの電気化学的特性 …… 193
3　バインダーの接着メカニズム ………… 196
4　官能基導入型バインダーおよび高重合度バインダー ……………………………… 198
5　バインダー開発の今後 ………………… 199

第7章　キャパシタ用ポリマー　　白石壮志

1　炭素系材料 ……………………………… 200
  1.1　はじめに …………………………… 200
  1.2　電気二重層キャパシタとは？ …… 200
    1.2.1　電気二重層キャパシタのエネルギー密度 ……………………… 200
    1.2.2　多孔質炭素電極の二重層容量 ………………………………… 201
  1.3　活性炭電極の電気二重層容量 …… 203

1.3.1 活性炭の製造方法 ………… 203
1.3.2 水蒸気賦活ACF …………… 205
1.3.3 KOH賦活ACF ……………… 206
1.4 メソポーラスカーボン電極の電気二重層容量特性 ………………… 209
 1.4.1 賦活触媒によって調製したメソポーラスカーボン …………… 209
 1.4.2 ゾルゲル法によって調製したメソポーラスカーボン ………… 212
 1.4.3 鋳型（テンプレート）法 …… 213
 1.4.4 フッ素系ポリマーの脱フッ素化法 ……………………………… 214
 1.4.5 その他の多孔質炭素材の電気二重層容量特性 ………………… 215
1.5 おわりに ……………………… 215

第8章 ポリマー電池の用途と開発　中根育朗

1 はじめに ………………………… 218
2 ポリマー電池技術 ……………… 219
 2.1 ポリマーリチウムイオン電池とゲル状ポリマー電解質 …………… 219
 2.2 ゲル状ポリマー電解質 ……… 221
 2.3 ゲル状ポリマー形成プロセス …… 225
 2.4 ポリマーリチウムイオン電池用電極材料 ……………………………… 228
  2.4.1 負極材料 ………………… 228
  2.4.2 正極材料 ………………… 231
3 電池性能と仕様 ………………… 233
4 用途と今後の展望 ……………… 235
5 おわりに ………………………… 237

第1章　ポリマーバッテリーの現状と今後の進展

金村聖志*

　リチウムイオン電池は携帯電話の電源として広く使用されている。また，電気自動車あるいはハイブリッド車の電源としても使用されている。将来は自然エネルギーなどのバックアップ用電源としても使用することが提案されている。現代社会そして未来社会にとって，リチウムイオン電池はなくてはならいものとなりつつあると言っても過言ではない。このような社会的なニーズを背景として，リチウムイオン電池の開発が活発に行われてきた。一般的なリチウムイオン電池の構成は図1に示すように，リチウム含有遷移金属酸化物を正極活物質に，炭素材料を負極活物質に，リチウム塩を溶解した非プロトン性有機溶媒（非水系電解液）を電解質に用い，電池が組み立てられている。このような構成が完成したのは10年ほど前である[1]。それ以前にもリチウム二次電池用の種々の活物質材料や電解質材料の研究が行われていた[2~4]。そして，実際にリチウムイオン電池に類似した二次電池が提案された[5]。その電池はすべてポリマーにより構成された電池であった。正極および負極材料にはポリアセチレンが，電解質にはポリエチレンオキシドにリチウム塩を複合させたポリマー電解質が用いられた電池である。図2に論文に掲載された電池の構成図を示す。

　このような電池がなぜ提案されたのか。その当時はまだリチウムイオン電池が開発されていなかった時代であるが，電気の流れる高分子がMacDiarmidあるいは白川らにより発明された時代であり，それを利用した電気化学的なデバイスとして二次電池が提案されたのである[5~9]。それまでの電池は柔軟性に乏しくカード型のような電池を作製することはできなかった。しかし，導電性ポリマーを電極として用いることにより優れた特性を有するフレキシブルな電池の作製が可能になることが提案され注目を集めた。また，電解質にもリチウムイオン伝導性のポリマーを使用することにより完全に高分子のみで構築された電池を作製することがきる点で大きな興味が持たれた。それ以来，多くの研究者により検討が行われたが，実用化されるまでには至っていない。その後も，導電性ポリマーに関する研究は継続され，新規の材料が生み出されており，その中には無機系の材料をはるかにしのぐ優れた材料もある。導電性ポリマーを用いた場合の電極反応の概要を眺めながら，導電性ポリマー電極についてさらに詳細に考察してみる。

　導電性ポリマーには2種類のタイプが存在する[10]。1つ目は，ポリマー内部にアニオンがドー

---

*　Kiyoshi Kanamura　東京都立大学　大学院工学研究科　応用化学専攻　教授

ポリマーバッテリーの最新技術 II

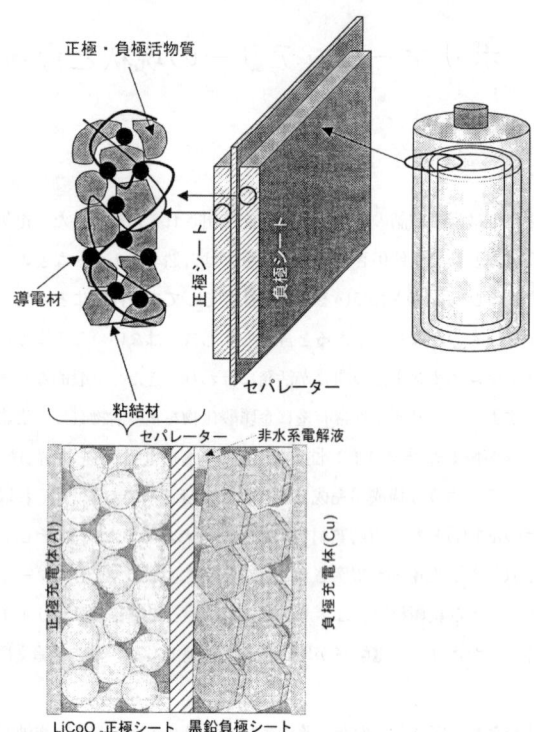

図1 リチウム含有遷移金属酸化物を正極に,黒鉛を負極に,リチウム塩を溶解した非プロトン性有機溶媒を電解液に用いたリチウムイオン電池の構成図

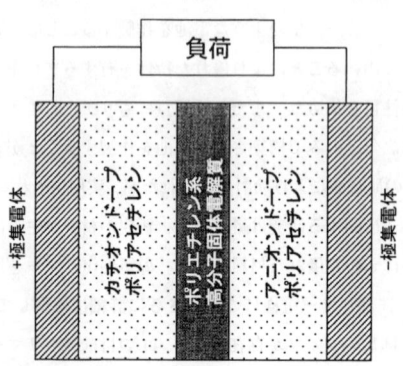

図2 正極および負極,そして電解質すべてをポリマーにより構成した全固体型のリチウムポリマー電池の構成図

第1章　ポリマーバッテリーの現状と今後の進展

プ可能なものであり，2つ目は，ポリマー内部にカチオンがドープ可能なものである。前者のものは正極材料として，後者のものは負極材料として使用されるべき材料である。1つの材料で両方とも可能な導電性ポリマーも存在する。導電性ポリマーにアニオンがドープされると導電性ポリマー自身はカチオン的になり，カチオンがドープされるとアニオン的になる。したがって，電池の正極と負極に導電性ポリマーを用いた場合，反応式はポリアセチレンという導電性ポリマー（どちらのイオンもドープ可能な導電性ポリマー）を例として記述すると，

（充電方向での反応式）

$$(CH)_n + xClO_4^- \longrightarrow (CH)_n(ClO_4)_x + xe^-$$
$$(CH)_n + xLi^+ + xe^- \longrightarrow (CH)_n(Li)_x$$

となる。したがって，充電時には電解液中のアニオンとカチオンがポリマー内部に吸収され放電時にはそれらが電解液中に溶出してくる。

　このような反応形態は鉛蓄電池のそれと類似している。なぜなら，鉛蓄電池においても，充電時に硫酸イオンが電解液中に電極から放出され，放電時には電解液中の硫酸イオンが電極に取り込まれる反応が生じており，電解液の関与した電極反応とみなされるからである。すなわち，導電性ポリマーを用いた電池においても電解液中の支持塩である$LiClO_4$が消費・生成され，鉛蓄電池においても硫酸イオンが消費・生成される。つまり，電解液自身も電極反応に関与していることになる。

　通常のリチウムイオン電池の場合，リチウムイオンが正極に挿入されて入る時には負極からリチウムイオンが放出され，正極からリチウムイオンが放出されている場合には負極にリチウムイオンが挿入されている。したがって，電解液中のリチウムイオンの濃度は常に一定であり変化することはない。この点は，導電性ポリマーを用いた電池とは大きく異なる。すなわち，電解液は単純なイオン伝導性媒体としてのみ作用していることになる。したがって，リチウムイオン電池の場合には最小限の電解液量で問題なく電池は機能するが，ポリマー電池の場合には十分な電解液量が必要となり，電池のエネルギー密度の観点から考察するとかなり不利な電池系となる。したがって，ポリマー電池においてもアニオンあるいはカチオンのどちらかが，正極および負極から出入りする反応が好まれる。

　現在では，このような反応を実現するために，導電性ポリマーと他の有機系材料あるいは無機系材料を上手に組み合わせた電極材料の提案がなされている。この結果，飛躍的なエネルギー密度の向上が期待できるようになりつつある。正負両電極を導電性ポリマーとして用いるのではなく，一方を導電性ポリマーとして用いることも可能である。特に負極材料として導電性ポリマーを使用し，正極活物質は別の材料を用いることができれば，単一イオンの移動によって電気エネルギーの蓄積を行うことも可能である。

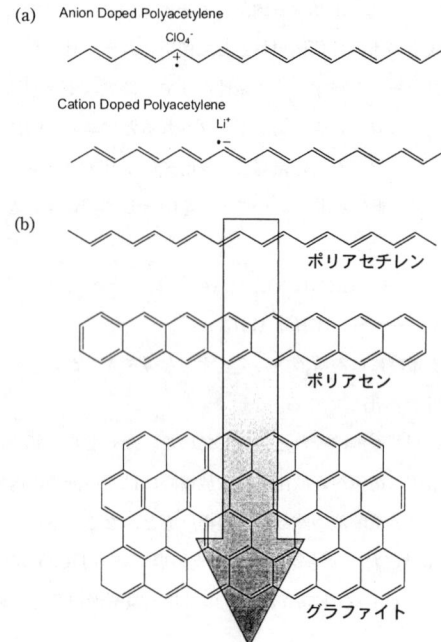

図3 (a)ポリアセチレンにアニオンおよびカチオンをドープした場合の状態変化と
(b)ポリアセチレンを出発とする炭素系材料の流れ

その1つの例としてポリアセチレンを負極に用いた電池が挙げられる。ポリアセチレンに対してリチウムイオンをドープ・脱ドープすることが可能であり、リチウムイオン電池に用いられる正極材料と組み合わせて用いることで大きなエネルギー密度を有する電池となる。この電池はリチウムイオン電池タイプの電池である。ところが、ポリアセチレンでは図3(a)に示すように、10炭素ユニット当たりに1つのリチウムイオンしかドープすることができない。そこで、ポリアセチレンに類似したポリアセン系材料が開発された[11〜13]。さらには、このような材料を突き詰めていくと炭素材料となり、現在のリチウム電池用負極の開発のもととなる研究が進展した。これらの歴史的な流れを図3(b)に示す。つまり、現在のリチウムイオン電池用負極の開発の原点は導電性ポリマーの研究にあると言える。

電子伝導性を有する高分子材料を電極材料に用いるための研究とともに注目されるのは、リチウムイオン伝導性を有する高分子材料である。図2においては、ポリエチレンオキシドにリチウム塩を複合させたものが使用されたが、それ以来多くのリチウムイオン伝導性を有するイオン伝

第1章 ポリマーバッテリーの現状と今後の進展

導性ポリマーの開発が行われてきた[14~18]。研究開発の初期においては、そのイオン伝導性は十分なものとは言えず非常に小さい値であったが、液体を使用しない点において注目された。特に、最近では、電池の安全性が大きな問題となっており、液体の電解質より流動性が小さく蒸発しにくい固体電解質の使用が望まれている。そのため、イオン伝導性高分子に関する多くの研究が行われ、液体電解質に匹敵するぐらいのイオン伝導性を有する高分子固体電解質が開発された[19]。高分子固体電解質を使用して実際にリチウムイオン電池を作製し、充放電試験を行うなどの検討がなされた。現状では実用化あるいはそれに近い段階までになっているが、電極作製の技術あるいは電池の構成技術において解決しなければならない問題点が残存しており、今後さらなる開発研究が求められている。

高分子固体電解質の研究途上においてゲル系電解質の開発が行われた。ゲル系電解質は固体電解質と液体電解質の中間的なものであり、液体電解質に近い特性を示しながら高分子固体電解質的な特性を有する材料である。したがって、イオン伝導性も非常に高く有機溶媒系の電解液に匹敵するほどである。また、半固体状態で存在するため電解質の流動性は十分に抑制されている。このような電解質を使用して電池を構成する場合、電池のエネルギー密度向上において有利となる。すなわち、液体電解質は流動性があるため電池内部において電解液を十分に注入していないと電解液に接触しない活物質が生成する可能性がある。しかし、ゲル電解質ではそのようなことはなく一度電極内部に充填することができれば、安定に存在する。また、電解質を膜として使用することができるため、シートを積み重ねる方法により電池を構成することができる。

機器の形状を念頭に電池を考えると、図4に示すような巻き取り式の電池構成よりも膜を重ねる方法で電池を構成する方が有利と考えられる。すなわち、角形の電池を作製する場合、液体電解質よりゲルまたは高分子固体電解質が有利と思われる。このため、携帯電話用のリチウムイオン電池の電解質にはゲル電解質が実用化されている。高分子固体電解質を用いた電池の最大の問題点は活物質となる固体材料と固体状態の電解質の接触である。電気化学的な反応が十分な速度で進行するためには、電解質と活物質の優れた接触が必要であり、これにより電気化学的な反応界面が形成される。高分子あるいはゲル電解質は、基本的には有機系の材料で構成されているため柔軟性を有しており、容易に接触させることができるように思われるが、実際には接触は不十分となる場合が多い。このため電極を作製するためのいろいろな工夫がなされている。

高分子系材料のリチウムイオン電池への応用についてその経緯を述べてきたが、今後の展開としていくつかの研究内容が挙げられる。導電性高分子を用いた電極材料は炭素系材料を除くと実用化はされていない。しかし、今後薄型のフレキシビリティーの高い電池が要求された場合には高分子系の材料が有望となる。ただ、導電性高分子のみでは不十分である可能性があり、この本の中でも紹介するが、無機系材料とのコンポジット化を行うことは非常に興味深い[20, 21]。また、

ポリマーバッテリーの最新技術Ⅱ

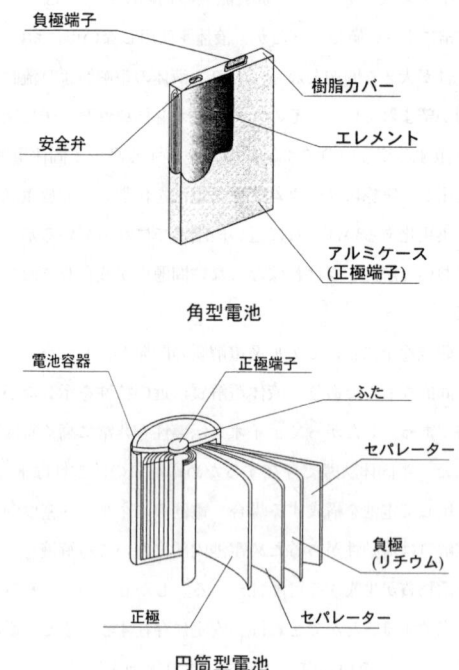

図4　円筒型のリチウムイオン電池の構造と角型のリチウムイオン電池の構造

　これにより擬似的にリチウムイオンの出入りによる反応にすることができれば，導電性ポリマーを正極材料として用いたリチウムイオン電池タイプの電池反応を構成することができる。あるいは，有機硫黄系材料のように，本質的に優れた電池容量を有する物質と複合化することも1つの研究の方向と言える[22~23]。
　固体電解質について眺めると，ゲル電解質については比較的良好な特性が既に得られているが，電極材料との界面接触の問題を解決することが望まれる。高分子固体電解質については，そのイオン伝導性の向上が必要となる。これまでは，ポリエチレンオキシド等のエーテル系結合を持った固体高分子電解質が用いられてきたが，このようなコンセプトに基づく高分子の開発ではなく，新規構造に基づくイオン伝導性高分子固体電解質の開発が求められる。さらに，バルクの構造だけでなく，高分子固体電解質の表面構造についても検討を行うことで活物質との接触についても改良することができる。少なくともそれほど遠くない時期にこのような研究開発が行われることが重要である。さらに加えて，電極構造に関する検討も必要である。図5に示したように

第1章 ポリマーバッテリーの現状と今後の進展

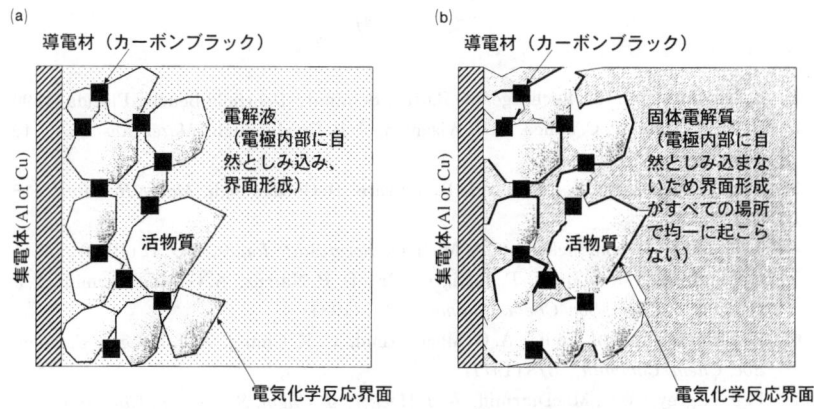

図5 (a)液体電解質を用いた場合の電極活物質と電解質の接触状態および
(b)高分子固体電解質を用いた場合の電極活物質と電解質の接触状態

　液体状態の電解質を用いた場合には電極と電解質の界面は自然と形成されるが，固体電解質を用いた場合にはそうではない。したがって，何らかの方法により電極を三次元的に構成し十分な界面接触が行えるような電極を作製することが必要となる。

　図6には，例として三次元的な規則配列構造を有する多孔体を用いた電極システムのモデル図を示す。このような電極では均一に活物質材料と電解質材料が接触し大きな電気化学的な界面が形成されている。将来このような電極システムを構築することができれば，高分子固体電解質の実用電池への応用も増加するものと期待される。

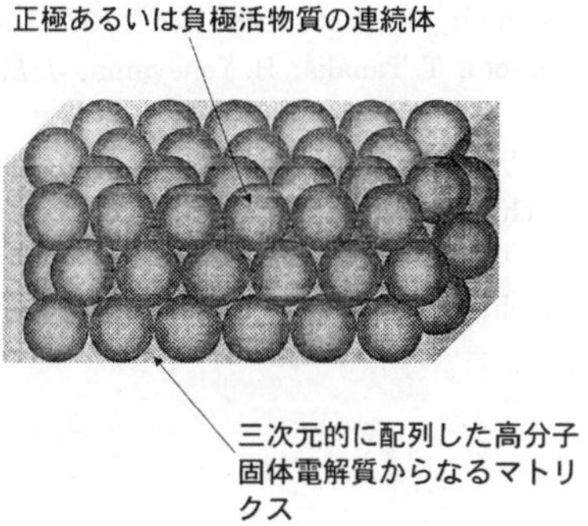

図6 三次元規則配列構造体を用いた新規電極システムのモデル図

7

ポリマーバッテリーの最新技術 II

文　献

1) T. Nagaura, 4th Int. Rechargeable Battery Seminar, Deerfield Beach, Florida (1990)
2) K. Mizushima, P. C. Jones, P. J. Wiseman, J. B. Goodenough, *Mater. Res. Bull.*, **18**, 472 (1980)
3) M. M. Thackerary, W. I. F. David, P. G. Bruce, B. Goodenough, *Mater. Res. Bull.*, **18**, 472 (1983)
4) J. R. Dahn, U. von Sacken, C. A. Michael, *Solid State Ionics*, **44**, 87 (1990)
5) D. MacInnes, M. A. Druy, P. J. Nigrey, Jr., D. P. Nairns, A. G. MacDiarmid, A. J. Heeger, *J. Chem. Soc. Chem. Commun.*, 317 (1981)
6) H. Shirakawa, E. J. Louis, A. G. MacDiarmid, C. K. Chang, A. J. Heeger, *J. Chem. Soc. Chem. Commun.*, 578 (1977)
7) P. J. Nigrey, A. G. MacDiarmid, A. J. Heeger, *J. Chem. Soc. Chem. Commun.*, 594 (1979).
8) H. Shirakawa, S. Ikeda, *Synth. Metals*, **1**, 175 (1979)
9) P. J. Nigrey, D. MacInnes, Jr., D. P. Nairns, A. G. MacDiarmid, A. J. Heeger, *J. Electrochem. Soc.*, **128**, 1651 (1981)
10) P. Novac, K. Muller, K. S. V. Santhanam, O. Haas, *Chem. Rev.*, **97**, 270 (1997)
11) K. Tanaka, T. Ohzeki, T. Yamabe, S. Yata, *Synth. Metals*, **11**, 61 (1985)
12) K. Sato, M. Noguchi, A. Demachi, N. Oki, E. Endo, *Science*, **264**, 556 (1994)
13) J. R. Dahn, T. Zheng, Y. Liu, J. S. Xue, *Science*, **270**, 590 (1995)
14) P. V. Wright, *Brit. Polymer J.*, **7**, 319 (1975)
15) J. M. Tarascon, A. S. Gozdz, C. Scmutz, F. Shokoohi, P. C. Warren, *Solid State Ionics*, **86-88**, 49 (1996)
16) G. Feuillade, P. H. Perche, *J. Appl. Electrochem.*, **5**, 63 (1975)
17) M. Alamgir, K. M. Abraham, *J. Power Sources*, **54**, 40 (1995)
18) T. Iijima, Y. Toyoguchi, N. Eda, *Denki Kagaku*, **53**, 619 (1985)
19) K. M. Abraham, M. Alamgir, *J. Electrochem. Soc.*, **137**, L1657 (1990)
20) S. Kuwabata, A. Kishimoto, T. Tanaka, H. Yoneyama, *J. Electrochem. Soc.*, **141**, 10 (1994)
21) T. A. Kerr, H. Wu, L. F. Nazar, *Chem. Mater.*, **8**, 2005 (1996)
22) T. Sotomura, H. Uemachi, K. Takeyama, K. Naoi, N. Oyama, *Electrochim. Acta*, **37**, 1851 (1992)
23) T. Sotomura, H. Uemachi, Y. Miyamoto, A. Kaminaga, N. Oyama, *Denki Kagaku*, **61**, 1366 (1993)

第2章　ポリマー負極材料

1　炭素材料

高見則雄*

1.1　はじめに

　炭素材料を負極に用いたリチウムイオン二次電池は，高電圧，軽量でエネルギー密度が大きいことから，携帯電話，ノート型パソコン，PDA，カメラ一体型VTRなどの携帯機器の主要電源として使用されている．現在，携帯機器の高機能化に伴いリチウムイオン二次電池の高容量化と薄型・軽量化が益々求められているが，さらに将来の車載用電源を視野に入れた正・負極材料の開発が精力的に進められている．また，負極炭素材料とゲルポリマー電解質を用いたポリマーリチウムイオン二次電池も商品化されるようになった．

　炭素材料は古くから電池の導電材として使用されてきたが，現在，リチウムイオン二次電池の負極材料として重要な構成材料となっている．負極に炭素材料を用いた場合，リチウム金属負極に比べて負極の理論容量と電池電圧が低くなるため，電池の理論エネルギー密度は低下する．しかし一方で，(1)式に示すリチウムイオンの吸蔵放出（挿入脱離）反応の可逆性が高く，過剰の負極活物質（Li_xC_y）を必要としないため電池の実効エネルギー密度を高くでき，かつLi_xC_yがリチウム金属より安全性が高いなど，電池負極材料として優れた特性を持っている．

$$xLi^+ + xe^- + C_y \underset{放電（放出）}{\overset{充電（吸蔵）}{\rightleftharpoons}} Li_xC_y \tag{1}$$

　負極として用いられる炭素材料は，基本的に図1(a)に示すような共役sp^2結合によって構成された炭素六角網面がファンデルワールス力で積層した結晶子を有しているため，その面間にリチウム（ゲスト）を挿入（インターカレーション）・脱離（デインターカレーション）することにより可逆性の高いホスト材料として機能する．ただし，結晶性の低い炭素材料では，結晶層間以外にもリチウムを格納するサイトが存在し，複雑な反応となる．また，電極電位がリチウム金属に比較的近い点からも，炭素は魅力的な負極材料といえる．

　一般的に電池容量，出力特性，サイクル寿命の観点から負極炭素材料は，以下の条件が求められる．

---

　*　Norio Takami　㈱東芝　研究開発センター　給電材料・デバイスラボラトリー　室長

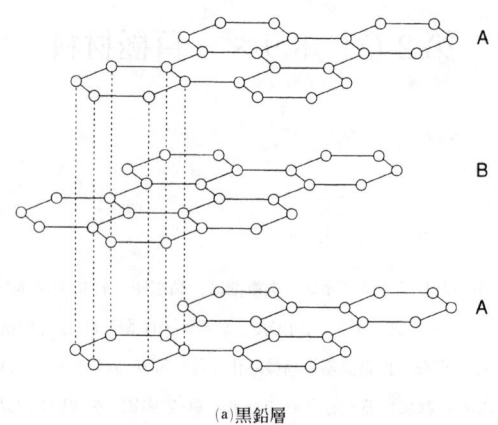

(a) 黒鉛層

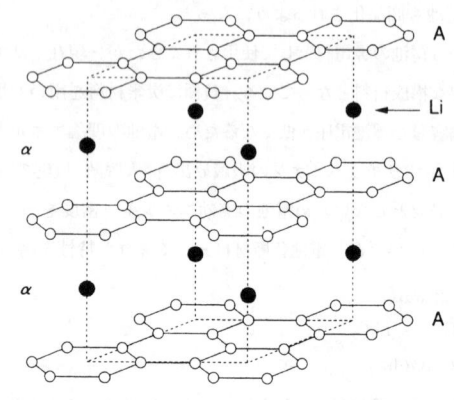

(b) 第1ステージ

図1　黒鉛層(a)とLi-GICの第1ステージ(b)の積層構造

① リチウム吸蔵・放出量が多いこと
② リチウム吸蔵・放出速度が速いこと
③ クーロン効率が高いこと
④ 炭素材料の充填性が高いこと
⑤ 電極の体積変化が少ないこと

当初, リチウムイオン二次電池の負極炭素材料にはコークスが使用されたが, 現在, 黒鉛質材

第2章 ポリマー負極材料

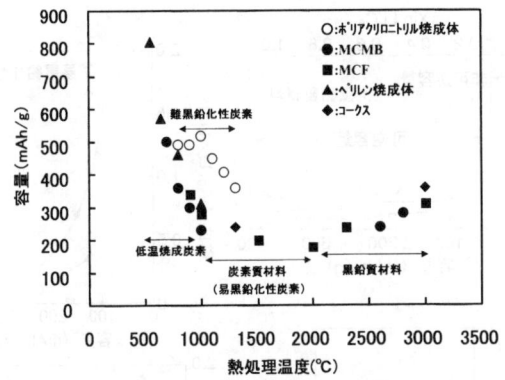

図2 熱処理温度と各種炭素材料の容量の関係

料が主に使用されている。一方,各種炭素材料の微細構造とリチウム吸蔵メカニズムの関係については,様々な手法で解析が進められ,種々の炭素材料のリチウム吸蔵放出反応が明らかとなってきた。

ここでは,負極炭素材料の電極特性とリチウム吸蔵放出反応を中心に最近の研究・開発を紹介し,あわせて課題や展望について述べる。

1.2 負極特性

負極材料として検討された炭素材料は,コークス,リニア・グラファイト・ハイブリッド(LGH),各種黒鉛材料,炭素繊維,樹脂焼成炭素,熱分解気相成長炭素,フルフリルアルコール樹脂焼成炭素,ポリアセン系有機半導体(PAS),メソカーボンマイクロビーズ(MCMB),メソフェーズピッチ系炭素繊維,黒鉛ウィスカー,疑似等方性炭素(PIC),天然素材(コーヒー豆,砂糖など)の焼成体など多岐にわたっている。なかでも天然黒鉛,人造黒鉛,改質黒鉛,MCMB,メソフェーズピッチ系炭素繊維などの黒鉛質材料が負極として広く使用されている[1,2]。

炭素材料の結晶性は,熱処理温度や原料に依存して非晶質に近いものから黒鉛結晶までの広範囲にわたる。図2に各種炭素材料の熱処理温度と放電容量(可逆容量)の関係を示す[1]。2,000℃付近を境にして,それより熱処理温度を高くすると,放電容量は徐々に増大して黒鉛の理論容量に近づく。一方,1,500℃以下に熱処理温度を低くしても放電容量は増大していく。このような容量の変化は,熱処理温度によって炭素構造が複雑に変化するためである。したがって,負極に用いられる炭素材料は,その炭素構造と図3に示す負極充放電曲線の特徴から以下の4種類に分類されている[1〜3]。

ポリマーバッテリーの最新技術Ⅱ

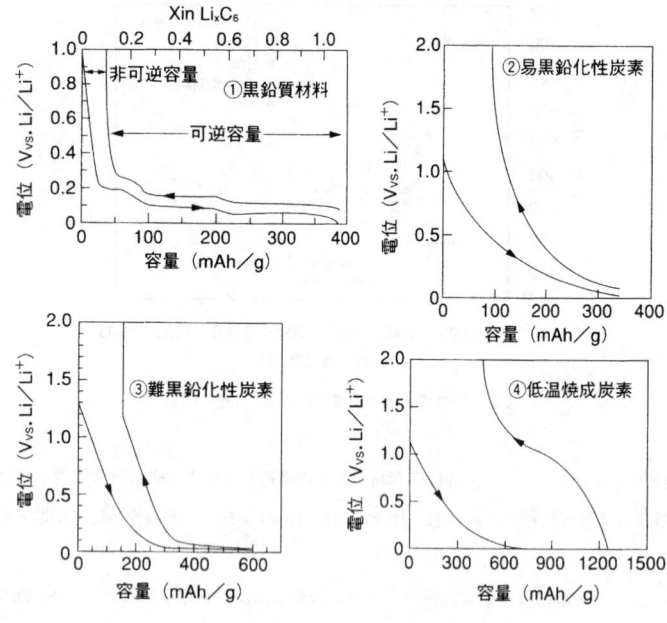

図3　各種炭素材料の充放電曲線

① 黒鉛質材料（2,000℃以上で熱処理した黒鉛化が進んだ炭素材料）
② 易黒鉛化性炭素（1,000～2,000℃で熱処理した黒鉛化が進行し易い炭素質材料）
③ 難黒鉛化性炭素（1,000～1,400℃で熱処理した黒鉛化が進みにくい炭素質材料）
④ 低温焼成炭素（550～1,000℃で熱処理した未炭素化物）

以下，各負極炭素材料の特徴を紹介する。

1.2.1　黒鉛質材料

天然黒鉛や人造黒鉛を代表とする黒鉛質材料の充放電曲線は，図3①のように0.25 V vs. Li/Li$^+$以下の電位にリチウム黒鉛層間化合物（Li–GIC）の生成に起因する電位平坦部を示し，第1ステージ（LiC$_6$）の生成で372 mAh/gの最大容量が得られる（図1(b)）。黒鉛の充放電曲線は電解液溶媒に依存して大きく変化する（図4）[4]。プロピレンカーボネート（PC）を含む電解液の代わりにエチレンカーボネート（EC）と低粘性溶媒の鎖状カーボネート（DEC, DMC）の混合溶媒を使用することにより，充電反応（挿入反応）の非可逆容量が大幅に減少した。その結果，高容量，高電圧で電位平坦性の良いリチウムイオン二次電池を実現でき負極として広く使用されるようになった。このような性能向上は初充電時の電解液溶媒の還元分解反応が抑制され初期充放

第2章 ポリマー負極材料

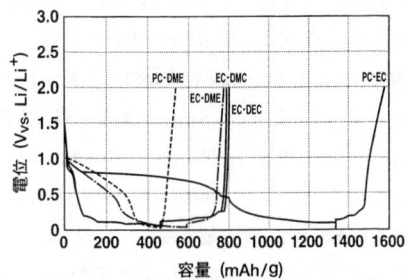

図4 黒鉛の充放電曲線の電解液の影響

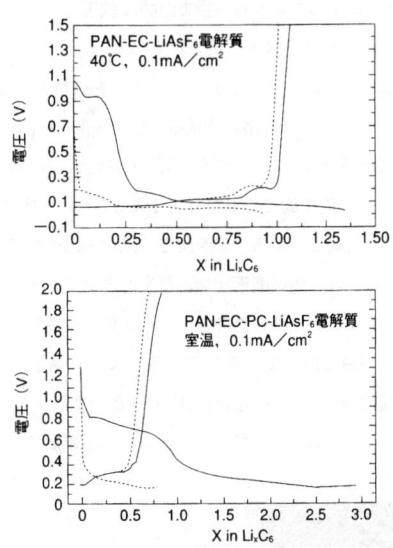

図5 ゲルポリマー電解質中の黒鉛の充放電曲線
——1サイクル，------2サイクル

電効率の向上と，鎖状カーボネートによる導電率向上の効果による。さらにゲルポリマー電解質中の黒鉛の充放電曲線を図5に示す[5]。ゲルポリマー電解質溶媒にPCを含むと有機電解液と同様に非可逆容量が増大する。このため最適な溶媒の選択や，分解を抑制する添加剤の検討が必要となる。現在，このような黒鉛表面での溶媒の還元分解反応メカニズムの解明が進められている[6～9]。

一方，黒鉛質材料の負極特性は，粒子形状や表面状態の他に電極充填密度や電極厚さの影響を

受けやすい。例えば，充填密度を高くすると大電流放電時の容量が大幅に低下し，サイクル寿命が短くなる恐れがある。黒鉛粉末の形状は一般的に薄片状であるが，この薄片の中で黒鉛結晶子は規則的に配向してa軸方向の大きさに比べてc軸方向の大きさがはるかに小さくなっている。このことはインターカレーションの反応面である結晶子端面（c軸に平行な面）の電解液への露出度が小さいことを意味し，大電流充放電時に黒鉛結晶子中へのリチウムイオンの挿入・脱離がスムーズに進みにくい（図6(a)）。したがって実用面から，黒鉛材料の微細構造，粉末形状，電極構造を最適化し，高容量を引き出す工夫が必要である。とくにポリマー電解質を用いる場合，負極／電解質の界面抵抗を小さくするために最適な黒鉛質材料の選択が必要である。また急速充放電サイクルを繰り返すと，黒鉛負極の一部に電流集中を起こしてリチウム金属析出によるサイクル寿命低下の恐れがある。以上のことから，従来の鱗片状黒鉛に代わって球状や繊維状の黒鉛質材料，粒状化処理を施した黒鉛質材料が選択されている。

　中でもピッチ類から分離抽出されるメソフェーズピッチを原料とする炭素繊維を2,800℃以上で熱処理した黒鉛化メソフェーズピッチ系炭素繊維（Mesophase-pitch-based Carbon Fiber；MCF）が負極材料として実用化された[1,2,10~12]。黒鉛化MCFの結晶子サイズはL_cが40～60 nm，d_{002}は0.336～0.338 nmが代表的である。写真1に3,000℃で熱処理された黒鉛化MCF断面の電子顕微鏡写真を示す。筋状に見えるのが断面での黒鉛結晶の配列方向を示し，結晶配向性がラジアル状に近いことが分かる。繊維断面組織が典型的なストレートラジアル構造やオニオンスキン構造ではなく，むしろランダム性，褶曲性，ラメラ性を適度にもつラジアル状構造の繊維は，レート性能やサイクル寿命に優れている[10~12]。このような結晶配向をもつ炭素繊維は，図6(b)に示すように結晶子端面の電解液への露出面積が大きくなり，リチウムイオンのMCF内部への挿入反応をスムーズに進行することができる。さらに，繊維形状の粉末であるため，電極充

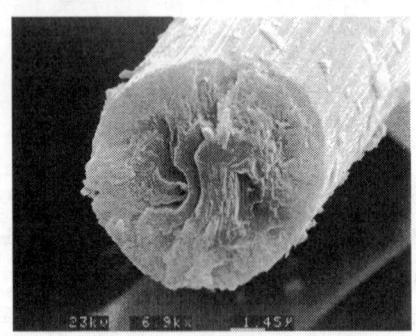

写真1　黒鉛化メソフェーズピッチ系炭素繊維断面の電子顕微鏡写真

第2章 ポリマー負極材料

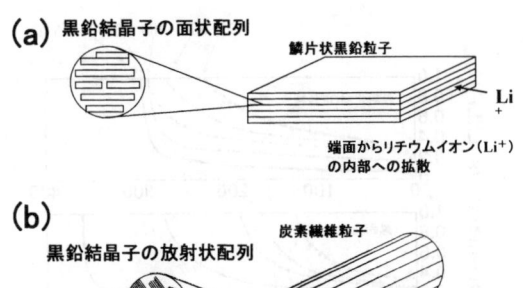

図6　鱗片状黒鉛(a)と繊維状黒鉛(b)の微細構造とリチウムイオン挿入モデル

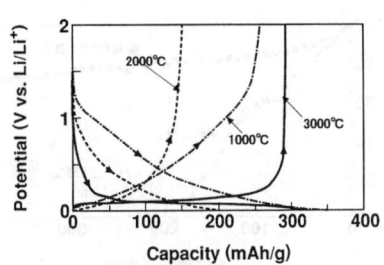

図7　各温度で熱処理されたMCFの充放電曲線

填密度を高く（1.4〜1.6 g/cm³）することができ，同時に大電流を引き出すことができる。

　図7に各温度で熱処理したMCFの充放電曲線を示す。3,000℃で熱処理した黒鉛化MCFはLi-GICの生成に起因する電位平坦部を示し，放電容量300mAh/gと初期充放電効率94％の高い値が得られる。黒鉛化MCFは人造黒鉛に比べて大電流放電において高容量を維持することができる（図8）[12,13]。図9に黒鉛化MCF負極と人造黒鉛負極を用いたリチウムイオン電池の急速充電放電サイクル性能の比較を示した。黒鉛化MCF負極を用いることにより急速充放電サイクルにおいても優れた性能を維持することができる。図10にポリエチレンオキシド（PEO）ポリマー電解質中の各種黒鉛質材料の放電電流特性を示す[14]。天然黒鉛に比べ黒鉛化MCFやMCMBは放電レート性能に優れていることが分かる。ポリマーリチウムイオン二次電池の負極材料としても黒鉛化したMCFやMCMBは有望な材料である。

　例えば，超薄型電池として黒鉛化MCF負極を用いたラミネート型リチウムイオン二次電池

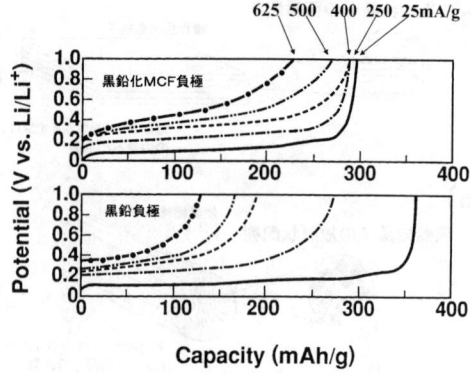

図8 黒鉛化MCF負極と黒鉛負極の放電電流性能の比較

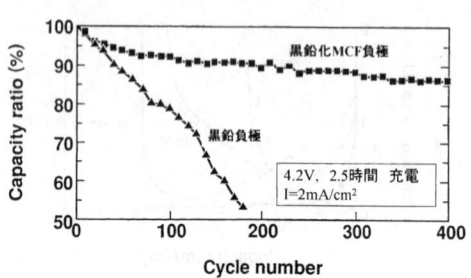

図9 黒鉛化MCF負極と黒鉛負極を用いたリチウムイオン電池のサイクル性能

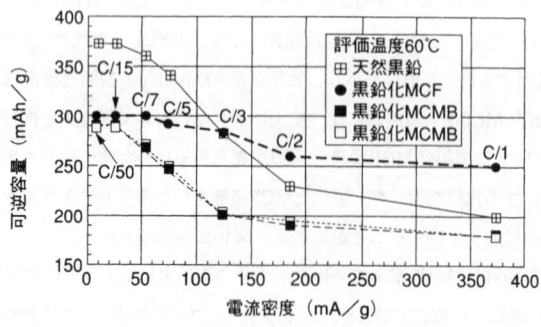

図10 固体ポリマー電解質中の各種黒鉛質材料の放電レート性能

第2章 ポリマー負極材料

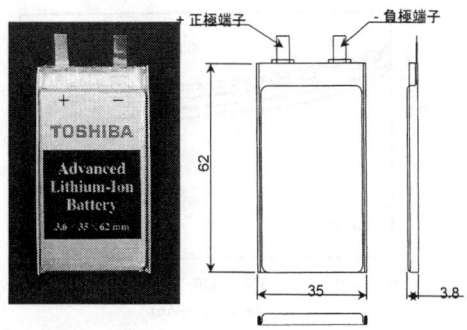

写真2 厚さ3.8mmのラミネート型リチウムイオン電池
（単位：mm）

（厚さ3.8mm，幅35mm，高さ62mm）が実用化された（写真2）[15, 16]。従来の角型リチウムイオン二次電池に比べ，厚さ3.8mmの超薄型電池で優れた放電レート性能と低温性能を示し（図11），高い重量エネルギー密度と安全性を実現した[15]。ラミネートフィルム外装容器を使用する場合，従来の電池に比べ負極炭素材料での電解液還元分解によるガス発生を抑制することや，充放電サイクルに伴う負極膨張を小さくすることが必要となる。そのために炭素材料は，リチウムのインターカレーションに適した表面状態，結晶配向性，粒子形状を兼ね備えることが重要となる[1, 2, 11~13]。今後，正・負極の高容量化により200Wh/kg以上の高エネルギー密度が期待される[17]。

一方，高容量化の試みとして，異種元素のホウ素(B)をドープする検討がなされている[18~21]。ホウ素は黒鉛結晶性を高める触媒作用があり，黒鉛中にホウ素を固溶することできる（図12）[22]。ホウ素をドープしたMCF（B-MCF）は実用化され，放電容量345mAh/g，初期充放電効率94％を示し10％以上の高容量化がなされた[16]。

また，炭素表面処理の検討も行われ，初期充放電効率，レート性能，サイクル性能の改善検討がなされている。特に，マイルド酸化処理[23~28]により炭素表面にナノポアやナノチャンネルを形成，有効反応面積を増大することができる。例えば，炭素繊維を空気下でマイルド酸化処理を施すことにより，負極界面のインピーダンスを低下させ放電容量の増加と非可逆容量の低減を可能とした。表面分析からマイルド酸化処理により炭素表面に酸素原子の存在が示されている。酸素原子の存在は炭素と有機電解液の親和性を高め，界面インピーダンスの低減に寄与していると考えられる[29]。また，電解液溶媒のPCの還元分解を抑制するために黒鉛粒子表面に炭素を蒸着させる検討がなされている[30, 31]。

他の試みとして，充放電サイクルに伴う黒鉛負極のインピーダンス増加を抑制するため黒鉛に

17

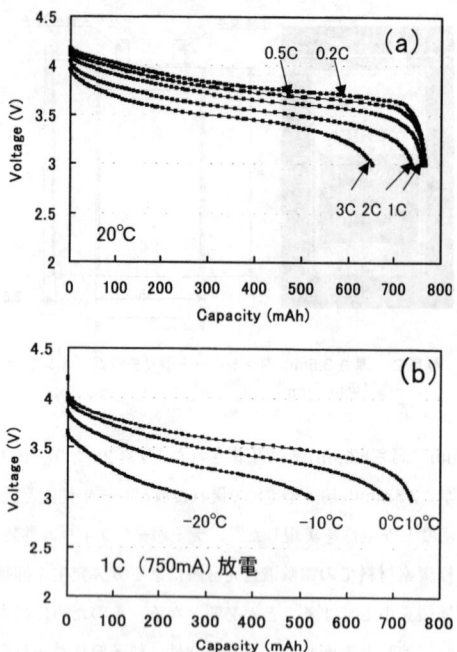

図11 MCF負極を用いたラミネート型リチウムイオン電池の放電レート性能(a)と低温性能(b)

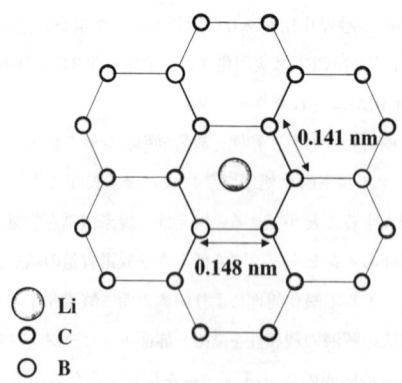

図12 ホウ素ドープ黒鉛の網面構造

第2章 ポリマー負極材料

銀担持を施し,サイクル寿命を大幅に改善すること[32],黒鉛とコークスや難黒鉛化性炭素を混合することによりサイクル寿命を向上させることが報告されている[33]。これらの黒鉛質材料は大型リチウムイオン二次電池の負極として期待される。また,Snなどリチウム合金を形成する金属と黒鉛の複合化により高容量と長寿命の両立の検討がなされている[34]。

1.2.2 易黒鉛化性炭素

代表的な易黒鉛化性炭素として1,000～2,000℃で熱処理されるコークスが挙げられる。1,300℃で熱処理したコークスは,図3②の充放電曲線のように電位の平坦性は見られず,0～1.2Vの電位範囲で連続的に変化する。これは結晶子が小さいためリチウム吸蔵反応は均一固相反応[11]となり,炭素中のリチウムイオンの濃度変化が電位変化に反映される。熱処理温度をさらに高くすると,易黒鉛化性炭素中の結晶子は発達して黒鉛化度は高くなり,充放電曲線は変化する。例えば,図7のMCF負極充放電曲線のように熱処理温度が2,000℃まで高くなると容量は1,000℃処理の場合に比べて減少し,充放電電位は低下する。2,000℃以上に熱処理した黒鉛質材料になると,0.25V以下に電位平坦部が出現する。1,000～1,500℃で熱処理されたコークスは,200～250mAh/gの容量とサイクル性能に優れた安価な材料であるため,負極として最初に採用された。今後,高出力,長寿命を必要とするハイブリッド自動車(HEV)などの中型,大型電池用の負極材料として期待される。

1.2.3 難黒鉛化性炭素

難黒鉛化性炭素は一般的に熱硬化性樹脂を炭素化して得られる材料であり,熱処理温度を高くしても黒鉛構造は発達しない。とくに1,000～1,400℃の狭い温度範囲で熱処理されたものは,通常,結晶子サイズは1nm以下,d_{002}は0.360nm以上,密度は1.5～1.8g/cm^{3}程度で,多数のナノサイズの閉気孔が炭素内に存在する。充放電曲線はリチウム金属の電極電位に近い電位に電位平坦部を示す特徴がある。負極材料として検討された難黒鉛化性炭素には,フェノール樹脂焼成体[35,36],フルフリルアルコール樹脂焼成体(PFA)[37],ポリアクリロニトリル(PAN)系炭素繊維[35,38],疑似等方性炭素(PIC)[39],天然素材(コーヒー豆,砂糖など)[40]の焼成体などがある。なかでも1,000～1,400℃熱処理したPICを代表とする難黒鉛化性炭素は,充放電曲線に0V付近の電位平坦部とLiC$_6$(372mAh/g)を越える高容量を示す(図3③)[39]。図13にPANを800～1,200℃で熱処理した難黒鉛化性炭素の充放電曲線を示す。1,000℃熱処理品では0V付近に電位平坦部と0.5V以上の電位域で容量が増大し516mAh/gの高容量が得られる[41]。また,難黒鉛化性炭素中にリン,窒素,酸素,カリウム,カルシウム,マグネシウムなどのヘテロ原子が微量に存在すると高容量化に寄与することが報告されている[37,40,41]。このような電位平坦部と高容量の出現は,Li-GIC形成以外のリチウム吸蔵反応を示唆している。

難黒鉛化性炭素は,LiC$_6$以上の高容量を示すことと,充放電電位のヒステリシスが小さくコー

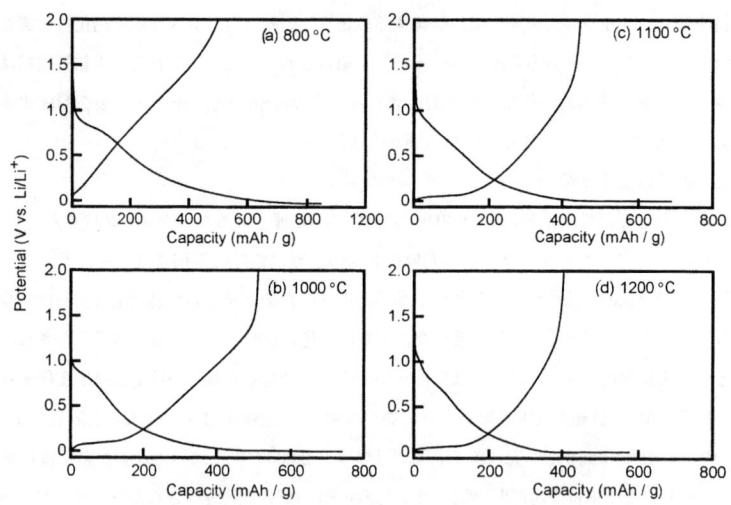

図13 各温度で熱処理されたポリアクリロニトリル（PAN）系炭素の充放電曲線

クス負極より電位平坦性が良い特徴がある。このためリチウムイオン二次電池の高エネルギー密度化に適した炭素材料である。また，充放電反応に伴う面間隔 d_{002} の変化量が小さいため充電時の結晶子の歪みが小さく，サイクル性能に有利な性質を有している。一方，黒鉛質材料に比べて真密度と初期充放電効率の低い点は電池の高容量化に不利になる。今後，急速充放電時に高容量を引き出すことと低コスト化が望まれる。

1.2.4 低温焼成炭素

易黒鉛化性や難黒鉛化性の炭素前駆体を550～1,000℃の範囲で熱処理した炭素は，ヘテロ原子（水素，酸素，窒素等）を一部残した未炭素化物で低温焼成炭素と呼ばれている。いわゆるポリマーと炭素材料の中間的な性質を有している。この低温焼成炭素は黒鉛の理論容量(372mAh/g, LiC_6)を越える放電容量を示す。なかでもフェノール樹脂を500～700℃で熱処理したポリアセン系有機半導体（PAS）は高容量負極炭素として注目される[42]。

図14に700～1,000℃で熱処理されたMCMBの放電曲線を示す[43]。熱処理温度が低くなると0.8～1.2V電位域の容量が増大し，700℃熱処理品の放電容量は500mAh/gを越える[43~45]。このような放電特性はMCMBの他に，コークス[46]，フェノール樹脂[42]，ポリパラフェニレン[47,48]，ペリレン[49]などを1,000℃以下で熱処理し，完全に炭化していない水素，酸素，窒素等のヘテロ原子が一部残った未炭素化物に特徴的に見られる。水素と炭素の原子比（H/C）が0.26の550℃熱処理ペリレン焼成炭素は804 mAh/gの高い放電容量（可逆容量）と初期充放電効率65％が得

第2章　ポリマー負極材料

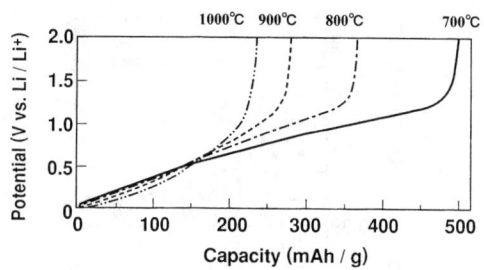

図14　1,000℃以下で熱処理されたMCMBの放電曲線

られ（図3④），H/Cと放電容量には良い相関性が示された[49]。いずれの低温焼成炭素も充放電電位に大きなヒステリシスを示し，初期充放電効率は50〜70％と低い。このような高容量発現とヒステリシス挙動は，低温焼成炭素中へのリチウム吸蔵放出反応が黒鉛質材料へのリチウムのインターカレーションと本質的に異なることを示している。低温焼成炭素の大きな電位ヒステリシスと低い初期充放電効率（大きな非可逆容量）は，高出力を必要とするリチウムイオン二次電池用の負極に不利な性質である。今後，低負荷用の高容量負極材料としての可能性が期待される。

1.3　リチウム吸蔵放出反応

炭素材料へのリチウムの吸蔵放出反応は，炭素材料の黒鉛結晶性，結晶子の配向性，炭素材料中の閉気孔や残留ヘテロ原子の存在，電解液の分解反応などの影響を受けて変化する。ここでは，各炭素材料のミクロ構造とリチウムの吸蔵放出メカニズムの関係についての研究を紹介する。

1.3.1　炭素の構造と容量

各種炭素材料の熱処理温度と可逆容量の間には図2に示すような関係がある[1]。とくに易黒鉛化性炭素の容量は2,000℃付近で極小となり，それより高温では黒鉛の理論容量372mAh/gに近づく。一方，1,000℃以下の低温になると容量は急激に増大し，372mAh/g以上の高容量となる[49]。このような容量変化は炭素材料の黒鉛結晶の積層状態変化，結晶部と未組織部（炭素六角網面が積層していない非結晶部）の比率の変化，残留ヘテロ原子の存在量に依存している。

熱処理温度と容量の関係については，種々の温度で熱処理したコークスの粉末X線回折プロファルから炭素材料中の黒鉛結晶，乱層構造（黒鉛平面の積層秩序が無秩序の結晶），炭素質構造（炭素六角網面が積層しているが，黒鉛的相互作用のないもの）の体積分率を求め，易黒鉛化性炭素の最大容量を推定することが試みられている[50]。X線回折から2,000℃以下で熱処理された易黒鉛化性炭素（炭素質材料）のリチウム吸蔵反応に伴う構造変化が追跡されている。図15にリチウム吸蔵時の900〜2,000℃で熱処理したMCFの開回路電位と面間隔の変化を示す[11]。電

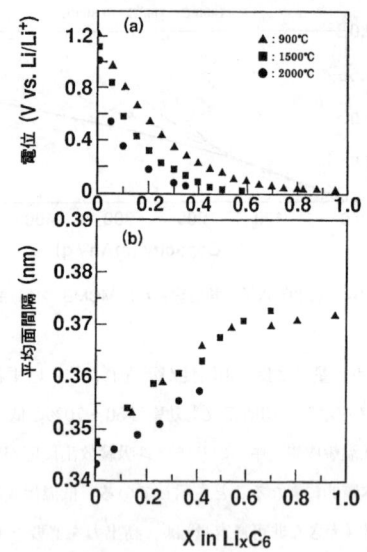

図15 各温度で熱処理した MCF のリチウム吸蔵時の
開回路電位(a)と面間隔(b)の変化

位低下につれて X 値が 0.5 ($Li_{0.5}C_6$) まで面間隔は直線的に増大し, 結晶層間 (この場合は炭素質構造) へのリチウムイオンのインターカレーションを支持している。ところが 900℃熱処理品は X 値が 0.5 を越えてリチウムの吸蔵反応が進行しても面間隔は変化しない。これは $X>0.5$ の範囲においてリチウムイオンは結晶層間以外の未組織部に吸蔵されていることを示唆している。

つまり, 2,000℃以上で熱処理された黒鉛質材料の容量は, 黒鉛結晶と乱層構造へのインターカレーションに基づいており, 熱処理温度が高くなると黒鉛結晶の比率が高くなり (黒鉛化度が高い), 最終的に黒鉛の理論容量 LiC_6 になることが説明できる。1,000～2,000℃の熱処理温度の易黒鉛化性炭素は, 乱層構造, 炭素質構造, 未組織部への吸蔵反応に基づき, 熱処理温度が低くなると炭素構造と未組織物の比率が高くなるため, 0.25V 以上の容量が増大すると考えられる。

一方, 難黒鉛化性炭素は, 易黒鉛化性炭素と異なり黒鉛化が発達し難く, 熱処理温度に依存して微細組織が複雑に変化して数ナノサイズの閉気孔を生成する。このため 1,000～1,400℃の熱処理温度範囲でリチウムを吸蔵するのに適した大きさの閉気孔を生成し, 特異的に高容量を発現するものと考えられる。

1.3.2 黒鉛のリチウムインターカレーション

リチウムを電気化学的にインターカレーション (挿入反応) した天然黒鉛, 人造黒鉛, HOPG

第2章 ポリマー負極材料

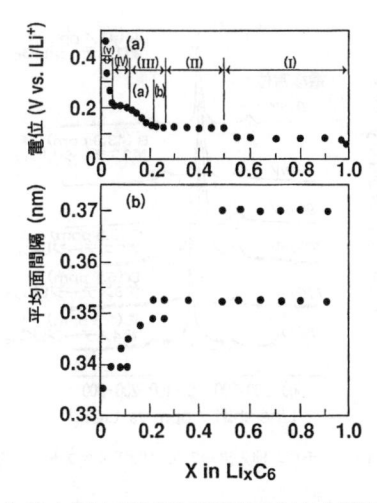

図16 リチウム挿入に伴う黒鉛の開回路電位(a)と面間隔(b)の変化

$$LiC_{72} \Leftrightarrow LiC_{36} \Leftrightarrow LiC_{27} \Leftrightarrow LiC_{18} \qquad LiC_9$$
$$(IV) \qquad (III)a \qquad (III)b$$
$$\qquad\qquad\qquad (II) \updownarrow \quad (I)$$
$$\qquad\qquad\qquad LiC_{12} \Leftrightarrow LiC_6 \qquad LiC_6$$

第4ステージ　第3ステージ　第2ステージ　第1ステージ　面内構造

図17 リチウム挿入反応に伴うステージ移行と面内構造

(Highly Oriented Pyrolytic Graphite) は，X線回折測定と固体 ^{7}Li-NMR測定からステージ構造変化とリチウム存在状態について詳細に解析されている。黒鉛はリチウムインターカレーションにより黒鉛層間化合物で観測されるステージが形成される（図1(b)）。インターカレーションに伴う黒鉛の開回路電位と面間隔の変化（図16[11]）から図17のようにインターカレーションの進行に伴いステージは移行し，異なるステージが共存する領域がある[11, 51, 52]。図18に電気化学的にリチウム挿入した天然黒鉛の ^{7}Li-NMRスペクトルを示す[53]。第2ステージに帰属されるLi-GICに10ppmと41.4ppmの2種類のシグナルが観測され，面内密度の異なる2種類の相，すなわち LiC_{12} と LiC_{18} の存在を支持している。さらに，第3ステージ以上の高ステージでは，溶液中のリチウムイオンに近いNMRシフト（10ppm以下）をもつシグナルのみ現れている。以上の事実より，Li-GICの ^{7}Li-NMRシフト値は，ステージ構造より面内構造（面内密度）に強く影響されていることが分かる[53]。今後，さらに ^{7}Li-NMR測定，X線回折による詳細な解析で，黒鉛

23

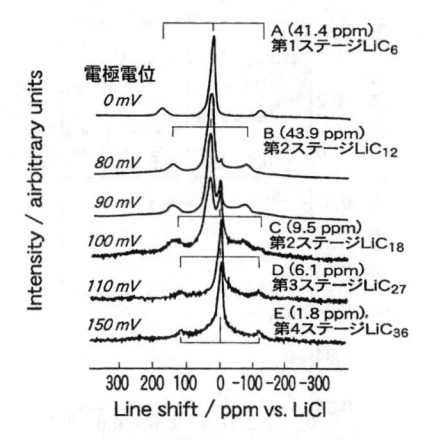

図18 リチウム挿入黒鉛の ^{7}Li-NMR スペクトル変化

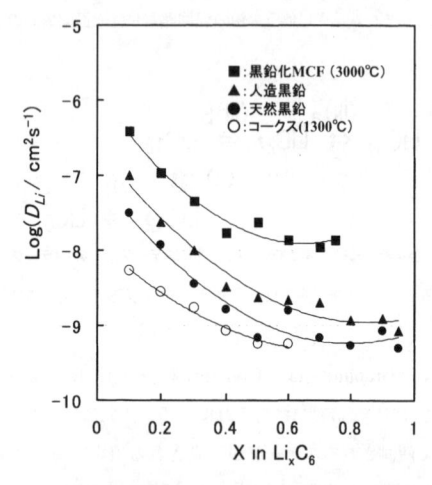

図19 各種炭素材料中のリチウム濃度（Li_xC_6）と
リチウム化学拡散係数（D_{Li}）

構造と乱層構造が混在した黒鉛質材料中のリチウム状態，積層構造，面間隔の変化も解明されつつある[54〜56]。また，黒鉛は第1ステージに基づく理論容量は372mAh/gであるが，実際にそれに匹敵する放電容量は必ずしも得られない。黒鉛結晶子モデルから理論的に放電容量と黒鉛化度，結晶子サイズの関係を導いた結果，高容量化には結晶子サイズより黒鉛化度を高めることが重要であることが指摘されている[57]。

第 2 章　ポリマー負極材料

　一方，各種黒鉛質材料中のリチウムの拡散挙動について電気化学測定方法を用いて解析されている[58〜64]。図19に各種炭素材料中のリチウム濃度とリチウム化学拡散係数の関係を示す[11]。いずれの炭素材料中においてもリチウム濃度が高くなると化学拡散係数は低下する傾向が見られる。このような拡散係数の変化は，炭素中のリチウム濃度増加によるリチウムイオンの電子的な反発の影響を受けるためと考えられる。黒鉛質材料はコークス(炭素質材料)に比べリチウムの拡散が速いことが示された。さらに黒鉛化MCFは，他の黒鉛質材料に比べ拡散が速いことが分かる。リチウムインターカレーションに伴う反応抵抗など速度論的特性は，電池性能を支配する重要因子として把握する必要がある。現在，黒鉛へのリチウムインターカレーション時の有機電解液の分解反応機構や表面皮膜分析，界面反応について勢力的に研究に行われ，今後の進展が期待される。

1.3.3　低温焼成炭素のリチウム吸蔵反応

　1,000℃以下で熱処理された低温焼成炭素は，前述したようにLiC_6を越える高容量と充放電電位に大きなヒステリシスを持つ特徴がある。このような低温焼成炭素へのリチウム吸蔵放出機構に関しては，いくつかの機構が提案されている。

　PASにおいては面間隔 d_{002} が広いため，LiC_2 ステージの可能性を指摘している[42]。1,000℃以下のMCMBの真密度，結晶パラメーター，容量の関係からリチウム吸蔵量は結晶部以外の空隙と高い相関性があることが示され，空隙に吸蔵されたリチウムの状態は，リチウムイオンクラスターであることが提案されている[44]。700℃で熱処理されたポリパラフェニレン焼成体では，^7Li-NMRのスペクトル解析から炭素網面上にイオン性のリチウムに加えてLi_2共有結合分子が存在し，LiC_2の面内構造をとることが指摘されている[47]。低温焼成炭素中の水素と炭素の原子比(H/C)と容量の相関性は経験的に知られている[42, 49, 65]。この水素の存在量と容量の相関性から芳香族環の水素と結合している炭素にリチウムが結合して炭素のsp^2結合がsp^3結合へ移行することが提案されている[66]。一方，550℃熱処理のペリレン焼成炭素を赤外分光測定[67]や^7Li-NMR測定[49]から解析した結果，結晶層間の他に未組織部に存在する積層していない芳香族環とリチウムイオン間でリチウムナフタレンイオン錯体のような状態のイオン性リチウムが大量に存在することが指摘されている[49, 67]。図20に550℃熱処理のペリレン焼成炭素のリチウム吸蔵反応に伴う^7Li-NMRスペクトルの変化を解析した結果を示す[49]。リチウム吸蔵放出反応に依存して0〜10 ppm vs. LiClの範囲でシフトするバンドAと0 ppm付近に固定されるバンドBに分離できる。このバンドAに起因するリチウムは可逆なサイトに吸蔵されたイオン性の高いリチウムと考えられる。一方，バンドBに起因するリチウムは非可逆なサイトに吸蔵されたリチウム(炭素内部にトラップされたリチウムや炭素表面に生成した皮膜中のイオン性のリチウム)と考えられる。同様に700℃熱処理のMCMBやコークスの^7Li-NMRスペクトルからもリチウムを最大量吸蔵しても

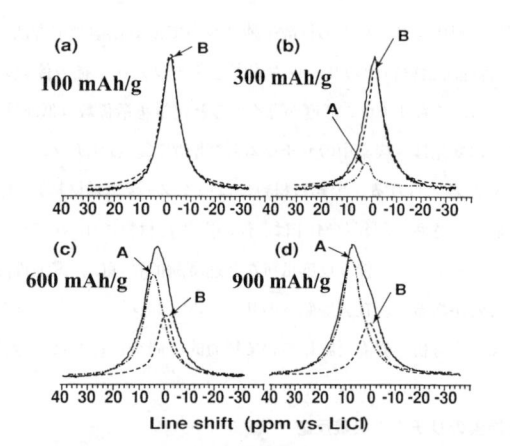

図20 リチウム吸蔵に伴うペリレン焼成炭素の^{7}Li-NMRスペクトルの変化

^{7}Li-NMRのシフト値は10ppm以下の小さな値で線幅は広い特徴がある[55, 68]。
以上の高容量を発現させる機構をまとめると以下の4種類の機構が提案されている。
① 炭素中の空隙にリチウムイオンクラスターの生成[44]
② LiC_2組成のリチウム黒鉛層間化合物の生成[42, 47]
③ 芳香族分子末端の炭素とリチウムの共有結合[66]
④ 芳香族環とリチウムイオンからなるイオン錯体の生成[49, 55, 67]

今後，低温焼成炭素の吸蔵サイトとリチウムの存在状態を詳細に解析することにより，高容量を発現させる機構の解明が期待される。

一方，充放電曲線の大きなヒステリシスの原因について開回路電位と分極挙動から解析する必要がある。図21に550℃熱処理のペリレン焼成炭素の開回路電位を示す[69, 70]。リチウム吸蔵時と放出時の開回路電位は一致せず，放出時の分極が大きいことが分かる。この分極挙動は炭素中のリチウムの化学拡散係数と電荷移動抵抗の変化と関係している[69, 70]。各種低温焼成炭素のX線回折測定[49, 68]，赤外分光測定[67]，^{7}Li-NMR測定[49, 55, 68]，ラマン分光測定[71]から0～0.1Vの充電反応（吸蔵）と0.5V以上の放電反応（放出）は，それぞれ未組織部のリチウムイオンの吸蔵反応と放出反応であることが示唆されている。つまり，リチウム吸蔵反応は，まず結晶部（炭素六角網面の積層部）への吸蔵反応が起き，電位が低下し0.1V以下になると未組織への吸蔵反応が起きるようになる。一方，リチウム放出反応は，まず結晶部からのリチウム放出反応が優先され，0.5V以上の電位領域に達すると未組織部からリチウムが放出される反応が指摘されている[49, 69, 70]。今後，さらに吸蔵放出時のインピーダンス解析や分極測定からヒステリシスの詳

第2章　ポリマー負極材料

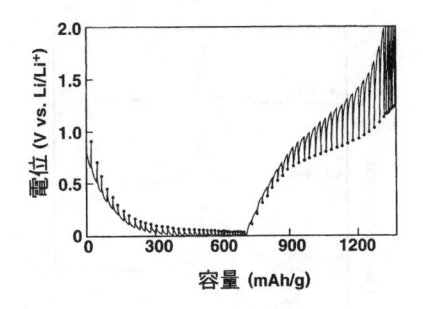

図21　550℃熱処理のペリレン焼成炭素の充放電曲線
●：開回路電位，$I = 25$mA/g

細な分析が必要である。

1.3.4　難黒鉛化炭素のリチウム吸蔵反応

一般的に熱硬化性樹脂などを1,000～1,400℃前後で熱処理した難黒鉛化性炭素は，ランダムに結晶子が配向し微細な閉気孔を有する。この充放電特性はLiC_6を越える高容量を示すが低温焼成炭素と異なり，充放電電位のヒステリシスは小さく，0V付近で大きな容量をもつ特徴がある（図3③，図13）。この炭素材料の結晶性は低くX線回折において明確な（$h k l$）回折線を示さないことから，0.25V以下に得られる高いリチウム吸蔵量は，黒鉛結晶へのインターカレーション以外の吸蔵メカニズムの存在を示している。0V付近の電位平坦部の吸蔵機構としては，閉気孔（空隙）へのリチウムクラスター形成による吸蔵[72]や，単一の炭素層面の両面へのリチウムイオンの吸着[73]が提案されている。

一方，リチウムを最大量吸蔵したPICの^{7}Li-NMR測定からは，Li-GICの第1ステージよりもはるかに大きいシフト値（120ppm）のシグナルが観測されている[72]。図22に各温度で熱処理したポリアクリロニトリル炭素に最大量リチウム吸蔵した時の^{7}Li-NMRスペクトルを示す[41]。1,000～1,200℃の狭い熱処理品で高いシフト値をもつシグナルが出現することが分かる。これらの結果は，図13に示した放電曲線の0.25V以下の低い電圧平坦部に吸蔵したリチウムは，イオン性よりも金属性が強いリチウム種であることを示唆している。さらに，小角X線散乱および広角X線回折測定からは，空隙サイズとリチウム吸蔵量との相関性も議論され[74]，直径1nm程度の空隙にリチウムクラスターとして格納されるものと推定される。

したがって，あるサイズの空隙をもつ難黒鉛化性炭素はリチウムクラスターが形成可能であるが，易黒鉛化炭素は層間隔が小さく，最適なサイズの空隙がないため，クラスターの形成ができないものと考えられる。今後，難黒鉛化性炭素のミクロ構造，吸蔵サイト，炭素内のリチウムイオンの移動現象を詳細に解析することが望まれる。

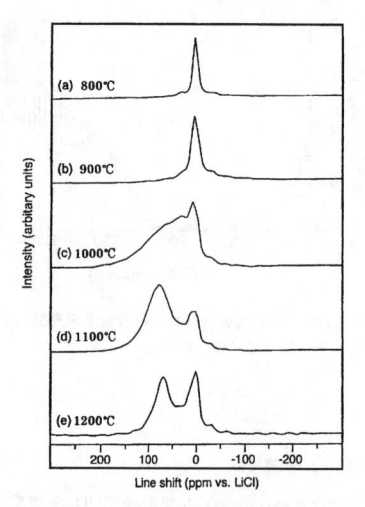

図22 各温度で熱処理されたPAN系炭素の最大リチウム吸蔵時の
^{7}Li-NMRスペクトル

1.4 おわりに

　携帯機器の高機能化に伴いリチウムイオン二次電池は，高容量化，高出力化，薄型・軽量化などの要求が益々強くなっている。さらに，将来のエネルギー問題や環境問題に対応するため，電力貯蔵用や自動車用などの大型電源としての期待も高まっている。これらの要求に応えるには，電池の高容量・高エネルギー化に加えて，出力性能，サイクル寿命，温度特性など特性面での向上と低コスト化が不可欠である。高性能炭素材料開発はその実現のためのキー技術の1つである。

　高性能炭素材料の開発は黒鉛質，炭素質双方で精力的に進められているが，サイクル性能に優れ，急速充電性能，大電流放電でも高容量が取り出せることが望まれる。とくにゲルポリマー電解質や高粘性電解液を用いる場合，界面での抵抗の小さい炭素材料を開発する必要がある。このために炭素材料のリチウム吸蔵放出反応に関する速度論的性質の把握が益々重要となる。現在，各種炭素材料中のリチウムイオンの拡散挙動や反応抵抗についての研究が進められている[11, 46～52, 69, 70]。さらに，黒鉛質材料負極の速度論に関する理論計算が試みられ[75～78]，材料レベルから理論的に負極設計の最適化が試みられている。このような基本的な解析や材料・技術開発の進展に基づいて，負極炭素材料を用いたリチウムイオン二次電池の応用範囲がさらに拡大していくことが予想される。

　一方，炭素材料の構造とリチウム吸蔵機構の詳細な解析に基づいた新規炭素材料の設計が重要

第2章　ポリマー負極材料

である。LiC$_6$を越える高容量な難黒鉛化性炭素，低温焼成炭素，黒鉛質材料への期待が高いが，リチウム吸蔵機構や電極界面反応についてはまだ不明な点が残されている。また，炭素電極／電解液の界面構造[8, 9, 79, 80]や表面皮膜[81~88]の解析が積極的に進められている。今後の開発研究の進展が期待される。

文　　献

1) (a)高見則雄，"最新電池ハンドブック"，p.787，ダヴィッド・リンデン編　高村勉 監訳，朝倉書店 (1996)，；(b)高見則雄，工業材料，**47**，30 (1999)，；(c) N. Takami, Materials Chemistry in Lithium Batteries, N. Kumagai, S. Komaba Eds., p.1, Research Signpost (2002)
2) 大崎隆久，高見則雄，神田基，化学工業，**48**，40 (1997)
3) 辰巳国昭，電池技術，**7**，68 (1995)
4) S. Megahed, B. Scrosati, *J. Power Sources*, **51**, 79 (1994)
5) Z. Jiang, M. Alamgir, and K. M. Abraham, *J. Electrochem. Soc.*, **142**, 333 (1995)
6) R. Fong, U. V. Sacken, and J. R. Dahn, *J. Electrochem. Soc.*, **137**, 2009 (1990)
7) J. B. Besenhard, M.Winter, J. Yang, and W. Biberacher, *J. Power Sources*, **54**, 228 (1995)
8) M. Inaba, Z. Siroma, Z. Ogumi, T. Abe, Y. Mizutani, and M. Asano, *Chem. Lett.*, **1995**, 661
9) M. Inaba, Z. Siroma, Y. Kawatate, A. Funabiki, and Z. Ogumi, *J. Power Sources*, **68**, 221 (1997)
10) N. Imanishi, H. Kashiwagi, T. Ichikawa, Y. Takeda, and O. Yamamoto, *J. Electrochem. Soc.*, **140**, 315 (1993)
11) N. Takami, A. Satoh, M. Hara, and T. Ohsaki, *J. Electrochem. Soc.*, **142**, 371 (1995)
12) N. Takami, A. Satoh, M. Hara, and T. Ohsaki, *J. Electrochem. Soc.*, **142**, 2564 (1995)
13) 大崎隆久，神田基，電池技術，**7**，114 (1995)
14) K. Zaghib, Y. Choquette, A. Guerfi, M. Simoneau, A. Belanger, and M. Gauthier, *J. Power Sources*, **68**, 368 (1997)
15) N. Takami, M. Sekino, T. Ohsaki, M. Kanda, and M. Yamamoto, *J. Power Sources*, **97-98**, 677 (2001)
16) N. Takami, T. Ohsaki, H. Hasebe, and M. Yamamoto, *J. Electrochem. Soc.*, **149**, A9 (2002)
17) 高見則雄，稲垣浩貴，石井張愛，猿渡秀郷，松野真輔，藤田有美，第43回電池討論会要旨集，1A05, 122（2002）

18) J. R. Dahan, J. N. Reimer, A. K. Sleigh, and T. Tiedje, *Phys. Rev. B*, **45**, 3773 (1992)
19) 西村嘉介, 高橋哲哉, 玉木敏夫, 遠藤守信, M. S. Dresselhaus, 炭素, **172**, 89 (1996)
20) C. Kim, T. Fujino, T. Hayashi, T. Tamaki, M. Endo, M. S. Dresselhaus, *J. Electrochem. Soc.*, **147**, 1265 (2000)
21) U. Tanaka, T. Sogabe, H. Sakagoshi, M. Ito, and T. Tojo, *Carbon*, **39**, 931 (2001)
22) C. E. Lowell, *J. Am. Ceram. Soc.*, **50**, 142 (1967)
23) 原享和, 佐藤麻子, 高見則雄, 大崎隆久, 炭素, 1994, 261
24) M. Kikuchi, Y. Ikezawa, and T. Takamura, *J. Electroanal. Chem.*, **396**, 451 (1995)
25) 高村勉, 菊池政博, 電池技術, **7**, 29 (1995)
26) E. Peled, C. Menachem, D. Bar-Tow, and A. Meiman, *J. Electrochem. Soc.*, **143**, L4 (1996)
27) T. Nakajima, K. Yanagida, *Tanso*, No.174, 195 (1996)
28) Y. Ein-Eli, V. R. Koch, *J. Electrochem. Soc.*, **144**, 2968 (1997)
29) 森田朋和, 高見則雄, 第41回電池討論会講演要旨集, 2ED10, p.588 (1999)
30) M. Yoshio, H. Wang. K. Fukuda, Y. Hara, and Y. Adachi, *J. Electrochem. Soc.*, **147**, 1245 (2000)
31) H. Wang, M. Yoshio, *J. Power Sources*, **93**, 123 (2001)
32) H. Momose, H. Honbo, S. Takeuchi, and K. Miyadera, *J. Power Sources*, **68**, 208 (1997)
33) Y. Kida, K. Yanagida, A. Funahashi, T. Nohma, and I. Yonezu, *J. Power Sources*, **94**, 74 (2001)
34) G. X. Wang, J-H. Ahn, M. J. Lindsay, L. Sun, D. H. Bradhurst, S. X. Dou, and H. K. Liu, *J. Power Sources*, **97-98**, 211 (2001)
35) R. Kanno, Y. Takeda, T. Ichikawa, K. Nakanishi, and O. Yamamoto, *J. Power Sources*, **26**, 535 (1989)
36) Y. Sato, Y. Akisawa, and K. Kobayakawa, *Denki Kagaku*, **57**, 527 (1989)
37) (a) H. Imoto, A. Omaru, H. Azuma, and Y. Nishi, in Lithium Batteries, S. Surampudi and V. R. Koch Eds., PV93-24, p.9, The Electrochemical Society Proceedings Series, Pennington, NJ (1993); (b) A. Omaru, H. Azuma, M. Aoki, A. Kita, and Y. Nishi, in Lithium Batteries, S. Surampudi and V. R. Koch Eds., PV93-24, p.21, The Electrochemical Society Proceedings Series, Pennington, NJ (1993)
38) R. Kanno, Y. Kawamoto, Y. Takeda, S. Ohashi, N. Imanishi, and O. Yamamoto, *J. Electrochem. Soc.*, **139**, 3397 (1992)
39) 園部直弘, 石川実, 岩崎隆夫, 第35回電池討論会要旨集, 名古屋, 2B09, p.47 (1994)
40) S. Yamada, H. Imoto, K. Sekai, and M. Nagamine, Abstract No.73, p.85, The Electrochemical Society Meeting Abstracts, Vol.97-1, Montreal, Quebec, Canada, May 4-9 (1997)
41) N. Takami, A. Satoh, and T. Ohsaki, *Denki Kagaku*, **66**, 1270 (1998)
42) S. Yata, H. Kinoshita, M. Komori, T. Kashiwamura, T. Harada, K. Tanaka, and T. Yamabe, *Synth. Met.*, **62**, 153 (1994)
43) 大崎隆久, 佐藤麻子, 高見則雄, 第34回電池討論会要旨集, 広島, 3A07, p.79 (1993)

第2章 ポリマー負極材料

44) A. Mabuchi, K. Tokumitu, H. Fujimoto, and T. Kasuh, *J. Electrochem. Soc.*, **142**, 1041 (1995)
45) 小久見善八, 稲葉稔, 機能材料, **15**, 22 (1995)
46) T. Iijima, K. Suzuki, Y. Matsuda, *Synth. Met.*, **73**, 9 (1995)
47) K. Sato, M. Noguchi, A. Demachi, N. Oki, and M. Endo, *Science*, **264**, 556 (1994)
48) M. Alamgir, Q. Zuo, and K. M. Abraham, *J. Electrochem. Soc.*, **141**, L143 (1994)
49) N. Takami, A. Satoh, T. Ohsaki, and M. Kanda, *Electrochim. Acta*, **42**, 2537 (1997)
50) J. R. Dahn, A. K. Sleigh, H. Shi, J. N. Reimers, Q. Zhong, and B. M. Way, *Electrochim. Acta*, **38**, 1179 (1993)
51) J. R. Dahn, *Phys. Rev. B*, **44**, 9170 (1991)
52) T. Ohzuku, Y. Iwakoshi, and K. Sawai, *J. Electrochem. Soc.*, **140**, 2490 (1993)
53) 辰巳国昭, 第27回新電池構想部会講演要旨集, p.1 (1997)
54) A. Satoh, N. Takami, and T. Ohsaki, *Solid State Ionics*, **80**, 291 (1995)
55) K. Tatsumi, T. Akai, T. Imamura, K. Zaghib, N. Iwashita, S. Higuchi, and Y. Sawada, *J. Electrochem. Soc.*, **143**, 1923 (1996)
56) H. Fujimoto, A. Mabuchi, K. Tokumitsu, and T. Kasuh, *Carbon*, **38**, 871 (2000)
57) H. Fujimoto, A. Mabuchi, C. Natarajan, and T. Kasu, *Carbon*, **40**, 567 (2002)
58) K. Zaghib, K. Tatsumi, H. Abe, T. Ohsaki, Y. Sawada, and S. Higuchi, in Rechargeable Lithium and Lithium-ion Batteries, S. Megahed, B. M. Barnett, and L. Xie Eds., PV94-28, p.121, The Electrochemical Society Proceedings Series, Pennington, NJ (1994)
59) T. Uchida, T. Itoh, Y. Morikawa, H. Ikuta, and M. Wakihara, *Denki Kagaku*, **61**, 1390 (1993)
60) M. D. Levi, E. A. Levi, and D. Aurbach, *J. Electroanal. Chem.*, **421**, 89 (1997)
61) A. Funabiki, M. Inaba, Z. Ogumi, S. Yuasa, J. Otsuji, and A. Tasaka, *J. Electrochem. Soc.*, **145**, 172 (1998)
62) M. Nishizawa, R. Hashitani, T. Itoh, T. Matsue, and I. Uchida, *Electrochem. Solid-State Lett.*, **1**, 10 (1998)
63) T. Piao, S. M. Park, C. H. Doh, and S. I. Moon, *J. Electrochem. Soc.*, **146**, 2794 (1999)
64) T. S. Ong and H. Yang, *Electrochem. Solid-State Lett.*, **4**, A89 (2001)
65) T. Zheng, Y. Liu, E. W. Fuller, S. Tseng, U. von Sacken, and J. R. Dahn, *J. Electrochem. Soc.*, **142**, 2581 (1995)
66) T. Zheng, W. R. Mckinnon, and J. R. Dahn, *J. Electrochem. Soc.*, **143**, 2137 (1996)
67) M. Hara, A. Satoh, N. Takami, and T. Ohsaki, *J. Phys. Chem.*, **99**, 16338 (1995)
68) Y. Mori, T. Iriyama, T. Hashimoto, S. Yamazaki, F. Kawabata, H. Shiroki, and T. Yamabe, *J. Power Sources*, **56**, 205 (1995)
69) 高見則雄, 佐藤麻子, 大崎隆久, 神田基, 第38回電池討論会要旨集, 大阪, 1B16, p.211 (1997)
70) N. Takami, A. Satoh, T. Ohsaki, and M. Kanda, *J. Electrochem. Soc.*, **145**, 478 (1998)
71) M. Inaba, H. Yoshida, and Z. Ogumi, *J. Electrochem. Soc.*, **143**, 2572 (1996)

72) A. Nagai, M. Ishikawa, J. Masuko, N. Sonobe, H. Chuman, and T. Iwasaki, Mat. Res. Soc. Symp. Proc., Vol. 393, 339 (1995), Materials Research Society
73) J. X. Xue, J. R. Dahn, *J. Electrochem. Soc.*, **142**, 3668 (1995)
74) W. Xing, J. S. Xue, T. Zheng, A. Gibaud, and J. R. Dahan, *J. Eletrochem. Soc.*, **143**, 3482 (1996)
75) M. W. Verbrugge, B. J. Koch, *J. Electrocehm. Soc.*, **143**, 24 (1996)
76) M. W. Verbrugge, B. J. Koch, *J. Electrocehm. Soc.*, **143**, 600 (1996)
77) A. Marquez, P. B. Balbuena, *J. Electrocehm. Soc.*, **148**, A624 (2001)
78) M. W. Verbrugge, B. J. Koch, *J. Electrocehm. Soc.*, **150**, A374 (2003)
79) K. A. Hirasawa, T. Sato, H. Asahina, S. Yamaguchi, and S. Mori, *J. Electrochem. Soc.*, **144**, L81 (1997)
80) S-K. Jeong, M, Inaba, T. Abe, and Z. Ogumi, *J. Electrochem. Soc.*, **148**, A989 (2001)
81) O. Chusid, Y. Ein-Ely, D. Aurbach, M. Babai, and Y. Carmeli, *J. Power Sources*, **43**-**44**, 147 (1993)
82) D. Aurbach, Y. Ein-Eli, O. Chusid, Y. Carmeli, M. Babai, and H. Yamin, *J. Electrochem. Soc.*, **141**, 603 (1994)
83) Y. Ein-Eli, B. Markovsky, D. Aurbach, Y. Carmeli, H. Yamin, and S. Luski, *Electrochim. Acta*, **39**, 2559 (1994)
84) D. Aurbach, B. Markovsky, A. Shechter, Y. Ein-Eli, and H. Cohen, *J. Electrochem. Soc.*, **143**, 3809 (1996)
85) Y. Ein-Eli, S. Stacey, R. Thomas, V. Koch, D. Aurbach, B. Markovsky, and A. Schechter, *J. Electrochem. Soc.*, **143**, L273 (1996)
86) E. Peled, D. Golodnitsky, C. Menachem, and D. Bar-Tow, *J. Electctrochem. Soc.*, **145**, 3482 (1998)
87) K. Kwon, F. Kong, F. McLarnon, and J. W. Evans, *J. Electrochem. Soc.*, **150**, A229 (2003)
88) S. Mori, Materials Chemistry in Lithium Batteries, N. Kumagai amd S. Komaba Eds., p.49, Research Signpost (2002)

2　ポリアセン・PAHs系材料

矢田静邦＊

2.1　はじめに

　高分子材料と炭素材料の間には，炭素と水素からなる興味ある物質群が存在する（図1）[1]。炭素に対する水素の原子比（H/C）でみると，高分子の典型であるポリエチレンでは，H/C＝2.0であり，ポリアセチレンでは，H/C＝1.0である。ところが，ポリアセンではH/Cは0.5となり，ポリアセノアセンでは0.33となる。また，ピレンのH/Cは0.625，図1のPAHsでは0.25である[2]。もちろん，炭素材料ではH/Cは零に近くなり，グラファイトではH/C＝0となる。

　ポリエチレンをCH_2，ポリアセチレンをCHで表すならば，ポリアセンはC_2H，図1のPAHsはC_4Hと書くことができる。高分子材料はモノマーを重合することによって得られ，一般にはH/Cが1以上であり，繰り返し単位の明確な物質である。ところが，ポリアセンに代表されるH/Cが1未満の物質は従来の重合法では得ることが難しく，ポリアセンにしても，PAHsでも繰

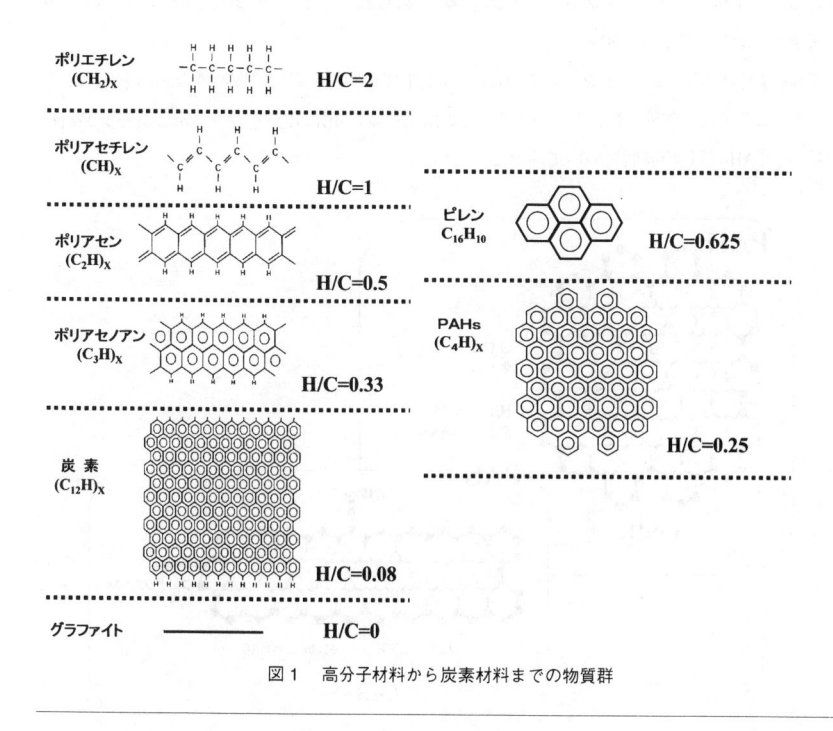

図1　高分子材料から炭素材料までの物質群

＊　Shizukuni Yata　㈱KRI　理事　エネルギー変換研究部長

り返し単位の明確な重合物は得られていない。ただ、これらの物質は、特定の高分子材料を熱反応させることにより、ポリアロマティックな構造で、平均として一定の大きさであり、平均として一定の形を有し、H/Cが一定の材料として得られている[3~6]。典型的なポリアセン材料であるPAS（Polyacenic Semiconductor）のC_3H、あるいはPAHs（Polycyclic Aromatic Hydrocarbons）のC_4Hなどは厳密に言うと分子式ではなく組成式である。

高分子材料と炭素材料の間に広がる広大な物質群の多くは、従来の分子式で表される材料ではなく、炭素原子の多彩な電子状態を利用する統計的に組成式で表される材料である[7]。

四半世紀以前、筆者らはフェノール樹脂、フラン樹脂などを非酸化雰囲気中、500～700℃で熱反応し、ポリアセン系物質の研究開発を開始した[8, 9]。フェノール樹脂では、熱反応中、固体状態を保って反応が進み、リボン状のポリアセン系の分子構造(PAS)となる(図2)。また、ピッチを原料として熱反応を進めると、反応途中、一旦液状となり、500～700℃で円盤状の構造を有したPAHsとなる(図2)。これらの材料は組成式では、どちらもC_3H、C_4Hと同じ領域にありながら、分子構造、高次ナノ構造に大きな違いが認められ、またリチウムなどのドーパントに対して異なった振る舞いをみせる。

これらの材料では、ドーピングによるP型、N型半導体特性、電波吸収特性などの応用もあるが[9~11]、ここでは、電池、特にリチウム系の2次電池への応用に焦点を絞り、ポリアセン系材料の特徴、PAHs材料の展開について述べてみたい。

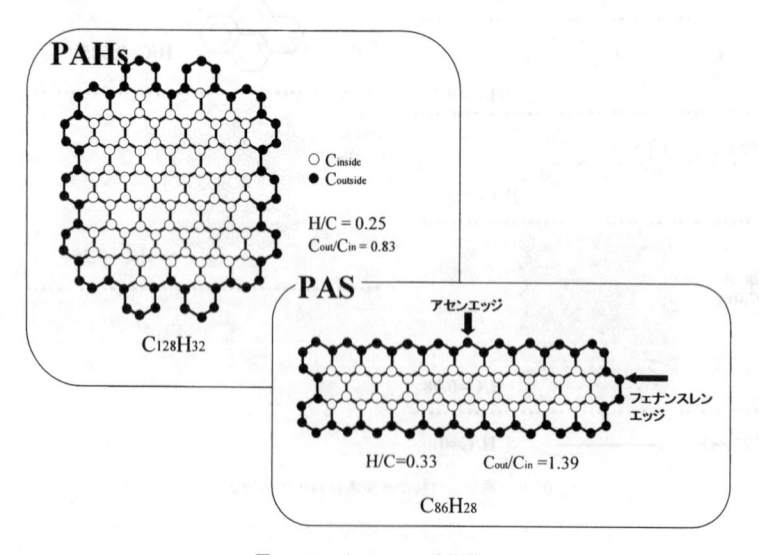

図2 PASとPHAsの分子構造

第2章 ポリマー負極材料

2.2 ポリアセン系物質(一次元グラファイト)

　ポリマーを不活性雰囲気中で熱反応させると,ポリスチレンのように分解が進みガスとなってしまうポリマーと,フェノール樹脂のように一部はガスとなり逃げていくが大部分は残存(高収率)し,炭素化するものがある。この高収率ポリマーを500〜700℃で反応するとベンゼン環が2列(H/C＝0.33),3列(H/C＝0.25)並んだポリアセン系構造をとる。出発ポリマーが途中で流動性をもつ場合には比較的整列しやすい高次ナノ構造となり,固体状のまま反応が進むときにはランダムな配列の高次ナノ構造となる。同じポリアセン系であっても,並び方によって物性は大きく異なる。

　筆者らは,フェノール樹脂を610℃で熱反応させると,H/C＝0.33のポリアセン系材料が得られると報告している[5,11](図3)。また,本田技研の佐藤らは,ポリパラフェニレンを700℃で反応させH/C＝0.24の物質を,さらにJ. R. Dahnらは,ポリフェニレンスフェドを700℃で熱処理し,H/C＝0.29の材料を得ている[12,13]。

　ポリアセン系材料の代表例として,最も詳しく調べられているPASについて構造と特性を以下に示す。フェノール樹脂を熱反応して作られるPASは以前より構造,物性が測定されている。X線回折は,反応温度の異なる数段階のPASについて調べられている[6,9]。表1にH/C値,電気伝導度,X線回折による平均層間隔,およびヨウ素,ナトリウムをドーピングした場合の層間隔(d値)を示す[6]。PAS-AはH/Cが0.5の絶縁体であるが$d＝4.12$Åと層間隔はたいへん広い。PAS-BはH/C＝0.35の半導体で,$d＝4.07$Å,これもグラファイトの$d＝3.35$Åに比較すると大きな値であるが,H/C＝0.05のPAS-Gでは$d＝3.59$Åとだいぶ狭くなる。

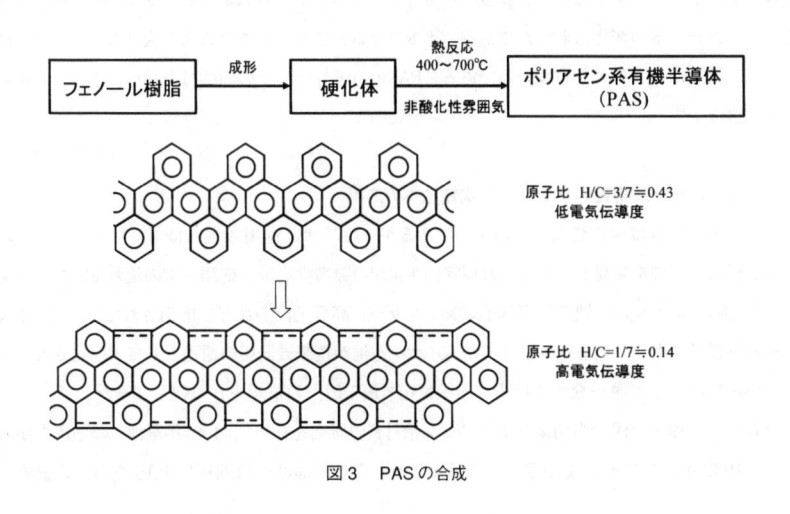

図3　PASの合成

表1 PASの物性

サンプル名	H/C	電気伝導度 (S/cm)	d (Å)
A	0.50	1.5×10^{-13}	4.12
B	0.35	3.7×10^{-10}	4.07
D	0.27	1.4×10^{-5}	3.71
E	0.15	8.6×10^{-2}	3.76
G	0.05	3.8×10^{1}	3.59
I_2-B	0.35	3.6×10^{-4}	3.58
Na-B	0.35	3.6×10^{-3}	4.34

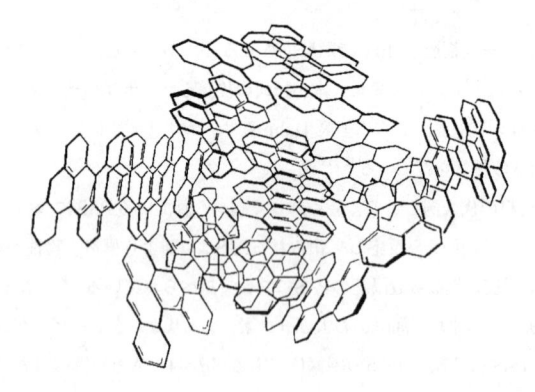

図4 PASの高次ナノ構造

ヨウ素をドーピングするとd値は少し小さくなるが，ナトリウムドーピングでは逆に少し大きくなる。ただ，その変化はわずかである。ナトリウムという，リチウムより大きなドーパントに対しても構造があまり変わらないのである。PASの分子レベルでの隙間はたいへん広いと考えられる（図4）[14]。

2.3 ポリアセン系物質のリチウム2次電池への応用

ポリアセン物質は導電性高分子の1つであるが，1977年，白川先生らはポリアセチレンにおける金属的導電性を発見したが，それ以降四半世紀の導電性高分子応用研究の流れを図5に示す[15]。帯電防止フィルム，機能性高分子コンデンサー，高分子LEDなどに応用されているが，2次電池の分野ではポリアセン電池，リチウムイオン電池が携帯機器用の電池として実用化されている。導電性高分子に源を発する技術は四半世紀で数千億円の市場を作り出してきた。

筆者らは，1980年代の当初よりポリアセン系材料の研究を初め[3]，1987年電池への応用を検討し[26]，1989年ポリアセン電池として商品化した。この電池は正負両極にPASを用いる構成で

第2章 ポリマー負極材料

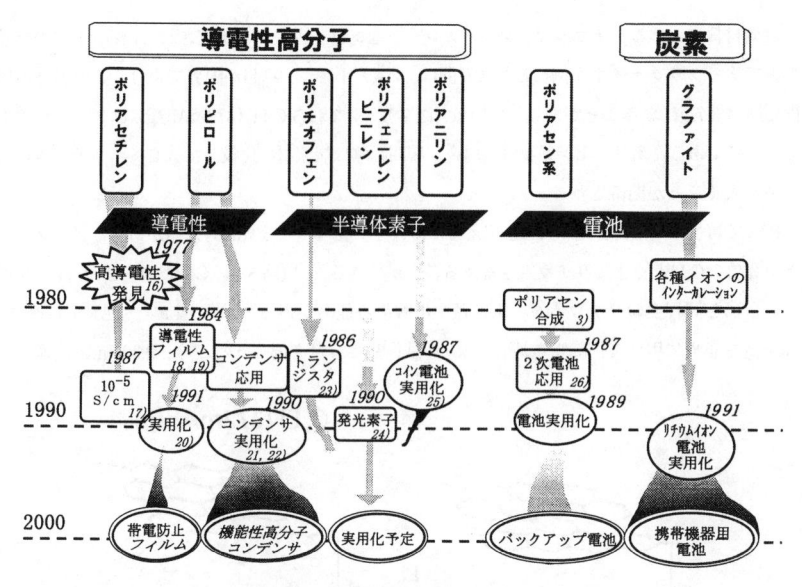

図5 導電性高分子研究の流れ

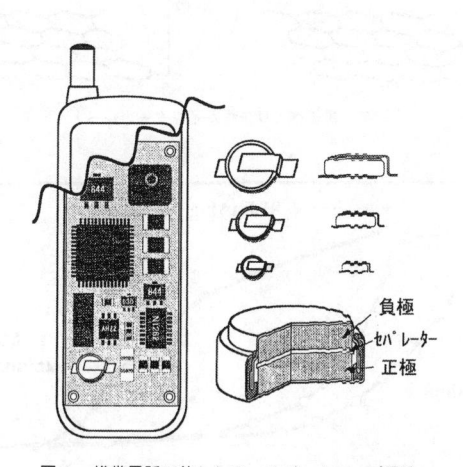

図6 携帯電話に使われているバックアップ電池

あって，特性としてはキャパシターに近い。PASはナノレベルで隙間の多い構造であり，大きなイオンを利用するキャパシター電極材料として有利である。携帯電話のメモリーバックアップ用，発光道路鋲のソーラバックアップ用などに広く利用されている（図6）。

炭素材料におけるリチウムのインターカレーションは，古くから研究されている。1つの結晶形態であるグラファイトを例にとれば層間は3.35Åと小さく，C_6Liが限界であり，この場合の層間距離は3.7Åになることが知られている（図7）。すなわちC_6Li（372mAh/g）はグラファイトの理論値である。ポリアセン系物質の場合，層間距離は炭素材に比較して大きく，リチウムがより多く入ることが期待される。

PASでは，平均層間距離が4Åを超えるため，リチウムの入る空間的余裕があり，グラファイトの3倍のC_2Li近くまでリチウムを蓄えることができる[27, 28]（図8）。C_2Li状態のPASは，リチウム金属と同程度のリチウムを一定体積中に貯める能力がある[27, 28]（図9）。PASを負極に，$LiCoO_2$を正極に用いて円筒型電池（18650）を試作して容量を調べたところ，2,300mAh，エネル

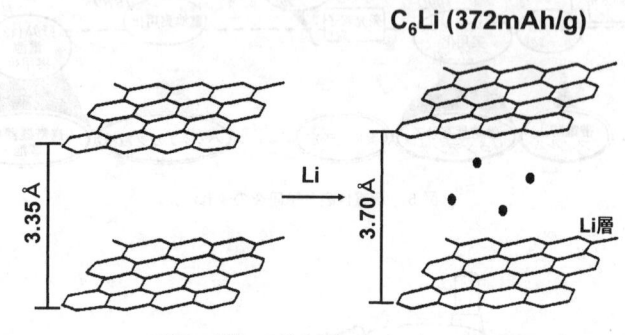

図7　黒鉛へのリチウムインターカレート

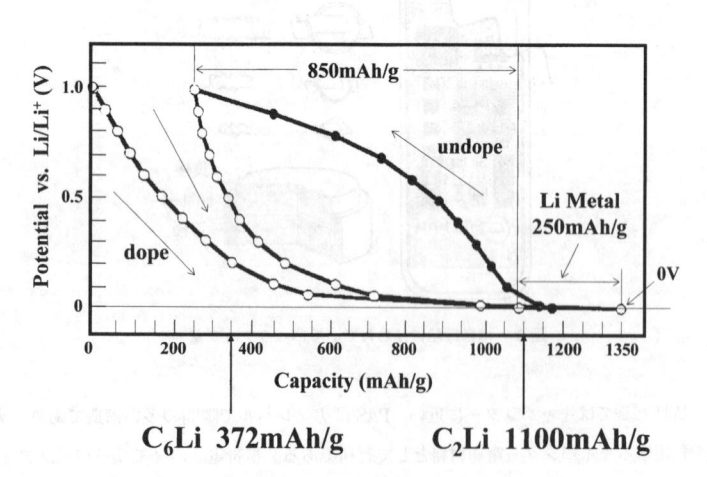

図8　PASへのリチウムドーピング特性

第2章 ポリマー負極材料

ギー密度は450Wh/lと大きな値であった[29]。

本田技研の佐藤らが作成したPPP（ポリパラフェニレン）の熱反応（H/C＝0.24）では，放電容量が680mAh/gであり，グラファイトの理論値を超える結果を得ている[12]。また，J. R. DahnらのPPS（ポリフェニレンスルフィド）を700℃で反応したH/C＝0.29の材料は，放電容量が650mAh/gと高く，800～1,000℃で焼成したサンプルに比べて，大きな容量を有している[30]。

2.4 PAHsの構造と物性

PAHsは等方性ピッチを不活性雰囲気中で熱反応させて得られる。フェノール樹脂を原料とするPASとは異なり，ピッチが原料であるため熱反応途中で一度液状になり，分子の再配列が容易である。そのため，同じ熱反応温度であってもPASとは異なった分子構造，高次ナノ構造を有すると考えられる。

最近，筆者らは石炭ピッチ（軟化点：280℃）を原料とし，590～720℃でPAHsを合成し，H/C値，電気伝導度，平均層間距離などの物性を測定した[2]。その結果を表2に示す。PAS同様，

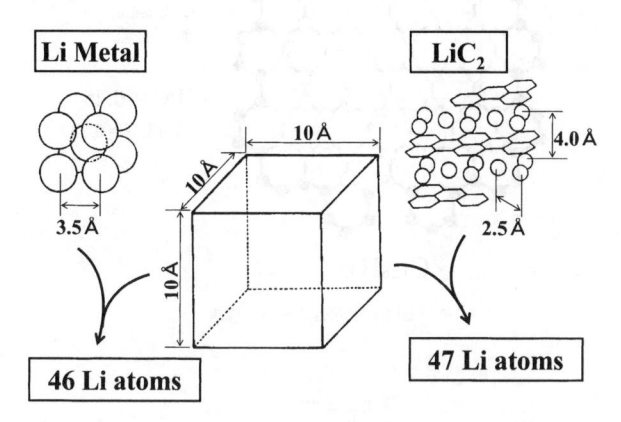

図9 リチウム金属とPAS（C_2Li状態）のリチウム吸蔵量

表2 PAHsの物性

熱反応温度 (℃)	H/C	電気伝導度 (S/cm)	d_{002} (Å)
590	0.33	9.9×10^{-6}	3.47
615	0.29	1.1×10^{-4}	3.47
650	0.22	8.9×10^{-2}	3.47
685	0.17	7.9×10^{-1}	3.46
720	0.10	1.6×10^{0}	3.47

H/C値が低くなるにつれて，その電気伝導性は上昇する。しかし，その層間距離はH/C＝0.10〜0.33でほぼ一定値（3.47Å）をとり，PASの層間距離に比べ小さい。これは，熱反応途中で一度液状となるため，分子が再配列しやすいことが原因と考えられる。

　この結果とH/C値（PAHs：0.25，PAS：0.33）から想定されるPAHsとPASのグラフェンシートモデルを図10，11に示す[2]。PAHsは円盤状であり，PASはリボン状をしていると想定される。PAHsは熱反応の途中で分子再配列が容易であるため，最も安定な円盤状をとるものと考えられる。このモデルにおけるPAHs，PASそれぞれの$C_{outside}/C_{inside}$比は0.83，1.39であり，上述の計算値と近い値となっている。また，このモデルをみると外周部の炭素には2種類あることがわかる。アセンエッジとフェナンスレンエッジである。PASに比べてPAHsの方が圧倒的にフェナン

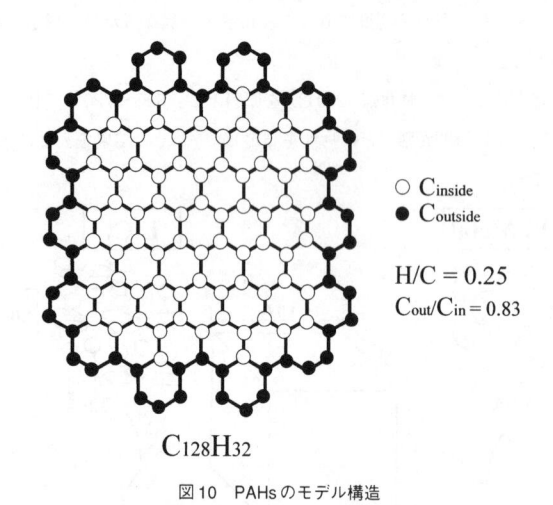

○ C_{inside}
● $C_{outside}$

H/C = 0.25
C_{out}/C_{in} = 0.83

$C_{128}H_{32}$

図10　PAHsのモデル構造

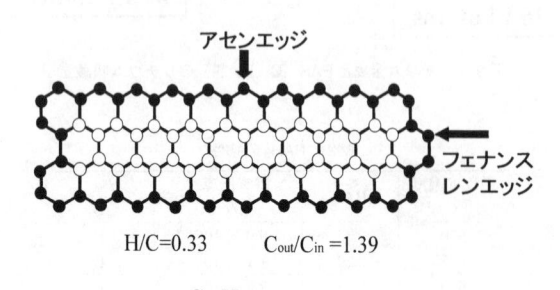

アセンエッジ

フェナンスレンエッジ

H/C=0.33　　C_{out}/C_{in} =1.39

$C_{86}H_{28}$

図11　PASのモデル構造

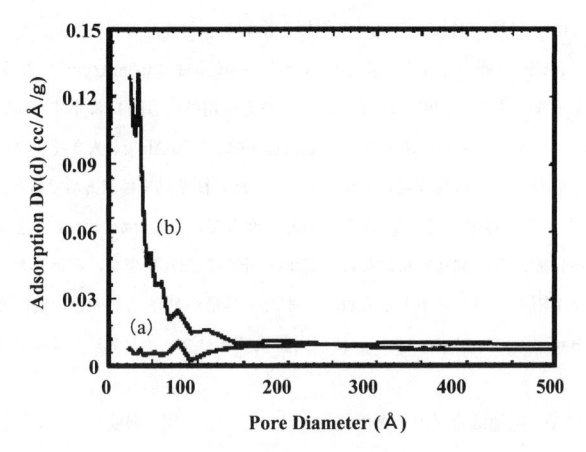

図12　PAHs(a)とPAS(b)の細孔分布

スレンエッジが多いことがわかる。

もちろん，実際にはPAHsやPAS材料中には様々な形状，サイズのグラフェンシートが混在しているが，材料中の平均的形状として，モデルに示すようにPAHsは円盤状のグラフェンシートが比較的整列したナノ構造を有し，PASは細長いリボン状のグラフェンシートがランダムに配列したナノ構造をとると考えられる。

図12には，PAHsおよびPASの細孔分布測定の結果を示す[2]。PAHsの特徴として孔径150Å以下の細孔がPASに比べ少なく，BET法による比表面積も30m^2/g以下と小さい(ポリアセン系材料の多くは100～400m^2/gの比表面積を有する)。これはPAHsが熱反応の過程で一度液状となり，分子の再配列が容易であることが影響していると考えられる。

このようにPAHsはリボン状構造を有するPASとその構造が明らかに異なると考えられる。PAHsはリチウムとの相性がよく，次世代リチウム電池の負極材料として大いに期待される。

2.5　PAHs電池

PAHsはピッチを熱反応して得られる。フェノール樹脂を原料とするPASがリボン状構造をとるのに対し，PAHsは円盤状構造を有する（図2）[2]。層間距離は3.4～3.5ÅとPAS (3.5～4.2Å)に比べかなり小さく，リチウムの不可逆容量の原因となる微細孔も少ない。理論計算によれば，アセンエッジもフェナンスレンエッジもリチウムを吸蔵することができる[31]。フェナンスレンエッジはアセンエッジに比べ，よりリチウムがドープされやすく[31]，フェナンスレンエッジを多く有する円盤状のPAHsはリチウムを安定に蓄えることが予想される。

ポリマーバッテリーの最新技術Ⅱ

実際に筆者らは，PAHs（H/C＝0.25）の電極を作製し，対極と参照極にリチウム金属を用いた3極式セルでPAHs電極の充放電試験を行った[2]。電流密度は$0.5mA/cm^2$である。図13に初期充放電特性を示す。また，同時に作成したPASの充放電特性も図14に示す。PASの初期充放電特性と同様にヒステリシスが認められる。放電容量は1,017mAh/gと大きく，グラファイトの理論容量の約3倍のリチウム吸蔵能力を有する[2]。また，初期効率は81.5%である。表3にPASとPAHsの比較を示す。容量，効率ともPAHsの方が優れていることがわかる[2]。初期効率がPASより高い要因として，その細孔分布における150Å以下の微細孔が少ないこと，およびBET法による比表面積が1桁小さいことが考えられる。また，容量がPASより大きい要因としては，前述のようにPAHsのグラフェンシートの形状が円盤状でありフェナンスレンエッジ部が多いことが考えられる[2, 31]。

ポリアセン（PAS）電池は容量の大きな電池ではあるが，実用に必要なレート特性、サイクル

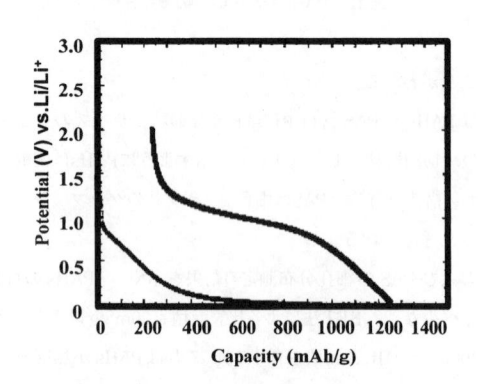

図13　PAHsへの初期充放電特性（リチウム）

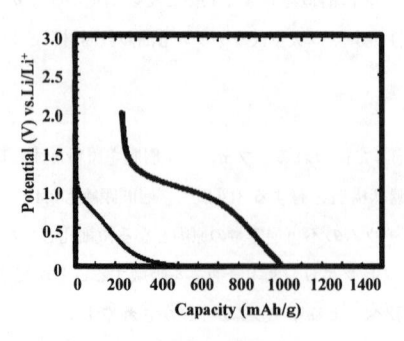

図14　PASの初期充放電特性（リチウム）

第2章 ポリマー負極材料

表3 PAHsとPASの物性および電気化学特性

	比表面積 (m^2/g)	d_{002} (Å)	L_c (Å)	容量 (mAh/g)	効率 (%)
PAHs	27	3.46	16	1,017	81.5
PAS	337	3.83	10	750	75.0

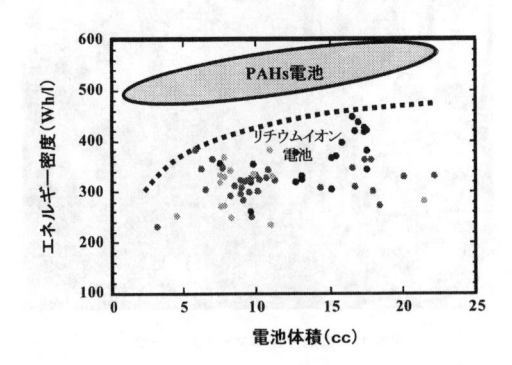

図15 PAHs電池の位置付け

特性などを，どのように克服するかが課題である。PAHs電池では，リチウムをトラップする微細孔が少ないため，サイクル特性などの長期信頼性を獲得するのも困難ではないと思われる。

図15には現在市販されている各種リチウムイオン2次電池の容量マップを示す。リチウムイオン2次電池は，エネルギー密度的にほぼ限界にきており，PAHsのように従来の炭素材料の3倍もリチウム吸蔵能力がある負極材を使用した次世代高容量のリチウム系2次電池の登場が期待されるところである[32]。

2.6 リチウム2次電池の将来

今世紀の人類にとって最も重要な問題の1つは，エネルギー・環境問題である。20世紀は石炭・石油エネルギーの時代であり，大いに便利になったが，多くの地球環境問題を生じさせた。21世紀のエネルギーは自然エネルギーと電気エネルギーの結合でなければならない。高性能電池の携帯機器への応用は序の口であって，今後の家庭用蓄電システム，移動体への応用が本命であると考えている。

実際，多くの研究機関でこれらの用途を目指して，大型リチウムイオン電池の開発が精力的に進められている。最大の課題は十分な安全性の確保とリーズナブルコストの実現である。

電池のコストは，「円/Wh」で表せるようにエネルギー密度に依存する。ポリアセン系材料[28]，

ポリマーバッテリーの最新技術II

PAHsのように従来の材料の3倍ものリチウム吸蔵能力のある負極材を使用すれば，電池のエネルギー密度が大幅に向上する。また電池の耐久寿命はそのままコストに反映する。

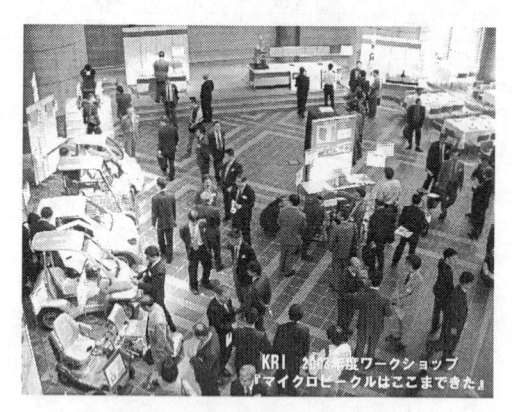

写真1　電池で走るマイクロビークル

図16　マイクロビークルの街

第2章　ポリマー負極材料

　大型2次電池応用の最も近い用途は，マイクロビークルであると思われる。マイクロビークルは従来の自動車のコンセプトとは異なる。スピードは30km/h未満，持続走行距離も50km以下で問題なし。駐車スペースがいらず，街中を静かにスイスイ走る。幅が小さく，従来の1車線は2車線になる。自転車よりも軽いバイク，世界で最も軽い電動車椅子もマイクロビークルの仲間である。もちろん，動力源はリチウム系高性能2次電池である。従来の鉛電池より3倍も軽く，コンパクトである。開発が進んでいるマイクロビークルの一例を写真1に示した。また，マイクロビークルが実現するであろう商店街の様子を図16に表す。生き生きとした，お互いに顔のみえる街である。

文　　献

1) 矢田静邦，電気化学，**65**，No.9，706 (1997)
2) S. Wang, S. Yata, J. Nagano, Y. Okano, H. Kinoshita, H. Kikuta, T. Yamabe, *J. Electrochem. Soc.*, **147** (7), 2498 (2000)
3) T. Yamabe, K. Tanaka, K. Ohzeki, S. Yata, *Solid State Commun.*, **44**, 823 (1982)
4) T. Yamabe, K. Tanaka, K. Ohzeki, S. Yata, *J. Phys. (Paris) Colloq. Suppl.*, **44**, No.6, C3-645 (1983)
5) K. Tanaka, K. Ohzeki, T. Yamabe, S. Yata, *Synth. Met.*, **9**, 41 (1984)
6) K. Tanaka, M. Ueda, T. Koike, T. Yamabe, S. Yata, *Synth. Met.*, **25**, 265 (1988)
7) Kazuyoshi Tanaka, Tokio Yamabe, S. Yata, *Polymeric Materials Encyclopedia*, Vol.7, **5308-5315** (1996)
8) 矢田静邦，特開昭57-207329号公報 (1982)
9) 矢田静邦，特開昭59-3806号公報 (1984)
10) 矢田静邦，特開昭56-42022号公報 (1981)
11) S. Yata, U. S. Patent No.4601849 (July 1986)
12) K. Sato, M. Noguchi, A. Demachi, N. Oki, M. Endo, *Science*, **264**, 556 (1994)
13) J. R. Dahn, T. Zheng, Y. Liu, J. S. Xue, *Science*, **270**, 590 (1995)
14) 矢田静邦，炭素素原料科学の進歩 I (CPC研究会)，57 (1989)
15) 矢田静邦，化学，**56**，No.1 (2001)
16) H. Shirakawa, E. J. Louis, A. G. MacDiamid, C. K. Chiang, A. J. Heeger, *J. Chem. Soc. Chem. Commun.*, **1977**, 578
17) H. Naarmann, N. Theophilou, *Synthetic Metals*, **22**, 1 (1987)
18) O. Niwa, R. Tamamura, *J. Chem. Soc. Chem. Commun.*, **1984**, 817
19) T. Ojio, S. Miyama, *Polym. J.*, **1986**, 95
20) 溝口郁夫，伊藤守，工業材料，**40**，No.5，45 (1992)
21) 伊佐功，SHM会誌，**9**，No.2，27 (1993)

22) 工藤泰夫, 吉村進, 工業材料, **40**, No5, 28 (1992)
23) A. Tsumura, H. Koezuka, T. Ando, *Appl. Phys. Lett.*, **49**, 1210 (1991)
24) J. H. Burroughes, D. D. C. Brandley, A. R. Brown, R. N. Marks, K. MacKay, R. H. Friend, P. L. Burns, A. B. Holmes, *Nature*, **347**, 539 (1990)
25) T. Nakajima, T. Kawagoe, *Synthetic Metals*, **28**, 629 (1989)
26) S. Yata, Y. Hato, K. Sakurai, T. Osaki, K. Tanaka, T. Yamabe, *Synthtic Metals*, **18**, 645 (1987)
27) S. Yata, H. Kinoshita, M. Komori, N. Ando, T. Kashiwamura, T. Harada, K. Tanaka, T. Yamabe, Proc. Symp. New Sealed Rechargeable Batteries and Supercapacitors, Vol.93-23, 502, Hawaii, USA (May 1993)
28) S. Yata, H. Kinoshita, M. Komori, N. Ando, T. Kashiwamura, T. Harada, K. Tanaka, T. Yamabe, *Synth. Met.*, **62**, 153 (1994)
29) S. Yata, Y. Hato, H.Kinoshita, N. Ando, A. Anekawa, T. Hashimoto, M. Yamaguchi, K. Tanaka, T. Yamabe, *Synth. Met.*, **73**, 273 (1995)
30) T. Zheng, Y. Lui, E. W. Fuller, S. Tseng, U. von Sachen, J. R. Dahn, *J. Electrochem. Soc.*, **142**, 2581 (1995)
31) H. Ago, M. Kato, K. Yahara, K. Yoshizawa, K. Tanaka, T. Yamabe, *J. Electrochem. Soc.*, **146**, 1262 (1999)
32) 矢田静邦, 工業材料, **50**, No.6, 26 (2002)

第3章　ポリマー正極材料

1　導電性高分子

1.1　総論

金村聖志*

1.1.1　正極材料の電気化学

　導電性ポリマーを用いた正極活物質に関する研究は，これまで活発に行われてきた。非常に多くの導電性ポリマーが検討されてきた[1〜7]。これらの導電性ポリマーを図1にまとめた。導電性ポリマーの正極活物質としての電極反応は，図2に示すようなアニオンのドープ・脱ドープである。放電状態ではアニオンが脱ドープされた状態で，充電された状態ではアニオンがドープされた状態となる。実際にリチウム電池の正極活物質として用いられる材料は写真1に示すような形態を有している。この形態はフィブリル構造と呼ばれる構造である。このような形態以外にもいろいろな形態がある。この形態は合成条件や導電性ポリマーの種類に依存する。ここで重要な点は，図2に示されるドープ・脱ドープの機構は実際に起こる電池反応の一部を表現しているに過ぎないことである。実際には，高分子バルク体としての充放電反応の記述が必要である。言い換えれば，アニオンのドープ・脱ドープは導電性高分子体の表面でのみ起こるのではなく，バルク体すべてで生じる点を考慮しなければならないことである。モデル図を用いて説明すると，アニオンのドープ反応は電子が導電性高分子内から取り去られ，これと同時にアニオンが導電性高分子に取り込まれる。図3は，その様子を示したものである。導電性高分子内に取り込まれたアニオンは高分子表面に滞在するのではなく，高分子マトリクスのバルク内部に拡散し侵入する。そして，この導電性高分子を充電する反応，すなわちアニオンをドープする反応では，電子の出入りは比較的速く，アニオンのポリマーマトリクス内部での移動が全体の反応を律速する。脱ドープ反応では，これと全く逆の反応が生じる。この場合にも電子の動きよりもアニオンの動きが全反応を決定する素過程となる。

　電池の活物質としての導電性高分子として，上記の反応過程を考慮すると粒子の形状あるいは高分子自身の構造的な状態，あるいは電子伝導性などが重要となる。たとえば，フィブリル(円柱状)の活物質の場合には，その半径が大きくなればなるほどアニオンの拡散距離は大きくなり，導電性高分子マトリクス内に均一にアニオンをドープするには時間を要する。球状の粒子であれ

---

*　Kiyoshi Kanamura　東京都立大学　大学院工学研究科　応用化学専攻　教授

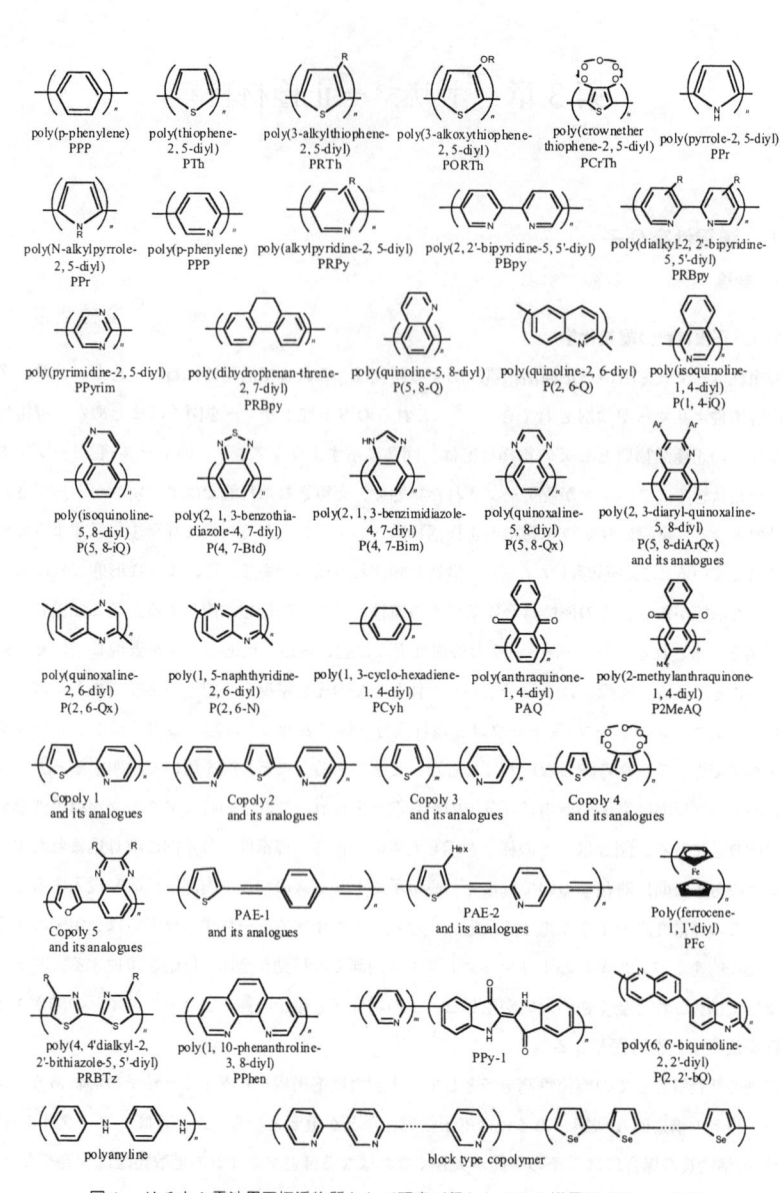

ポリマーバッテリーの最新技術II

図1 リチウム電池用正極活物質として研究が行われてきた導電性ポリマーの例

第3章 ポリマー正極材料

ラジカルカチオン

アニオン　　導電性高分子

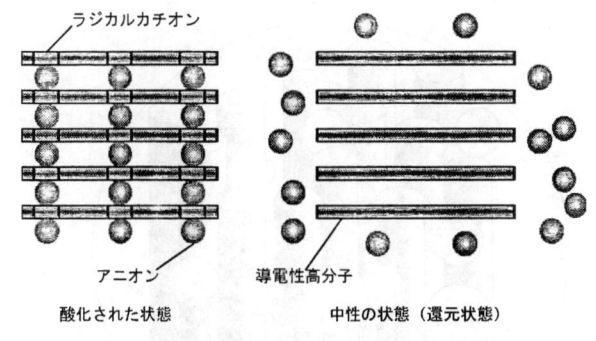

酸化された状態　　　　中性の状態（還元状態）

図2　導電性高分子を正極活物質として用いた場合の充放電反応機構のモデル図

写真1　代表的な形態を有する導電性高分子の電子顕微鏡写真

ばその半径が大きくなるほど同様の現象が生じることになる。また，図4に示されているように，粒子状であれ，繊維状であれすべての導電性高分子は，その構造内に均一にアニオンがドープされなければならない。イオンのドープとともに溶媒分子の侵入も生じるため，反応が複雑となる。

1.1.2　導電性ポリマーの形状と電気化学的特性

　ポリアニリンを例にして，その充放電挙動を拡散の立場から観察してみる。ポリアニリンについては後ほど詳細に記述されると思われるので，簡単に述べる。ポリアニリンを酸化するとアニ

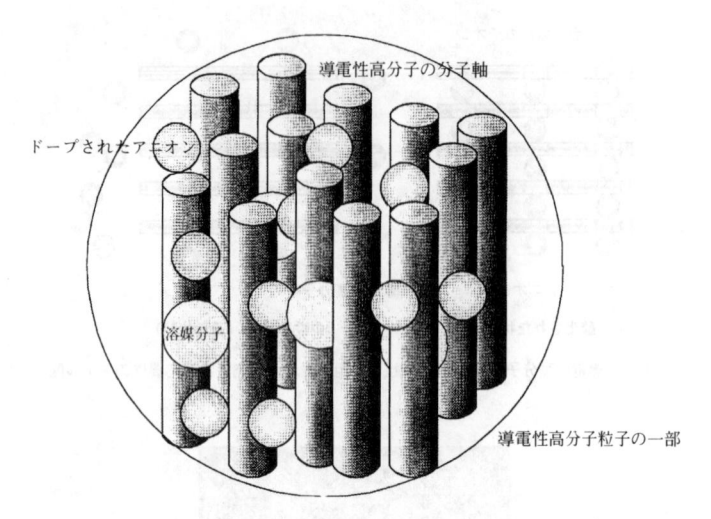

ポリマーバッテリーの最新技術Ⅱ

図3 実際の導電性高分子粒子の構造とアニオンのドープ・脱ドープ過程の様子

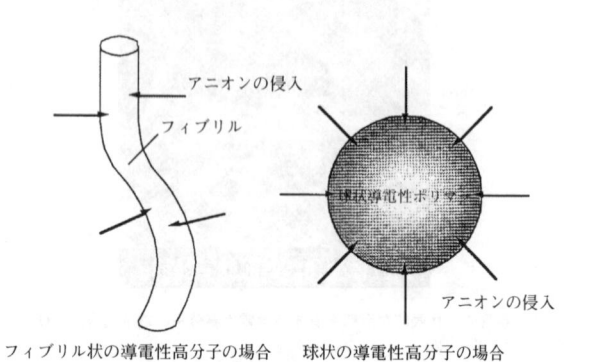

図4 球状粒子形状あるいは円柱状粒子形状を有する場合のアニオンのドープ・脱ドープ過程

オンがドープされる[8]。この際にポーラロンと呼ばれるラジカルが発生する。このポリアニリンをさらに酸化するとさらにポーラロンが増加し,最終的には2つのポーラロン同士が相互作用し,バイポーラロンを形成することになる。このような孤立電子同士の相互作用は他の導電性ポリマーでも観測される。ここで,電気化学的な反応にとって重要なことはポーラロン状態にしてもバイポーラロン状態にしても,電子の移動は比較的速く,アニオンの移動が電気化学的な反応を律速するということである[9,10]。したがって,ポリアニリン中のアニオンの移動現象が電池反

50

第3章 ポリマー正極材料

応にとって非常に重要となる。

　ここで，写真2に電解重合法により作製したポリアニリンの電子顕微鏡写真を示す。これらのポリアニリンは，電解重合時の電流密度を変化させることによりフィブリル構造の直径を変化させて合成した試料である[11, 12]。すなわち，異なるアニオン移動の距離を有するもので，アニオンのドープ・脱ドープ反応に直径の違いが影響を及ぼすものと考えられる。しかし，実際に充放電を行うとそれほど大きな違いを見ることができない。そこで，直径の異なるポリアニリン中でのアニオンの拡散定数を調べてみると，表1に示したような値が得られる。ここで，表中の拡散定数は写真2に示した円柱系の座標軸を用いて，また，これに対応する円柱内での拡散方程式を解き，その理論式と測定値を対応付けることにより，求められたものである。したがって，直径を考慮した拡散定数である。

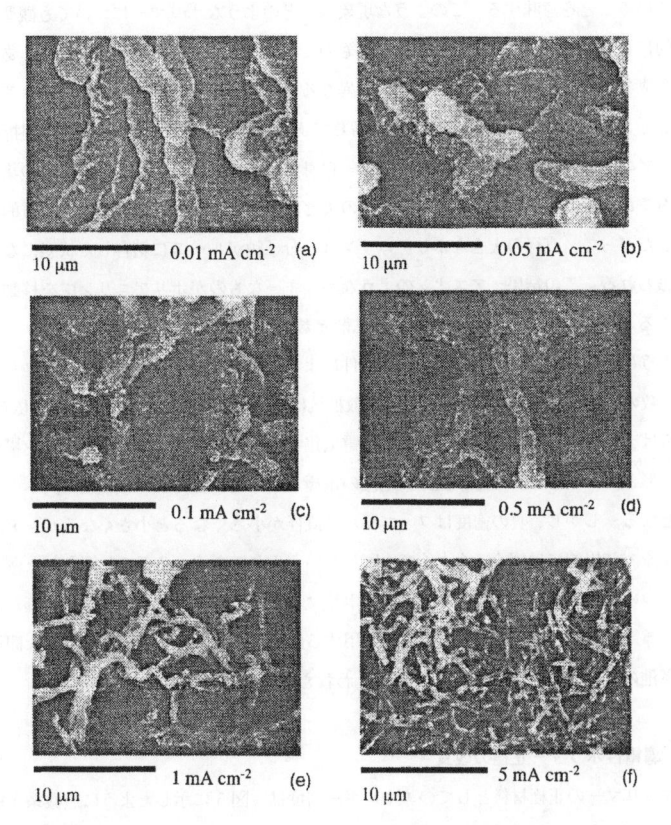

写真2　電解重合法により作製したポリアニリンの電子顕微鏡写真，電流密度を変化させて合成

ポリマーバッテリーの最新技術 II

表1 円柱座標系を用いて見積もられたポリアニリン中でのアニオンの拡散定数

Diameter(μm)	2.5	1.8	1.2	0.8	0.6	0.35
Current(mA cm^{-2})	0.01	0.05	0.1	0.5	1.0	5.0
303K	8.62×10^{-12}	4.30×10^{-12}	2.39×10^{-12}	6.55×10^{-12}	5.60×10^{-12}	2.55×10^{-12}
313K	9.68×10^{-12}	5.30×10^{-12}	3.61×10^{-12}	9.91×10^{-12}	8.10×10^{-12}	3.96×10^{-12}
323K	1.20×10^{-11}	6.50×10^{-10}	4.88×10^{-12}	1.33×10^{-12}	1.10×10^{-12}	5.10×10^{-12}
333K	1.53×10^{-11}	9.60×10^{-12}	6.643×10^{-12}	1.80×10^{-12}	1.40×10^{-12}	6.58×10^{-12}
E_a(Kcal/mol)	3.86	5.21	6.57	6.68	6.13	6.23

拡散定数：cm^{2}s^{-1}

　表1の数値からすぐに分かるように，拡散定数は，ポリアニリンの直径が大きくなるほど大きくなっていることがわかる。このことはポリアニリン内でのアニオンの拡散が合成条件によって変化していることを意味する。このような現象は，どのようなポリマーについても観測され，電気化学的に合成したものと化学的に合成したもので導電性ポリマーの物性が異なる，あるいはそれらの合成条件や出発物質の種類に依存して異なる場合が多いことに対応している。ここで例として紹介したポリアニリンもまったくその通りであり，赤外吸収分光測定やX−線回折測定を用いてポリアニリンの状態を分析するとポリマー自身の分子構造に違いはないが，その集合状態に差異があることがわかる[13]。すなわち，直径の大きなポリアニリンほど，より非晶質的な性質を示す。したがって，直径の大きなポリアニリンほど分子軸がルーズに結合した状態になっているものと思われる。この結果，アニオンのようなバルキーなものがポリアニリン中を移動する際に移動できる十分な空間を与えられ，大きな拡散定数が得られたものと思われる。

　このように拡散定数はフィブリルの合成条件により変化するが，拡散抵抗はフィブリルの直径と拡散定数の両者で決定され，計算された拡散抵抗は結果的にフィブリルの直径には依存しない。本来ならば，フィブリルの直径が多くなれば電気化学的な特性が低下するが，それを構造変化が補助した形となっている。一方，実際の電池の電極として用いる場合には，電池内への充填密度が問題となる。しかし，真の密度はフィブリルの直径が小さくなると小さくなるが，充填密度は大きくなる。結果的には細くても太くても同じということである。ここで，紹介した例はポリアニリンについてのみ言えることであり，他のポリマーではどうなっているのかは調査が必要である。既に導電性ポリマーを正極材料として使用する研究は行われており，このような観点からの研究が電池のエネルギー密度向上のために行われきている。

1.1.3　導電性ポリマー正極の改良

　導電性ポリマーの正極材料としてのエネルギー密度は，図5に示したように無機系正極活物質よりは小さい。ここでエネルギー密度の計算にドープされるアニオンを含めるのかどうかが問題

第3章 ポリマー正極材料

である。さらには，電解液の量もエネルギー密度に含める必要があるかもしれない。いずれにしても，導電性ポリマーのエネルギー密度は小さい値となっている。このままでは，無機系正極活物質にエネルギー面でかなり劣ることになる。このような欠点を改良し有利な点であるフレキシビリティーを活かした電池の作製が望まれる。詳細については各章において述べられるが，導電性ポリマーに無機あるいは有機系の活物質を含有させコンポジット化することが必要とされ

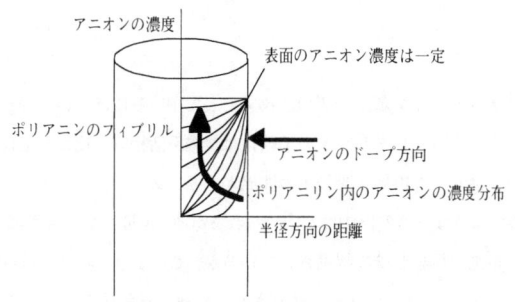

円柱状拡散（表面フィブリル表面の濃度を一定にしてアニオンをドープした場合のフィブリル内でアニオン濃度分布の変化）

図5　円柱座標系を用いた固体内でのイオンの拡散に関する取り扱い

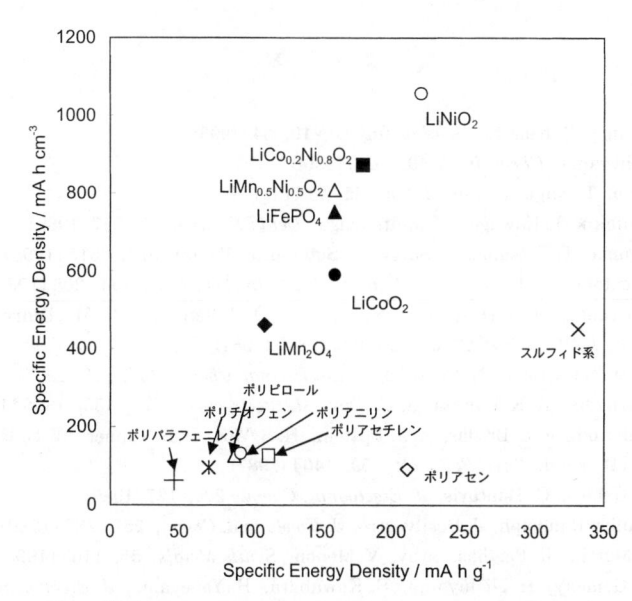

図6　導電性ポリマー正極と無機系正極活物質のエネルギー密度の比較

る[14~17]。

　最も単純な場合を考えると，導電性ポリマー内部に何らかの物質を入れることにより擬似的にカチオン（Li^+イオン）の出入りにより電極反応が進行するようにすることが望まれる。また，できれば添加する物質が電気化学的に酸化・還元を行うものであれば，電極の放電容量を損なうことなく，いわゆるリチウムイオン電池タイプの電池を導電性ポリマー正極により構築できる。このような検討を今後，積極的に進めていくことが重要である。

1.1.4　おわりに

　導電性ポリマーをリチウムイオン電池の正極活物質として用いるには，いくつかの超えなければならないハードルが存在する。しかし，その柔軟性は無機系活物質に比較してはるかに優れており，このような利点を活かした電極作製技術の開発が必要である。特に，まだ市場として立ち上がっていないが，このような形状の自由度が求められる電池が必要となる時代はそう遠くない。たとえば，ウェラブル電池の発想が既に提案されているが，このような電池では曲線状態を維持した電池が必要であり，すべてがポリマーで構成された電池が望まれる。

文　　献

1) N. Oyama, Z. Namito, *Gendai Kagaku*, **10**, 34 (1996)
2) H. Yoneyama, *Chem. Ind.*, **49**, 1643 (1996)
3) S. Yada, T. Nagura, *Eng. Mater.*, **45**, 71 (1997)
4) H. Daifuku, T. Kawagoe, T. Matsunaga, *Denki Kagaku*, **57**, 557 (1989)
5) N. Oyama, T. Tatsuma, T. Satou, T. Sotomura, *Nature*, **373**, 6515 (1995)
6) T. Nagatomo, C. Ichikawa, O. Omoto, *J. Electrochem. Soc.*, **134**, 305 (1987)
7) D. MacInnes, M. A. Druy, P. J. Nigrey, Jr., D. P. Nairns, A. G. MacDiarmid, A. J. Heeger, *J. Chem. Soc. Chem. Commun.*, 317 (1981)
8) G. Zotti, S Cattarin, N. Comisso, *J. Electroanal. Chem.*, **235**, 259 (1987)
9) J. C. Lacroix, K. K. Kanazawa, A. Diaz, *J. Electrochem. Soc.*, **136**, 1308 (1989)
10) S. Stafstrom, J. L. Bredas, A. J. Epstein, H. S. Woo, D. B. Tanner, W. S. Huang, A. G. MacDiarmid, *Phys. Rev. Lett.*, **59**, 1464 (1987)
11) E. M. Genies, C. Tsintavis, *J. Electoanal. Chem.*, **200**, 127 (1986)
12) C. Mailhe-Randolph, J. Desilvestro, *J. Electoanal. Chem.*, **262**, 289 (1989)
13) C. R. Martin, R. Parthasarathy, V. Menon, *Synth. Metals*, **55**, 1165 (1993)
14) A. H. Gemeay, H. Nishiyama, S. Kuwabata, H. Yoneyama, *J. Electrochem. Soc.*, **142**, 4190 (1995)

第 3 章　ポリマー正極材料

15) T. A. Kerr, H. Wu, L. F. Nazar, *Chem. Mater.*, **8**, 2005 (1996)
16) F. Leroux, B. E. Koene, L. F. Nazar, *J. Electrochem. Soc.*, **143**, L181 (1996).
17) S. Kuwabata, T. Idzu, C. R. Martin, H. Yoneyama, *J. Electrochem. Soc.*, **145**, 2707 (1998)

1.2 ポリピロール

天池正登[*]

1.2.1 はじめに

ポリピロールはピロールモノマーを電解重合または化学酸化重合して作製される。比較的温和な条件での重合により高導電性の重合体が得られ，その導電性と構造の安定性は他の導電性高分子と比較して優れた特性であることが知られている。このため，最も広範囲にわたって研究されている導電性高分子であり，二次電池[1~7]，キャパシター[8,9]，センサー[10~12]，導電性繊維[13,14]，静電防止材[15]，メカニカルアクチュエーター[16,17]等の様々な分野で応用展開がなされている。中でも固体電解コンデンサーの陰極層や静電防止材への応用は実用化に到っている。

無置換ポリピロールの性能向上を図り新たな機能を付与する目的で，ピロールの3,4位もしくは窒素にアルキル鎖や機能性官能基を導入したポリピロール誘導体[18~21]についてもまた多くの研究がなされている。

本稿では，初めにピロールモノマーの合成，次にポリピロールの合成法と性質について述べた後，図1に示す3,4位に置換基を導入したポリピロール誘導体について紹介する。アルキル鎖を導入した有機溶剤に可溶なポリ(3-メチルピロール-4-カルボン酸アルキル)とレドックス活性なジスルフィド基を導入したポリ(4,6-ジハイドロ-1H-[1,2]ジチイノ[4,5-c]ピロール)についての構造と機能について得られた知見を述べる。

1.2.2 ピロールモノマーの合成方法

(1) 無置換ピロールの合成

無置換ピロールは工業的にはボーンオイルを分留精製するか，粘液酸アンモニウム塩$NH_4O_2C(CHOH)_4CO_2NH_4$をグリセロールまたはミネラルオイルとともに熱分解して製造する[22]。この他，フランとアンモニアと水蒸気を熱アルミナ上に通す方法，コハク酸イミド$(CH_2CO)_2NH$を

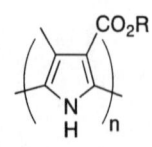

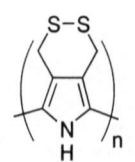

ポリ(3-メチルピロール-4-
カルボン酸アルキル)

ポリ(4,6-ジハイドロ-1H-[1,2]ジチイノ
[4,5-c]ピロール)

図1　3,4-置換ポリピロール

---

[*] Masato Amaike　日本曹達㈱　高機能材料研究所　材料探索研究部　研究員

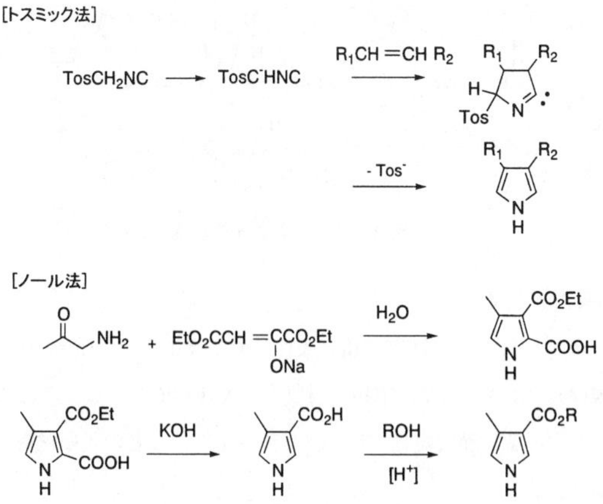

第3章 ポリマー正極材料

[トスミック法]

[ノール法]

図2 3,4-置換ピロールの合成

ZnまたはNaとともに蒸留する方法[23]などが報告されている。

(2) ピロール誘導体の合成

ピロールの2,5位(α)および3,4位(β)は求電子置換に対する活性が高く，特に2,5位の活性は著しく高い。目的とする官能基のピロール環への導入は，重合連結部位である2,5位を除く窒素もしくは3,4位への選択的導入を行う必要がある。N-置換ピロール[22, 24, 25]，3-置換ピロール[26, 27]，3,4-置換ピロール[28, 29]について多くの合成方法が開発されている。

3,4-置換ピロールである3-メチルピロール-4-カルボン酸アルキルはノール法[28]を応用して，4,6-ジヒドロ-1H-[1,2]ジチイノ[4,5-c]ピロールはトスミック法[29]を応用して合成できる（図2）。

1.2.3 ポリピロールの合成とその性質

ポリピロールの合成法には電解重合法と化学酸化重合法があり，生成するポリピロールの性質や形態は合成方法や合成条件に大きく依存するので，目的とする重合体特性にあわせた重合法を選択することが重要である。

(1) 電解重合法

電解重合法はピロールモノマーを電極上で陽極酸化して重合を行う。酸化重合のメカニズムを図3に示す。重合の際に電解質のアニオンがドープされ，ポリピロールは電極上に高導電性の重合膜として得られる。重合量はクーロンメーターによる電気量のモニタリングによって制御可能である。重合膜は電極上に析出し自立膜として得られるため，そのままの状態で重合膜の評価・分析を行うことができる。重合メカニズムの検討[30]や重合物の構造についての詳細な分光学的

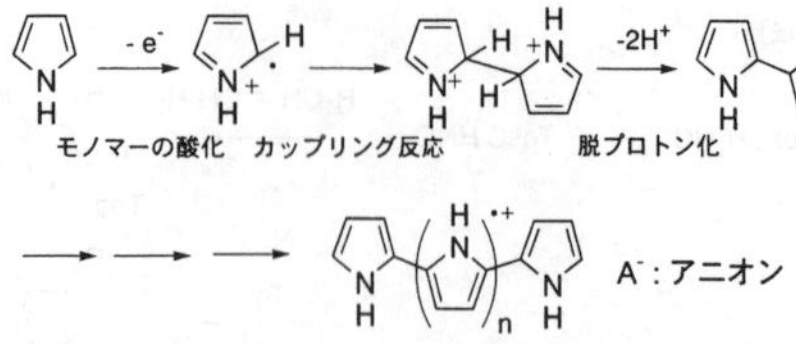

ポリマーバッテリーの最新技術 II

図3 ピロールの重合機構

解析[31, 32]が多く報告されている。

電解重合では，ポリピロールの性質は重合条件である酸化電位，電流密度，電解質（ドーパント種），重合量(膜厚)，溶媒，温度，電極の材質等に大きく依存する。これによって，析出する重合膜の導電率，表面形態，熱安定性，ひいては充放電特性などの正極材料としての特性も重合条件に影響される[1, 2, 30, 33]。

一般に電解重合ポリピロールはフラットな膜状で得られるため，充電放電のドープ・脱ドープ量が少なく，さらに膜厚が厚いほどこの傾向は顕著になるという問題があった。そのため，重合膜形状を変化させ良好な充放電特性を引き出す検討が行われた。その方法としては，重合酸化電位をより高くして重合膜のラフネスを高くし表面積を増大させる重合[5]や，多孔性ポリマー中での重合を行い，ポリマー形状が高表面積になるよう制御する重合が用いられた[34]。

また，低温で酸化電位を高くした重合によって高導電性を示す異方性の重合膜が得られ，これをさらに延伸をすることにより，その導電率は10^3S/cmを超えることが報告されている[35]。戸嶋ら[36]は，パラトルエンスルホン酸ナトリウムを支持塩に用いてITO電極上で作製したポリピロールがマイクロチューブを形成し，このチューブが導電率の点で高い異方性を示すことを見出している。Yangら[37]は，重合初期におけるポリピロール成長過程をSTMで観察し，グラファイト電極上でパラトルエンスルホン酸をドープさせたポリピロールがらせん構造を形成していることを見出した。これらの報告例はポリピロールの形態とその特性について関連があり，さらなる特性を引き出すには分子レベルでの配向制御がキーポイントになることを物語っている。

(2) 化学酸化重合法

化学酸化重合は過酸化水素，過酸，キノン，Lewis酸などの酸化剤を用いてピロールを化学的に酸化して重合を行う。酸化剤として塩化鉄やパラトルエンスルホン酸鉄塩が多く用いられ，ポリピロールはそのアニオンがドープされた黒色粉体として得ることができる。化学酸化重合では1回の重合で多量の重合体が生成するが，電解重合とは異なり重合量を制御することは困難である。重合物の形状は直径が10^1～10^2nm程度の粒子状（図4）であり，不溶不融の粉体として得られるため，そのままでは評価・分析を行うことができず，加圧成型などの加工が必要である。

ポリピロールに加工性を付与する目的で，ドーパントとしてアルキルベンゼンスルホン酸ナト

第3章 ポリマー正極材料

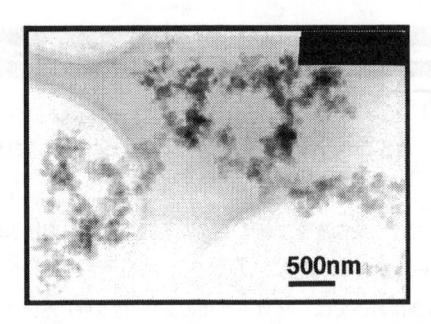

図4 化学酸化重合によって得られたポリピロールのTEM写真
酸化剤：FeCl$_3$ 2.3倍モル当量（対ピロールモノマー）
溶媒：メタノール
室温下，8時間反応

リウム[38]，スルホコハク酸-2-エチルヘキシルナトリウム[39]が用いられた。そのバルキーなアニオンがドープされることによりポリピロール分子鎖間の凝集を防ぐため有機溶剤への可溶化を可能にした。また，フィルム状のものを直接得るために，酸化剤を含む固体あるいは液体にピロール蒸気を接触させる気相重合[40]，モノマーと酸化剤とを別々の溶媒に溶解させその界面で重合させる界面重合[41]，モノマーを酸化剤とともに有機溶剤に溶解させ，ガラスやポリマー基板上にキャストして溶媒を蒸発させるキャスト重合が行われている。

化学酸化重合により得られるポリピロールの性質もその重合条件に大きく依存し，酸化剤，ドーパント種，濃度，溶媒，温度，反応時間を変えることによって得られる重合体の導電性や形状は大きく異なる[6, 42, 43]。通常，室温反応において得られた化学酸化重合品の導電率は10^0〜10^1 S/cmオーダーである。溶媒にメタノールを酸化剤に無水塩化鉄を用いた0℃での20分間の重合によって重合体の導電率が190S/cmの値に達した報告例がある[44]。

無機正極活物質とポリピロールとを化学酸化重合により複合化する研究が桑畑らによって行われ，ポリピロールが活物質兼導電性マトリックスとして機能することを明らかにしている[45〜47]。LiMn$_2$O$_4$との複合化において，ポリオクチルチオフェン，ポリアニリンと較べてポリピロールが最も良好であった。またV$_2$O$_5$との複合化においては，電解質と正極との界面抵抗を低減させサイクル特性を向上する効果があるとしている。

化学酸化重合では，空間を制御したさまざまな反応場における重合が行われている。ナノオーダーサイズの穴を持つ膜中での重合により中空のナノシリンダー（図5）を得る鋳型重合[48]や，ピロールモノマーをホスト分子に包接させ重合を行う包接重合[49]，そして，光学活性高分子液晶中での重合[50]が行われている。このような重合を行うことによりポリマーの形態とその分子配

59

図5 鋳型重合によって得られた中空状ポリピロールのTEM写真
（J.M.Mativetskyらによる[48]）

列とを制御することができ，特性改善や新たな機能が発現すると期待される。

1.2.4 3,4-置換ピロール重合体の開発

無置換ピロールの重合においては，ピロール環の α 位（2,5位）だけでなく β 位（3,4位）もまた結合に関与する恐れがある[30]。また，高電位酸化やpHが高い環境下においては，ヒドロキシルイオンや塩素イオンの β 位への求核攻撃とそれに続くカルボニル基の形成というポリピロールの過酸化反応が起こりうる[51]。これらの副反応は，重合体の共役鎖成長を止めるだけではなく既存の共役系をも寸断させるため，重合体の導電性低下を引き起こす。

日本曹達㈱は，ピロール環の3,4位への置換基の導入により副反応である β カップリングや過酸化反応を避け，2,5位で連鎖するポリピロールの分子設計を試み，さらに，置換基として機能性官能基を導入することにより新たな機能を持たせた3,4-置換ピロール重合体を開発した。

(1) 可溶性ポリピロール：ポリ(3-メチルピロール-4-アルキルカルボン酸)

3-メチルピロール-4-アルキルカルボン酸[52]は，電解重合，化学酸化重合どちらでも重合することができ，得られる重合体は脱ドープ（還元）を行うことにより有機溶媒に溶解する。この溶液を種々の塗布方法によって製膜し，I_2などで再ドープを行うことによって，また溶液に直接ドーパントを加えて製膜することによって導電性フィルムを得ることができる。

3-メチルピロール-4-カルボン酸エチル(EMP)/3-メチルピロール-4-カルボン酸ブチル(BMP)の共重合体(EMP/BMP=2/1mol)は溶解性があり，良好な機械的強度と高い導電率を示す導電性フィルムが得られる。得られるフィルムの導電率を表1に示す。ドーパントには酸化性の強い I_2，ClO_4^-，RSO_3^-を用いると，可溶性ポリピロールは強く酸化され同時に不溶化するが，ドーパントとしてTCNEやTCNAなどの電子受容性化合物を用いたところ重合体との均一溶液のままであった。この混合溶液を各種基板上に塗布することで導電性フィルムを形成することができる。なお，この混合溶液は長いライフタイムを持ち，数日後フィルム化を行っても混合直後と同等の導電性を維持している。キャスト重合によって得られる重合体からは，TCNAドープにおいても高導電性のフィルムを得ることができる。その重合条件と重合体の特性を表2に示す。

このポリ(3-メチルピロール-4-アルキルカルボン酸)共重合体とTCNAとからなる混合溶液は，静電防止剤として応用展開がなされている。

第3章 ポリマー正極材料

表1 溶液中での化学酸化重合によって得られたポリ(3-メチルピロール-4-アルキルカルボン酸)共重合体の導電性—ドーパント種と導電率—

ドーパンド	導電率 S/cm	ドーピング方法
I_2	2.21×10^0	I_2 雰囲気下24時間暴露
TCNE [I]	1.35×10^{-2}	テトラシアノエチレン ピロール環4ユニットに対し1モル添加
TCNA [II]	5.91×10^{-3}	2,3,6,7-テトラシアノ-1,4,5,8-テトラアザナフタレン [II] ピロール環4ユニットに対し1モル添加

I) テトラシアノエチレン II) 2,3,6,7-テトラシアノ-1,4,5,8-テトラアザナフタレン

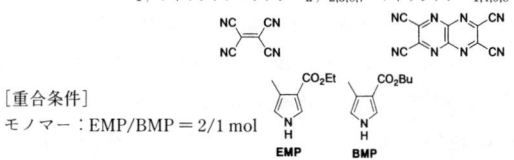

[重合条件]
モノマー：EMP/BMP = 2/1 mol
酸化剤　：無水 $FeCl_3$　3倍当量（対ピロールモノマー）
溶媒　　：酢酸ブチル/クロロホルム=5/3, 30倍量（対ピロールモノマー重量）
25℃で5時間反応後、黒色重合体をろ過、ヒドラジンで還元、中和洗浄し THF に溶解する。
分子量が150,000（ポリスチレン換算）の重合体を得る。

表2 キャスト重合によって得られたポリ(3-メチルピロール-4-アルキルカルボン酸)共重合体の導電性—重合条件と導電率—

No	重合温度 (℃)	重合時間 (Hrs.)	重合収率 (%)	分子量 (M_n)	導電率 (S/cm)
1	-15	300	51	110,000	4.1
2	0	60	72	158,000	12.1
3	20	15	95	82,000	3.6

[重合条件]
モノマー　：EMP/BMP = 2/1 mol
酸化剤　　：無水 $FeCl_3$　3倍当量（対ピロールモノマー）
溶媒　　　：1,2-ジクロロエタン/メタノール=8/2, 30倍量（重量比）
モノマーと酸化剤溶液を混合後、ガラス板上に流し込み、室温で乾燥。
重合膜をヒドラジンで還元、中和洗浄し THF に溶解する。
導電率測定：共重合体の THF 溶液に TCNA をピロール環2ユニットに対し1モル添加しフィルム化。

(2) ジスルフィド基を導入したポリピロール：ポリ(4,6-ジハイドロ-1H-[1,2]ジチイノ[4,5-c]ピロール)

ポリピロール、ポリアニリンなどのπ共役導電性高分子を正極活物質として用いる研究が行われてきた。これらは高い電導性と酸化還元が可能であることから電荷貯蔵能力を有しており、二次電池の電極としての利用が期待されていた。しかしながら、単位体積あたりのエネルギー密度が低く、酸化還元に多量の電解液を必要とするため、反応系全体として高いエネルギー密度が得

られないという問題があった[53]。

ジスルフィド結合を持つ有機硫黄化合物(DMcT)とポリアニリンからなる有機複合体が正極材料として有用であることが見出されたが[54]、さらに克服すべき問題点として、酸化状態では高分子量体であるPoly(DMcT)が還元されると、そのジスルフィド結合が開裂して低分子量体になり、電極中に存在するDMcTが電解質へ徐々に溶解していくという問題があった。また、酸化還元に伴う分子間でのジスルフィド結合の開裂や再結合は、Poly(DMcT)の高次構造に大きな変化を起こしうる恐れがあった。

そこで、分子内にレドックス活性なジスルフィド結合を持つピロール誘導体が開発された。4,6-ジハイドロ-1H-[1,2]ジチイノ[4,5-c]ピロール（以降、MPYと記す）は、ピロール環のβ位にジスルフィド基が導入された分子構造をしている。このMPYの重合体であるPoly(MPY)は、ポリピロール主鎖が母核であるため導電性を有する。ジスルフィド基は直接高分子主鎖に結合しているので電解液への溶解は抑えられ、分子内で可逆的な開裂と再結合を繰り返すためポリマーの構造変化が起こりにくい。さらに、モノマーユニットごとにジスルフィド構造を持つため高容量を示すことが期待される。

MPYの電解重合におけるサイクリックボルタモグラムを図6Aに示す。Li/Li$^+$基準に対して約+4V付近でモノマーの酸化が行われ、サイクルを重ねるごとに重合体の酸化還元に由来する電流値は増大し重合膜の成長が観察された。得られたPoly(MPY)のサイクリックボルタモグラムを図6Bに示す。Poly(MPY)のレドックス電位は+3.4Vであり、無置換ポリピロールと比較して+0.4V高いレドックス電位と大きな電流応答が観察された[55]。

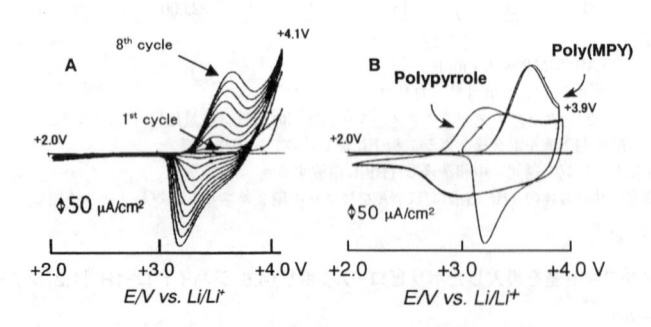

図6 MPYの重合、並びにポリマーのサイクリックボルタモグラム
A：MPY重合時のサイクリックボルタモグラム
　　電極：白金、モノマー濃度：10mM、電解液：0.1M LiClO$_4$-PC、スキャンスピード：10mV/s
B：ポリピロール、Poly(MPY)のサイクリックボルタモグラム
　　酸化還元電位：ポリピロール +3.0V、Poly(MPY) +3.4V
　　電極：白金、電解液：0.1M LiClO$_4$-PC、スキャンスピード：10mV/s

第3章 ポリマー正極材料

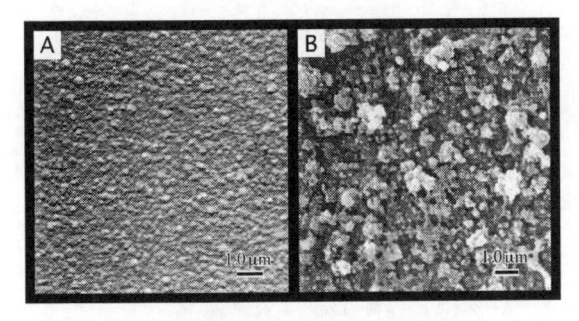

図7 ポリピロール，Poly(MPY)のSEM写真
A：ポリピロール電解重合膜
B：Poly(MPY) 電解重合膜
電極：白金，モノマー濃度：10mM，電解液：0.1M LiClO$_4$-PC
重合膜は＋4.1V($vs.$ Li/Li$^+$) での定電位重合により得た。

電極上に析出するポリマーのSEM写真を図7に示す。ポリピロールの表面形態は緻密で平坦であった(図7A)。それに対して，Poly(MPY)はポリピロールとは大きく異なり粒子状に生成し粗な形態であった(図7B)。この表面形態の違いはMPYモノマーが持つバルキーなジチアン構造に由来し，表面積の増大を引き起こしていると考えられる。その結果，大きな電流応答をもたらしている[56]。

Poly(MPY)についてのFT-IR測定から，重合体はピロール環の2,5位で連鎖した構造であり，またUV-Vis-NIRスペクトルから (図8)，酸化還元反応においてスペクトル変化をともなうことを確認した。酸化状態では電荷移動遷移に起因する近赤外領域での吸収が大きいことから，ピロール環主鎖がドープされた状態であり導電性がある。一方，還元状態においては350 nm付近の中性なポリマー鎖部の$\pi-\pi^*$遷移に起因する吸収が大きいため，ポリピロール主鎖は中性状態

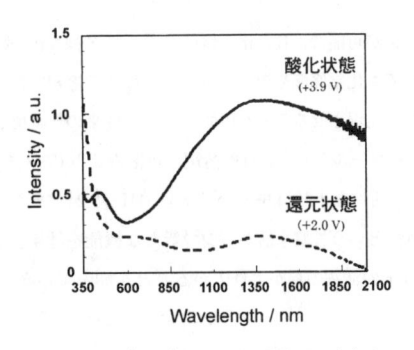

図8 Poly(MPY)のUV-Vis-NIRスペクトル

ポリマーバッテリーの最新技術Ⅱ

表3 Poly(MPY)電解重合品における酸化状態，還元状態でのS2pスペクトルの波形分離結果

試料	Binding Energy/eV	
	S2p1/2	S2p3/2
Poly(MPY)		
還元状態（＋2.0V vs. Li / Li$^+$）	164.6	163.3
酸化状態（＋3.9V vs. Li / Li$^+$）	163.7	162.4
MPYモノマー	163.8	162.5

・S2p doublet 波形分離条件[57]
　相対強度 S2p1/2：S2p3/2 ＝ 1：2
　スペクトルピーク間：1.2eV

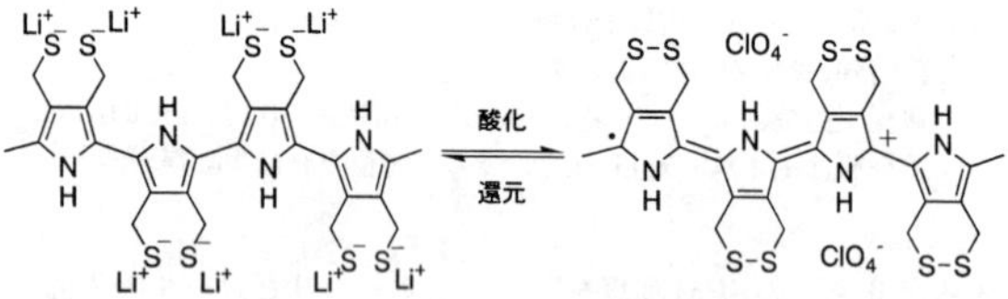

図9 Poly(MPY)の酸化還元反応機構

である[31]。導電性を示す酸化状態での導電率は0.2 S/cmであった。さらに，S2pについてのXPS測定[57]から，酸化状態でのS2p3/2の結合エネルギーはジスルフィド結合を導入したMPYモノマーとほぼ同じ値であり，還元状態でのS2p3/2の結合エネルギーは0.9 eV高い値を示した（表3）。この結果から，Poly(MPY)のジスルフィド基は，酸化状態ではジスルフィド結合を，還元状態ではチオラートアニオンを形成していることが確認できた。ポリピロール環だけでなくジスルフィド結合も酸化還元反応に関与しており(図9)，Poly(MPY)は高容量を示す正極活物質として期待される。

1.2.5 おわりに

有機材料は分子デザインが可能であり，化学修飾によって多様な化合物を生み出すことができる。導電性高分子においても化学修飾や複合化を容易に行うことができ，そのバラエティー豊かな構造とそれに伴う機能を発現させることが可能である。従来の無置換ポリピロールにはない性質を有する3,4-置換ポリピロールとして，有機溶剤に可溶なポリ(3-メチルピロール-4-カルボン酸アルキル)とレドックス活性なポリ(4,6-ジハイドロ-1H-[1,2]ジチイノ[4,5-c]ピロール)を例に挙げて紹介した。導電性という性質を活かしつつ新たな機能を付与することによって魅力的な材料となり，導電性高分子の活躍の場がより広がることを願っている。

第3章 ポリマー正極材料

文　献

1) S. Panero et al., *Electrochimica Acta.*, **32**, 1465 (1987)
2) T. Osaka et al., *J. Electrochem. Soc.*, **135**, 1071 (1988)
3) K. Nishio et al., *J. Power Sources*, **34**, 153 (1991)
4) R. C. D. Peres et al., *J. Power Sources*, **40**, 299 (1992)
5) T. Osaka et al., *J. Electrochem. Soc.*, **141**, 1994 (1994)
6) K. Nishio et al., *J. Appl. Electrochem.*, **26**, 425 (1996)
7) T. Osaka et al., *J. Power Sources*, **68**, 392 (1997)
8) Y. Kudoh et al., *Synth. Met.*, **41-43**, 1133 (1991)
9) L. H. M. Krings et al., *Synth. Met.*, **54**, 453 (1993)
10) C. G. J. Koopal et al., *Bioelectrochemistry and Bioenergetics*, **29**, 159 (1992)
11) M. J. Swann et al., *Biosens. Bioelectron.*, **12**, 1169 (1997)
12) B. Deore et al., *Anal. Chem.*, **72**, 3989 (2000)
13) R. V. Gregory et al., *Synth. Met.*, **28**, C823 (1989)
14) H. H. Kuhn et al., *Synth. Met.*, **71**, 2139 (1995)
15) 川島英一ほか, 工業材料, **50**, No.6, 56 (2002)
16) E. Smela et al., *Science*, **268**, 1735 (1995)
17) R. H. Baughman, *Synth. Met.*, **78**, 339 (1996)
18) D. Delabouglise, *Synth. Met.*, **51**, 321 (1992)
19) P. Audebert et al., *Synth. Met.*, **53**, 251 (1993)
20) A. N. Zelikin et al., *Angew. Chem. Int. Ed.*, **41**, 141 (2002)
21) C. Arbizzani et al., *J. Power Sources*, **43-44**, 453 (1993)
22) 日本化学会編, 新実験化学講座14, 丸善, p.1944 (1978)
23) Harries, *Ber.*, **34**, 1496 (1901)
24) I. T. Kim et al., *Synth. Met.*, **84**, 157 (1997)
25) 日本化学会編, 実験化学講座21, 丸善, p.386 (1958)
26) J. Rühe et al., *Synth. Met.*, **28**, C117 (1989)
27) A. Zelikin et al., *J. Org. Chem.*, **64**, 3379 (1999)
28) 日本化学会編, 実験化学講座21, 丸善, p.381 (1958)
29) L. E. Overman et al., "Organic Reactions", p.457, John Wiley & Sons, New York (2001)
30) S. Sadki et al., *Chem. Soc. Rev.*, **29**, 283 (2000)
31) I. harada et al., *Vib. Spectra Struct.*, **19**, 425 (1991)
32) R. Kostić et al., *J. Chem. Phys*, **102**, 3104 (1995)
33) K. M. Cheung et al., *J. Mater. Sci.*, **25**, 3814 (1990)
34) T. Osaka et al., *J. Electrochem. Soc.*, **136**, 1385 (1989)
35) M. Ogasawara et al., *Synth. Met.*, **14**, 61 (1986)
36) H. Yan et al., *Chem. Lett.*, **2001**, 816
37) R. Yang et al., *J. Phys.Chem.*, **93**, 511 (1989)
38) K. T. Song et al., *Synth. Met.*, **110**, 57 (2000)
39) E. J. Oh et al., *Synth. Met.*, **125**, 267 (2002)

40) J. Kim et al., *Synth. Met.*, **132**, 309 (2003)
41) U. Sree et al., *Synth. Met.*, **131**, 161 (2002)
42) J. Lei et al., *Synth. Met.*, **46**, 53 (1992)
43) N. Toshima et al., *Prog. Polym. Sci.*, **20**, 155 (1995)
44) S. Machida et al., *Synth. Met.*, **31**, 311 (1989)
45) 枡井真吾ほか,第39回電池討論会講演要旨集,p.281 (1998)
46) 冨依英将ほか,第39回電池討論会講演要旨集,p.351 (1999)
47) 冨依英将ほか,第39回電池討論会講演要旨集,p.250 (2000)
48) J. M. Mativetsky et al., *Physica B*, **324**, 191 (2002)
49) C.-G. Wu et al., *Synth. Met.*, **41-43**, 693 (1991)
50) 赤木和夫ほか,特開 2001-2934 (2001)
51) S. Ghosh et al., *Synth. Met.*, **95**, 63 (1998)
52) 清水剛夫ほか,特公平 7-64919 (1995)
53) 山本 隆一ほか,ポリマーバッテリーの最新技術,p.31,小山 昇監修,シーエムシー出版 (1998)
54) N. Oyama et al., *Nature*, **373**, 598 (1995)
55) 平田 靖ほか,電気化学会第68大会講演要旨集,p.50 (2001)
56) 平田 靖ほか,電気化学会第69大会講演要旨集,p.99 (2002)
57) D. G. Castner et al., *Langmuir*, **12**, 5083 (1996)

1.3 ポリアニリン

桑畑　進*

　ポリアニリンは，強酸性水溶液にアニリンを溶解し，アニリニウムカチオンとなった状態のものを電解酸化重合することによって得られることが1980年に報告された[1]。ポリアニリンの電解合成法が確立された初期の頃，ポリアニリンの電気化学反応の研究は主に強酸性水溶液中で行われた[2〜6]。それら研究によって，ポリアニリンは明確な電気化学活性を示し，反応条件を巧く選択すれば反応を10^6回以上繰り返しても高分子の劣化が起こらないことが見出された[3]，極めて安定性と耐久性の高い導電性高分子であるとの認識が得られた。また，高分子合成のための材料が，汎用性が高く安価なアニリンであることも好条件として受け止められ，ポリアニリンの研究は一気に加速した。当然ながら，非水溶媒中における電気化学特性に関する研究も行われ，炭酸プロピレンやアセトニトリル中でも良好な酸化還元活性を示すことが明らかにされ，リチウム二次電池の正極活物質としての研究も開始された。

　ポリアニリンの酸化還元反応の反応スキームを，図1に示す。反応の基本は，高分子主鎖中のベンゼン環が酸化されてキノイド構造になること，およびその逆反応である。強酸性水溶液中では反応によってアミノ基からのプロトンの脱離と付加が伴い，酸性〜弱酸性水溶液中ではアニオンの出入りが伴う。しかし，中性〜アルカリ水溶液中ではアミノ基の脱プロトン化がさらに進み，電気化学的活性を失う。非水溶液中における酸化還元反応は，アニオンの出入りが伴うことから酸性〜弱酸性水溶液中の反応と同じであろうと推定されている。

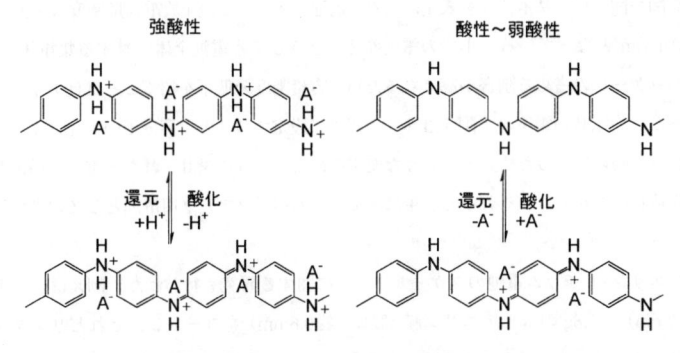

図1　ポリアニリンのレドックス反応スキーム

＊　Susumu Kuwabata　大阪大学　大学院工学研究科　教授

ポリマーバッテリーの最新技術 II

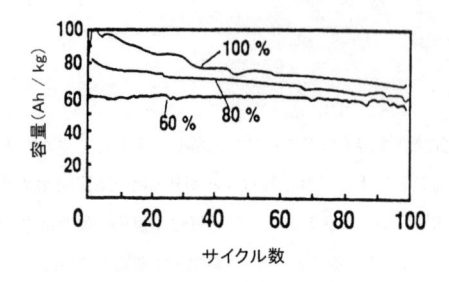

図2 ポリアニリン-リチウム二次電池のサイクル特性

　ポリアニリンの酸化体は，ポリピロールと同様に高分子主鎖がカチオンとなり，電解質アニオンがドープされたp型の導電性高分子である。アニオンのドープ率の最大値は0.5以上であり，ポリピロールの約0.3よりも大きい。このことは，活物質の重量当たりに充電可能の電気量がより多いことを意味しており，ポリアニリンを電池の活物質として用いることの魅力を倍増させた。この最大ドープ率がもたらす容量密度は約100Ah/kgであるが，この値は実際の電池を構築した場合でも比較的簡単に得られる。しかし，高分子を最大限に利用すると高分子自身の劣化は免れず，図2に示すように80％あるいは60％の容量を利用して充放電を繰り返す方がよりサイクル特性が良くなることも明らかにされている[7, 8]。

　このように，ポリアニリンは合成法や調製された高分子に特別の工夫などを施さずとも期待する容量密度が再現性良く得られるので，導電性高分子の中で最も早く1987年にリチウムポリマーバッテリーの第1号として，ポリアニリンを正極活物質に用いたコイン型電池が上場された[9, 10]。その構成図を図3に，基本特性を表1に示す。電池全体としての充放電容量密度は最大で3.1 Ah/kg, 8.0 Ah/dm^{3}となっている。小型の電池ゆえ，どうしても電池全体に対する集電体，電解液，そしてパッケージの占める割合が高くなるため，容量密度の低下を招くことは仕方がないことである。また，充電時の電圧の上限を3ボルト以下に設定することで高分子の劣化によるサイクル特性の低下を防いでいるため，そのような充電を行えるように設計された充電器を備えた電子機器に組み込む必要がある。それゆえ，主にメモリーのバックアップ用電池としての利用に限定された。

　ポリアニリン・リチウム電池のスケールアップに関する研究も行われた。例えば，ステンレス板（4×7 cm）に1.8gのポリアニリン膜（膜厚：約0.6mm）をコートし，それとリチウム板，セパレーターを一緒に巻き込むことによって作製されたAA型円筒電池は，ポリアニリンの単位重量当たり約100Ah/kg，電池全体の単位重量当たりとして約14 Ah/kgの容量密度が最大値として得られている[11]。また，7gのポリアニリン粉末に5 wt％のグラファイト粉末と10wt％の高分子

第3章 ポリマー正極材料

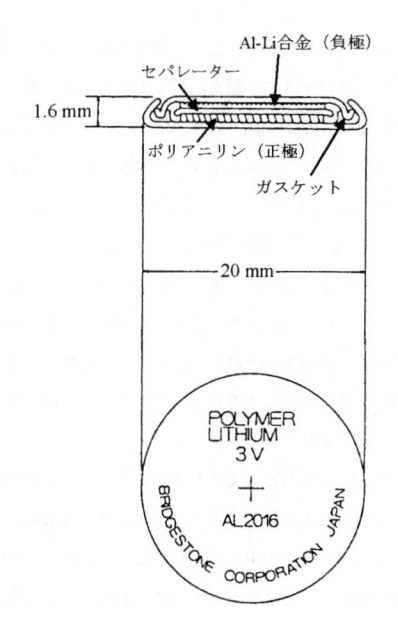

図3 コイン型のポリアニリン-リチウム二次電池

表1 市販されたポリアニリン電池の特性

タイプ	直径 (mm)	厚み (mm)	重さ (g)	出力電圧 (V)	充放電容量(mAh)	標準充電電流(A)	自己放電[a] (%)	サイクル耐久性
AL2016	20	1.6	1.7	3・2	3	$10^{-6} \cdot 5 \times 10^{-3}$	10	>1,000
AL2032	20	3.2	2.6	3・2	8	$10^{-6} \cdot 5 \times 10^{-3}$	10	>1,000
AL920	9	2.0	0.4	3・2	0.5	$10^{-6} \cdot 5 \times 10^{-3}$	10	>1,000

a) 3カ月放置後の充電容量の減少率。

バインダーを混合し、ペースト状にしてステンレス網に塗りつけて正極活物質をリチウム負極とともに収納したD型電池では、約0.4Aの電流を通電しても充分なエネルギー密度が得られており、30回までのサイクルでは大きな容量変化がなかったと報告されている[12]。

　電池活物質としてのポリアニリンについて、その合成法の簡便化や特性の向上を目指した種々の工学的な工夫が行われている。通常、ポリアニリンはアニリンの酸性水溶液を重合浴に用いて合成されるが、非水溶媒を用いるリチウム電池の正極活物質として用いる場合、非水溶媒を用いて合成を行うことができれば合成した高分子に付着した水を完全に除去する過程が省略できる。そのような視点から、非水電解液中でのアニリンの電解酸化重合に関する研究が行われた。炭酸プロピレンを溶媒に用い、アニリンと適当な酸とを溶解してアニリニウムイオンを生成させるこ

とによって電解酸化重合が試みられている。酸は，過塩素酸，塩酸，硫酸，酢酸，トリフルオロ酢酸であり，それらのうちトリフルオロ酢酸を溶解した重合浴から高い電気化学活性と電導性を示すポリアニリンが合成できることが見出された[13, 14]。また別の研究では，アニリンをあらかじめ酸で処理することによってアニリニウムテトラフルオロボレート塩を合成し，それを非水溶媒に入れて電解酸化することによりポリアニリンが合成できることが見出されている[15]。

ポリアニリンをアニオン性高分子と複合化することによって，高分子の酸化還元反応にともなって電解質カチオンが出入りするように工夫する研究が行われている。ポリスチレンスルホン酸イオンをドープしたポリアニリンは，非水溶液中で酸化還元反応を示し，電解質カチオンが反応にともなって出入りすることが確かめられた[16]。しかし，それによる充放電容量は電解質アニオンが出入りする通常の酸化還元反応による容量に比べて小さい値となる。容量低下を防ぐ方法として，図4に示すような単独ポリアニリン膜とポリアニリン／ポリスチレンスルホン酸複合膜を重ね合わせたバイレイヤーの活物質が考案されている[17]。このものを還元した際，外側の複合膜には電解質カチオンのみが通過するので内側のポリアニリンは電解質アニオンが出て行くかわりに電解質アニオンが入ることで電気的中性が保たれる。その結果，反応にともなって電解質カチオンのみが出入りするのである。電解質カチオンのみが出入りする高分子の正極活物質とリチウム負極，あるいはグラファイト負極を組み合わせた場合，充放電反応によって電解質中のLi^+

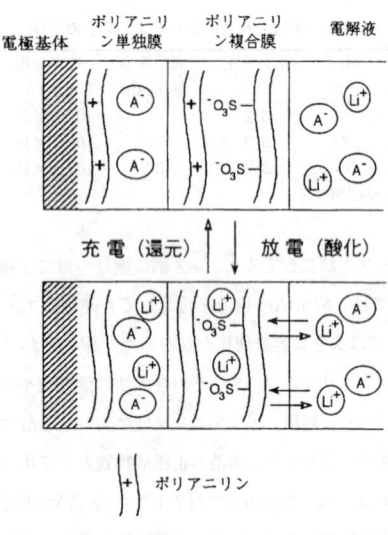

図4 ポリアニリン膜とポリアニリン-ポリスチレンスルホン酸イオンの複合膜のバイレイヤーの酸化還元反応

第3章 ポリマー正極材料

の濃度が変化しないようになるので,アニオンが出入りする単独の導電性高分子を正極に用いる場合に比べると電解質量を少なくすることができる。

文　献

1) A. F. Diaz, J. A. Logan, *J. Electroanal. Chem.*, **111**, 111 (1980)
2) R. Noufi, A. J. Nozik, J. White, L. F. Warren, *J. Electrochem. Soc.*, **129**, 2261 (1982).
3) T. Kobayashi, H. Yoneyama, H. Tamura, *J. Electroanal. Chem.*, **161**, 419 (1984)
4) T. Kobayashi, H. Yoneyama, H. Tamura, *J. Electroanal. Chem.*, **177**, 281 (1984)
5) T. Kobayashi, H. Yoneyama, H. Tamura, *J. Electroanal. Chem.*, **177**, 293 (1984)
6) W. S. Huang, B. D. Humphrey, A. G. MacDiarmid, *J. Chem. Soc. Faraday Trans. 1*, **82**, 2385 (1986)
7) K. Okabayashi, F. Goto, K. Abe, T. Yoshida, *Synth. Met.*, **57**, 557 (1987)
8) K. Shinozaki, A. Kabumoto, Y. Tomizuka, H. Sato, K. Watanabe, H. Umemura, K. Tanemura, *Denki Kagaku (Presently Electrochemistry)*, **58**, 753 (1990)
9) H. Daifuku, T. Kawagoe, T. Matsunaga, *Denki Kagaku (Presently Electrochemistry)*, **57**, 557 (1989)
10) T. Nakajima, T. Kawagoe, *Synth. Met.*, **28**, C629 (1989)
11) K. Shnozaki, A. Kabumoto, Y. Tomizuka, H. Sato, K. Watanabe, H. Umemura, K. Tanemura, *Denki Kagaku (Presently Electrochemistry)*, **58**, 753 (1990)
12) C. Li, B. Zhang, B. Wang, *J. Power Sources*, **44**, 669 (1989)
13) T. Osaka, T. Nakajima, K. Naoi, B. B. Owens, *J. Electrochem. Soc.*, **137**, 2139 (1990)
14) T. Osaka, T. Nakajima, K. Shiota, T. Momma, *J. Electrochem. Soc.*, **138**, 2853 (1991)
15) S. Yonezawa, K. Kanamura, Z. Takehara, *J. Electrochem. Soc.*, **140**, 629 (1993)
16) M. Morita, S. Miyazaki, M. Ishikawa, Y. Matsuda, H. TAjima, K. Adachi, F. Anan, *J. Power Sources*, **54**, 214 (1995)
17) M. Morita, S. Miyazaki, M. Ishikawa, Y. Matsuda, H. Tajima, K. Adachi, F. Anan, *J. Electrochem. Soc.*, **142**, L3 (1995)

1.4 その他の導電性高分子

桑畑　進*

　ポリエチレンの低圧合成を可能にしたチーグラー・ナッタ触媒（$Ti(OC_4H_9)-Al(C_2H_5)_3$ 系触媒）をさらに改良し，アセチレンを重合してシス型ポリアセチレンを合成できる触媒の研究が行われた。それによって得られた高分子をAsF_5などの酸化性ガスにさらすと高分子自身が容易に酸化され，それまでの科学の常識では考えられないような高い電気伝導性を有する高分子材料になるという発見が1977年に報告された[1]。これが，2000年にノーベル賞を受賞した白川先生らの導電性高分子ポリアセチレンの最初の報告である。

　1979年にポリアセチレンを塗布した電極を非水電解液に入れて電位を印加することによってポリアセチレンの酸化あるいは還元を電気化学的に行うことができ，酸化によってp型の，還元によってn型の導電性高分子となりうることが見出された[2]。図1に示すように，それぞれの反応は可逆的におこり，繰り返し行うことができる。この発見が有機材料（特に導電性高分子）を二次電池の活物質に用いる研究の幕開けの役割を果たした。当時，実用的な二次電池としてはニッカド電池と鉛蓄電池といった重金属を用いたものだけであったため，ポリマーという軽量かつ無毒な活物質の出現は電池産業に大きなインパクトを与えた。ポリアセチレンの場合，電気的に中性の高分子の酸化および還元の両方が行えることにより，前者によって生成したp型高分子を正極に，後者によって生成したn型高分子を負極に用いた，両極ともに高分子の活物質である二次電池の構築に関する研究が行われた時期がしばらくあった[3〜5]が，出力電圧やエネルギー密度の低さゆえ，実用的な観点より負極にリチウムを，正極にp型のポリアセチレンを用いた研究へと移行していった[4, 6〜9]。このスタイルは，既述したポリピロールやポリアニリンを正極活物質に用いた電池へ引き継がれた。

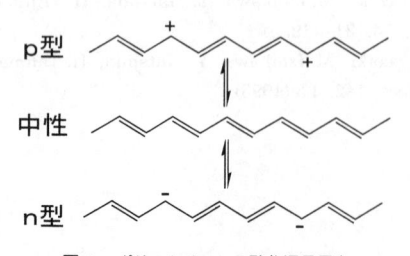

図1　ポリアセチレンの酸化還元反応

*　Susumu Kuwabata　大阪大学　大学院工学研究科　教授

第3章 ポリマー正極材料

　酸化することにより導電性を発現する高分子は，ポリピロールやポリアニリン以外にも数多く発見された。しかし，電池用活物質として用いるためには，明確かつ比較的高速な酸化還元反応を示すことが必要である。さらに，反応の繰り返しを安定して行うことができることも重要な要素となる。そのような条件を考慮すると，活物質の候補となり得る導電性高分子の種類は多くなく，ポリピロールやポリアニリン以外では，ポリチオフェン[10,11]，ポリパラフェニレン[12~14]程度である。これらも導電性高分子として最初に報告された後，すぐにリチウム二次電池の正極活物質としての研究が開始されている。しかし，エネルギー密度やサイクル特性などの活物質としての基本特性において，ポリピロールやポリアニリンに比べて際立った特長もなく，むしろ劣っている点もあるため，学術的な興味での報告に留まり，実用化を目指した研究はほとんどない。

文　献

1) H. Shirakawa, E. J. Louis, A. G. MacDiarmid, C. K. Chiang, A. J. Heeger, *J. Chem. Soc. Chem. Commun.*, 578 (1977)
2) P. J. Nigrey, A. G. MacDiarmid, A. J. Heeger, *J. Chem. Soc. Chem. Commun.*, 594 (1979)
3) D. J. MacInnes, M. A. Druy, P. J. Nigrey, D. P. Nairns, A. G. MacDiarmid, A. J. Heeger, *J. Chem. Soc. Chem. Commun.*, 317 (1981)
4) P. J. Nigrey, A. G. MacDiarmid, A. J. Heeger, *Mol. Cryst. Liq. Cryst.*, **83**, 1341 (1982)
5) A. G. MacDiarmid, A. J. Heeger, *Polymer Preprints Am. Chem. Soc.*, **23**, 241 (1982)
6) P. J. Nigrey, D. J. MacInnes, D. P. Nairms, A. G. MacDiarmid, A. J. Heeger, *J. Electrochem. Soc.*, **128**, 1651 (1981)
7) 金藤敬一, ポリマーダイジェスト, **35**, 11 (1983)
8) B. Scrosati, A. Padula, G. C. Farrington, *Solid State Ionics*, **9-10**, 447 (1983)
9) A. Padula, B. Scrosati, M. Schwarz, U. Pedretti, *J. Electrochem.* Soc., **131**, 2761 (1984)
10) A. P. Chattaraj, I. N. Basumallick, *J. Power Sources*, **36**, 557 (1991)
11) M. Mastragostino, A. M. Marinangeli, A. Corradini, C. Arbizzani, *Electrochim. Acta*, **32**, 1589 (1987)
12) M. Morita, K. Komaguchi, H. Tsutsumi, Y. Matsuda, *Electrochim. Acta*, **37**, 1093 (1992)
13) L. W. Shacklette, J. E. Toth, N. S. Murhy, R. H. Baughman, *J. Electrochem. Soc.*, **132**, 1529 (1985)
14) L. W. Shacklette, N. S. Murthy, R. H. Baughman, *Mol. Cryst. Liq. Cryst.*, **121**, 201 (1985)

2 有機硫黄系化合物

直井勝彦[*1]，荻原信宏[*2]

2.1 はじめに

充電により繰り返し利用可能なリチウム（イオン）二次電池は，携帯電話やノートパソコンに代表される高性能モバイル端末の小型電源などに使われ普及してきた。また，21世紀に入り電気自動車（Pure Electric Vehicle；PEV）や燃料自動車（Fuel Cell Vehicle；FCV）およびそれらのハイブリッド車のアシスト電源など，大型電源としての利用が期待され，活発な研究開発が進められている。小型，大型いずれの用途展開を考えてみても，今後のリチウム（イオン）二次電池における小型，軽量，高エネルギー密度，安全性，環境配慮などへの到達ラインは高い位置にあるといえる。

現在のリチウムイオン二次電池正極材料は，無機物であるリチウム遷移金属酸化物（$LiCoO_2$，$LiNiO_2$，$LiMn_2O_4$など）を材料としたものが主流であるが，新たな正極活物質としてレドックス（酸化還元）活性な有機物であるジスルフィド結合をもつ有機硫黄系材料が注目されてきた。有機硫黄系材料は，理論容量密度が非常に大きいこと，形状が自由に変えられること，比重が約1～2であり軽量であること，さらには石油廃材などが原料となるため安価であること，重金属を含まないために環境負荷が低く安全であることなど，無機系材料にはない多くの特徴がある。また有機硫黄系材料は分子設計可能であることからこれまで多くの材料が提案されている。

図1に，報告されている有機硫黄系材料に関する論文数の推移を示す。1990年代の初頭，有機ジスルフィド化合物の正極材料への応用に関する論文が報告された。その当時，有機ジスルフィド化合物はジスルフィド結合のレドックスを伴う重合・解重合により電荷を蓄えるといった全く新しい電荷貯蔵原理の新規性と，検討されていた他の正極材料に比べて非常に高い容量密度が期待できるといった材料の優位性の2つの面で一躍脚光を浴び，多くの研究が行われてきた。さらに1990年代半ばには，有機ジスルフィド化合物と導電性高分子の複合化により実用化への大きな期待が高まった。しかしながら有機ジスルフィド化合物は，無機酸化物正極に比べると体積エネルギー密度の低さが問題となった。そして体積エネルギー密度に対する優位性を得るために単体硫黄の研究に移った。2000年になると，単体硫黄をベースにした正極によるリチウム電池（Lithium / Sulfur Battery）に関する論文件数の増加が窺える。単体硫黄は非常に高い理論容量密度（$1,675\ Ah\cdot kg^{-1}$）をもつ材料であることから，小型・大型用リチウム電池の双方において高エネルギー密度化への要求が高まっていることを反映しているものと考えられる。以上を

[*1] Katsuhiko Naoi 東京農工大学大学院 工学研究科応用化学専攻 教授
[*2] Nobuhiro Ogihara 東京農工大学大学院 工学研究科応用化学専攻 博士後期課程

第3章 ポリマー正極材料

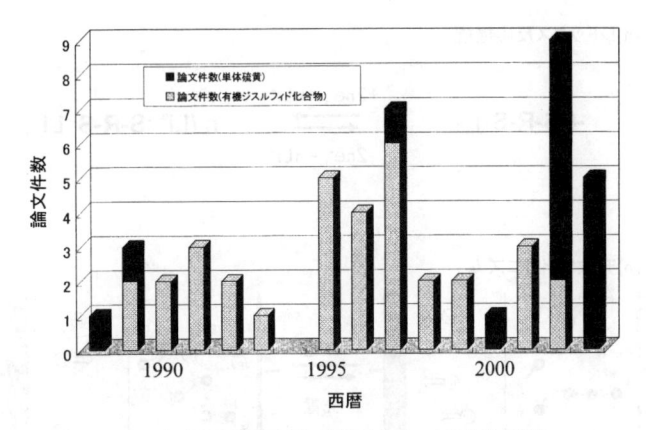

図1 有機硫黄系正極材料の報告されている論文数の推移
(2003年7月現在)

総合して考えてみると，有機硫黄系材料は超軽量で高容量，かつ環境負荷の小さい新型電池実用化への責務の一端を担う材料であると言える。

本節では，有機硫黄系材料のエネルギー貯蔵原理，分類と電池特性を整理する。そして，硫黄系材料の中でも近年特に注目されている単体硫黄をベースとしたリチウム二次電池正極材料に関する研究開発の最新動向について紹介し，今後の有機硫黄系材料の展望について述べる。

2.2 有機硫黄系材料のエネルギー貯蔵原理

有機硫黄系材料では，ジスルフィド結合が化学的に可逆な重合・解重合（生成・開裂）を伴うレドックス反応を起こすことで電荷を貯蔵放出する。この可逆な反応は，生体内における蛋白質の精密な高次構造の形成や，酸化還元力の伝達ために重要な反応とされており，反応メカニズムは詳細に検討[1]されている。還元反応では電気化学的な反応により開裂が起こりチオラートアニオン（R-S$^-$）を形成する。酸化反応では，チオラートアニオンが電気化学的な反応によりチイルラジカル（R-S$^\cdot$）を形成し，その後化学的なカップリング反応によりジスルフィド結合（R-S-S-R）に戻る。レドックスに伴いジスルフィド結合は2電子を交換する。電解質にリチウムイオンを含む塩（Li$^+$A$^-$），負極に金属リチウム，正極に有機硫黄系材料とした場合のそれぞれの充放電反応機構を考えてみる。有機硫黄系化合物では，充電時にジスルフィド結合の生成により重合反応が起こり，放電時には解重合反応が起こることでリチウムイオンが電荷を補償するロッキングチェアー型の充放電メカニズムである（図2）。ジスルフィド結合によるエネルギー貯蔵のメカニズムは，リチウム遷移金属酸化物にみられるインターカレーションのような充放電機構と

ポリマーバッテリーの最新技術 II

(a) レドックス反応機構

$$-(-S-R-S-)_n- \underset{-2ne^-,\ -nLi^+}{\overset{+2ne^-,\ +nLi^+}{\rightleftarrows}} n\,(Li^+\ {}^-S-R-S^-\ Li^+)$$

(b) 充放電メカニズム

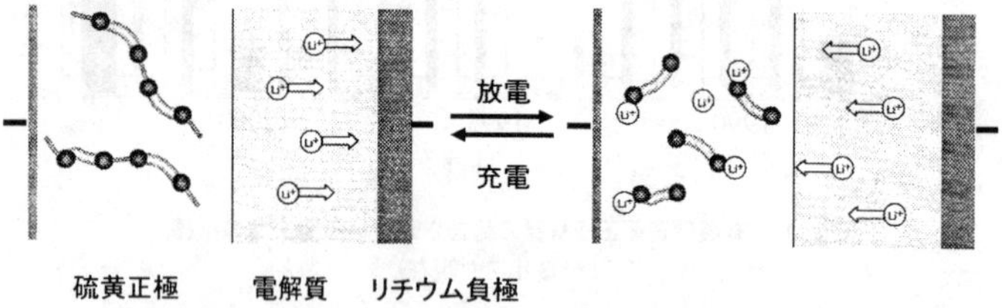

図2　有機硫黄系材料の(a)レドックス反応機構と(b)リチウムイオン二次電池の正極とした場合の充放電メカニズム

は異なるものである。これら一連の有機硫黄系材料はリチウム含有グラファイトカーボンや金属リチウム以外にも、現在研究開発中の負極材料であるリチウム含有遷移金属窒化物($Li_{3-x}M_xN_2$)[2]や、IVa族化合物であるシリコン（Si）[3~6]やスズ（Sn）、ゲルマニウム（Ge）[7~9]の合金などと組み合わせることも可能である。

　これまで、有機硫黄化合物の産業的な用途としては、加硫ゴム、硫化染料、酸化防止剤、潤滑油、殺虫剤などに用いられてきた[10]。そして、これらは工業的に大量生産され入手が容易でかつ安価であることから、エネルギー貯蔵材料として用いるには適していると考えられた。しかし、エネルギー貯蔵材料として用いるためには理論容量密度、熱力学的な反応電位の考慮、速度論的な可逆性などの要求事項を満たす必要がある。次に有機硫黄系材料の分類と電池特性について説明する。

2.3　有機硫黄系材料の分類と電池特性比較

2.3.1　分　類

　現在のところ、ジスルフィド結合の重合・解重合反応を利用した有機硫黄系正極材料は大きく3つに分類できる。図3にこれまで提案されている有機硫黄系材料を示す。ヘテロ原子を含む複素環（図3(a)のi~ii）[11~15]や、イオン性導電性高分子であるポリアニリン（図3(a)のiv~v）[16,17]、共役系導電性高分子であるフェニレンジチアゾール（図3(a)のvi）[18]、直鎖構造を骨格とする有

第3章　ポリマー正極材料

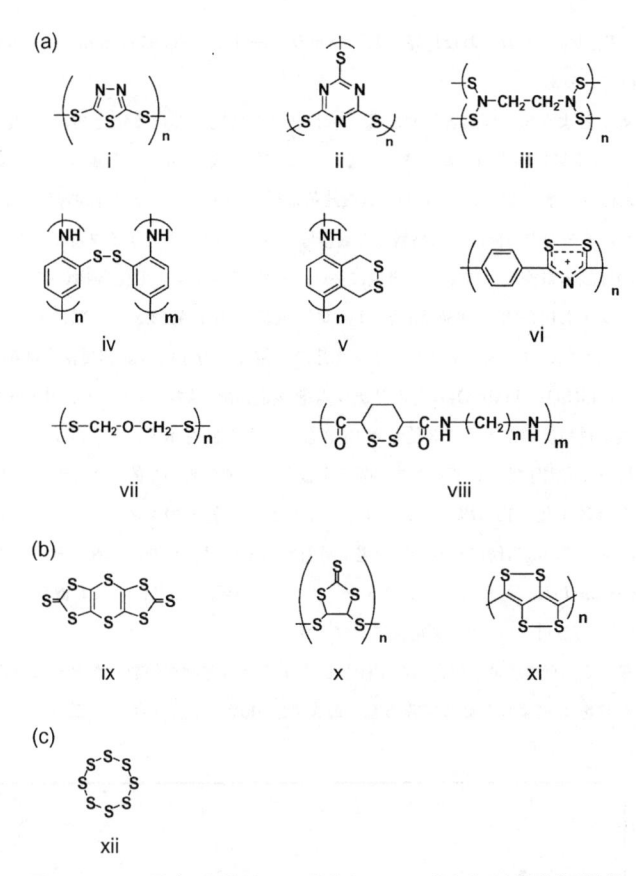

図3　リチウム電池正極材料として提案されている代表的な有機硫黄系材料
(a)有機ジスルフィド化合物, (b)カーボンスルフィド化合物, (c)単体硫黄

機ジスルフィド化合物(図3(a)のiii, vii~viii)[11,12,19], 硫黄原子と炭素原子から構成されるカーボンスルフィド化合物 (図3(b)の ix ~ xi)[20~22,42,43], 硫黄原子のみからなる単体硫黄 (あるいは活性硫黄とも呼ばれる) (図3(c)の xii)[23~38] などがその例である.

2.3.2　電池特性

一般に電池の理論エネルギー密度 [Wh·kg^{-1}] (Energy Density；ED) は理論容量密度 [Ah·kg^{-1}] (Capacity Density；CD) と作動電圧 [V] (V) により以下の式として表すことができる.

$$(ED) = (V) \times (CD) \tag{1}$$

$$(CD) = 1{,}000nF/3{,}600\,M_w \tag{2}$$

ポリマーバッテリーの最新技術II

ここで n, F, M_W はそれぞれ反応電子数, ファラデー定数 [96,495 C・mol^{-1} (A s・mol^{-1})], 分子量 [g・mol^{-1}], である.

(2)式からわかるように, 理論容量密度は, レドックス反応における化合物の (反応電子数) / (分子量) の比 (電気化学当量) が大きくなるにつれ増加する. 図4に正極材料として検討されている無機系材料, 導電性高分子系材料, 有機硫黄系材料の重量当たりの理論容量密度の比較を, 表1に大別される3つの有機硫黄系材料の理論容量密度, 作動電圧, サイクル特性を示す. 有機硫黄系材料の理論容量密度は電気化学当量に従い, 有機ジスルフィド化合物 (~580 Ah・kg^{-1}) ＜ カーボンスルフィド化合物 (~680 Ah・kg^{-1}) ＜ 単体硫黄 (1,675 Ah・kg^{-1}) の順に大きくなる. ポリチオフェン, ポリピロール, ポリアニリンなどの導電性高分子の理論容量密度は70～100 Ah・kg^{-1}, LiCoO$_2$, LiNiO$_2$, LiMn$_2$O$_4$ などのリチウム遷移金属酸化物は 130～280 Ah・kg^{-1} であるので, 有機硫黄系材料は重量当りで3倍から13倍もの大きな値を示す.

有機系材料の放電電圧は, レドックスに関与する電子状態の熱力学的なエネルギー準位によって決まる. 有機硫黄化合物の場合, ジスルフィド結合の σ 軌道のエネルギー準位が関係する. エネルギー準位の違いは近傍にくる構造の電子吸引性あるいは供与性の影響が強いため, 単体硫黄 (2.1～2.4V $vs.$ Li/Li$^+$) ＜ カーボンスルフィド (~2.8V $vs.$ Li/Li$^+$) ＜ 有機ジスルフィド化合物 (~3.5V $vs.$ Li/Li$^+$) の順に高電位にシフトする.

以上を考慮して, 有機硫黄系化合物を正極としてリチウム電池を作製したときに得られる理論エネルギー密度を(1)式より計算してみると, 最大で2,600Wh・kg^{-1}となる. この値は, 正極を導

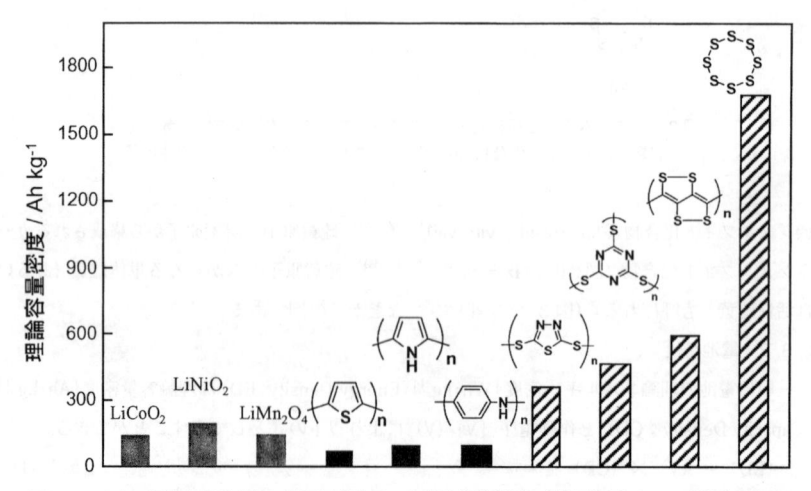

図4 リチウム遷移金属酸化物, 導電性高分子, 有機硫黄系材料の単位重量当たりの理論容量密度

第3章 ポリマー正極材料

表1 有機硫黄系材料の電気化学的特性の比較

化合物群	構成原子	理論容量密度 (Ah·kg^{-1})	作動電圧 (V $vs.$ Li/Li$^+$)	理論エネルギー密度 (Wh·kg^{-1})	サイクル性 (cycle)
有機ジスルフィド化合物	S, C, ヘテロ原子	330～580	~3.0	~1,900	~350
カーボンスルフィド化合物	S, C	~680	~2.8	~1,240	-
単体硫黄	S	1,675	2.1～2.4	2,600	20～250

電性高分子とした時のリチウム電池の理論エネルギー密度が290～400 Wh·kg^{-1}，または正極をLiCoO$_2$やLiMn$_2$O$_4$，負極を炭素系材料LiC$_6$とした時の現行リチウムイオン二次電池が428～570 Wh·kg^{-1}であることと比べると，有機硫黄系化合物の潜在的なエネルギー密度の大きさがわかるであろう。

サイクル特性はレドックス反応の化学的，電気化学的な可逆性が関与するため単体硫黄(20～250cycle)＜カーボンスルフィド化合物＜有機ジスルフィド化合物（～350cycle）の順に良い。次に各有機硫黄系材料に関する正極材料として検討した報告例について紹介する。

2.4 有機硫黄系正極材料の報告例

2.4.1 有機ジスルフィド化合物

1991年にS. J. Visco（University of California，後にPolyPlus Battery Companyを設立）らは，複素環を骨格とするジスルフィド結合の電気化学的な重合・解重合をエネルギー貯蔵材料に利用した新しいカテゴリーの有機正極材料（図3(a)のi～iii, Vii）を提案[11, 12]した。ジスルフィド結合により高分子量化した有機ジスルフィド化合物（organosulfur redox polymers）は，正極として検討されているリチウム遷移金属酸化物に比べて有機溶媒に対して高い溶解性を示す。そのためスラリー法を用いて作製した電極では薄膜化が可能になるため，容量出現率，レート特性において有利な電極となると報告されている。これらの物質群は，固体状態にてレドックスによる可逆的な生成開裂反応(重合・解重合反応)をすることから，固体酸化還元重合電極(Solid Redox Polymerization Electrode; SRPE) と呼ばれた。

1991年にリチウム二次電池の正極材料として発表した有機ジスルフィド化合物は図3(a)のi～iii, viiのようなものであった。構造としてはチアジアゾール骨格（i），トリアジン骨格（ii），エチレンジアミン骨格（iii），メトキシエーテル骨格（vii）などがある。これらの特徴としては骨格を形成する複素環の電子吸引性が，ジスルフィド結合の生成開裂反応の電極反応速度，反応の可逆性に大きく影響することである。iii, viiのような直鎖構造を骨格とするものは高い電流密度で十分な容量が発現しないことや，サイクルに伴う容量減少が著しいなどの問題があるため不適当であるとしている。また一連の有機ジスルフィド化合物の電極反応速度k^0を比較検討した結

果，以下に示すような大小関係で電極反応速度が大きくなることを報告した。

$$-\underset{|}{\overset{|}{C}}-\underset{|}{\overset{|}{C}}-S^- < F-\underset{|}{\overset{|}{C}}-S^- < N-\overset{\overset{S}{\|}}{C}-S^- < -N=C-S^- < -N-S^-$$

そして化学的安定性，反応の可逆性の総合的な評価から i, ii などの複素環を持った有機ジスルフィド化合物は可逆性なレドックス反応，比較的速い電極反応速度を示すことからエネルギー貯蔵の電極材料としては最も適当であると結論している。中でも酸化状態で線状ポリマー（あるいはオリゴマー）を形成する 2,4-ジメルカプト-1,3,4-チアジアゾール（DMcT）は，リチウム電池用正極として最も多くの研究が行われているものの一つである。電解質にリチウム塩を含むポリエチレンオキシド（PEO），負極に金属リチウム，正極に DMcT，カーボンブラック，LiN(SO$_2$CF$_3$)$_2$/PEO ポリマー電解質を含む複合電極により作成した全固体型リチウム二次電池の充放電特性について評価したところ，100℃にて作動電圧約 3.0 V，エネルギー密度 140 Wh・kg^{-1}，パワー密度 1,800 W・kg^{-1} を発現した。77～93℃におけるサイクル試験では，電流密度 0.125 mA・cm^{-2} において 86 サイクル目で 160 Wh・kg^{-1}（電荷利用率 75％）を達成し，その後徐々にエネルギー密度が低下し 350 サイクル目では 80 Wh・kg^{-1}（電荷利用率 40％）を示した[11, 12]。

　DMcT を用いたリチウム電池正極の研究はその後，導電性高分子であるポリアニリン[13～15]やその誘導体[39]との複合の検討が行われた。DMcT とポリアニリンはレドックス電位が重なるため分子間で電極触媒が起こり DMcT の電極反応速度が向上するため，実用化に向けたアプローチとして期待されたからである。DMcT とポリアニリンとの複合電極は，良好な電荷利用率（95％）が報告されており，0.1 mA・cm^{-2} の電流密度でエネルギー密度 300 Wh・kg^{-1} であった。さらに導電性高分子であるポリピロール誘導体[40]や二価の銅イオン[15]などを添加することで，高レート条件（0.9 C）においても電極あたりで 170 Ah・kg^{-1} の容量密度を維持したまま 130 サイクルを達成することが報告[15, 41]されている。

　一方では，導電性高分子を骨格にもち，分子間あるいは分子内にジスルフィド結合を有する有機ジスルフィド化合物（図3(a)のiv）が提案[16, 17]された。こうした導電性高分子に直接チオール基を導入すると，分子内での電極触媒作用が向上することや，ポリマー鎖で固定されているため生成開裂の反応部位が接近しやすくなるなどの効果が期待できる。また，ジチアゾリウム環骨格を有する（図3(a)のvi）のようなポリマー体[18]ではジスルフィド結合の生成開裂反応による2電子反応に加え，ジチアゾリウム環自体のレドックス反応から1電子反応することから，全体では3電子反応となる。vi は3電子反応が異なる電位で起こるため幅広い電位範囲（−0.5～0.5 V vs. Ag/AgCl）で電流が得られるといった特徴をもつ。3 つの反応のサイクリックボルタモグラムにおける3対のピークセパレーションは非常に狭くなることから，共役系高分子構造となる

第3章 ポリマー正極材料

表2 報告されている有機ジスルフィド系材料の容量密度,作動電圧,エネルギー密度,サイクル特性

番号(図3)	容量密度(Ah·kg^{-1})	電荷利用率(%)	作動電圧(V vs. Li/Li$^+$)	エネルギー密度(Wh·kg^{-1})	サイクル性(cycle)	電流密度(mA·cm^{-2})	文献
i	275.4	76	3.0	160	~80	0.125	11,12)
	26.7	7	3.0	80	~350	0.125	11,12)
iv	270.0	82	2.5	675	-	0.7	16)
vi	420.0	93	2.1	882	-	0.1	18)
viii	56.8	31	1.8	100	~15	5*	19)

＊：mA·g^{-2}

ことで分子内の電荷移動速度が向上すると考えられている。電解質にLiClO$_4$/PC＋DECを使用した片極での放電試験の結果,放電時間に比例して電位が減少するキャパシタ的な挙動を示し,電流密度 0.1mA·cm^{-2} で 420Ah·kg^{-1} の容量を発現した[18]。

報告されているリチウム電池正極用有機ジスルフィド化合物群の実際のエネルギー密度,作動電圧,サイクル特性を表2にまとめる。

2.4.2 カーボンスルフィド化合物

1993年に米国のT. A. Skothein (Moltech Corporation) らが,カーボンスルフィド[(CS$_x$)$_n$]をリチウム電池の正極材料として提案[22]した。その理論容量密度は炭素と硫黄の割合を変えることで,最大680Ah·kg^{-1} となった。カーボンスルフィド化合物には図3(b)に示すように,炭素原子と硫黄原子からなる複素環式化合物(図3(b)のix)[21]であるものと,高分子量化したポリカーボンスルフィド(図3(b)のx, xi)とに大別できる。さらに,ポリカーボンスルフィドは炭素原子と硫黄原子とが結合した骨格のもの(図3(b)のx)[22,42]と,炭素原子が共役二重結合になった骨格のもの(図3(b)のxi)[43]に分類される。

xのようなカーボンスルフィド化合物は電子伝導性が低いため(~10^{-4}S·cm^{-1}),pドープ型の導電性高分子であるポリアニリンとの複合化の検討が行われた。複合電極の導電率は1桁ほど向上(10^{-4}⇒10^{-3}S·cm^{-1})した。電解質にポリマー電解質,負極に金属リチウム,正極にカーボン,カーボンスルフィド化合物,ポリアニリンを加えて作製した電極の全固体型リチウム二次電池について放電試験を行った結果,作動電圧は約2V,エネルギー密度は0.5Cにおいて150Wh·kg^{-1}であった[22]。複合化することで電子伝導性はよくなるものの,容量を発現する活物質の割合が減るのでエネルギー密度では有機ジスルフィド化合物と同等か若干劣ってしまう結果になった。

一方,ポリアセチレン骨格を主鎖,側鎖にジスルフィド結合を有する共役ポリカーボンスルフィド化合物(xi)は,分子内に電子伝導パスを有する材料である。電解質にLiSO$_3$CF$_3$/PEOから構成されるポリマー電解質,負極に金属リチウム,正極に共役ポリカーボンスルフィドを含む全固体型リチウム二次電池の充放電試験では,電流密度0.05mA·cm^{-2}において,1サイクル目では1,324Ah·kg^{-1}の高い値を示すが,56サイクル目では296Ah·kg^{-1}と容量の減少が著しい[43]。こ

のことは共役カーボンポリスルフィド化合物のジスルフィド結合の生成開裂反応が，化学的に不可逆であることに起因すると考えられる。

趙金保（日立マクセル）らは，共役ポリカーボンスルフィド化合物の充放電試験でNi集電体を用いるとサイクル特性が向上することを報告[44]しており，50サイクル目においても電極当たり600 Ah・kg^{-1}の高い容量密度を維持した。このサイクル特性の向上は，充放電の際に溶解するNiとポリカーボンスルフィドとの相互作用であると考えられているが，実際の詳細な反応機構は解明されていない。

2.4.3 単体硫黄

硫黄は数多くの同素体（S_6やS_8，S_{12}，S_{18}，S_{20}，S_∞など）を持つ元素であり，有名なものとしては斜方硫黄，単斜硫黄，ゴム状硫黄といったものがある[45]。このうち室温で安定なのは斜方硫黄のみで，S_8という分子式で表される王冠型の構造をしており融点は112.8℃である。製造法としては原油から石油へと精製する際に不要となる硫黄を原料として得ることが多く，そのため硫黄の単価は1 kgあたり80～90円程度と非常に安い。また火山国である日本においては，硫黄がかなり多く産出し，全世界でも5番目の生産量を誇る。硫黄の用途としては硫酸の原料としての使用が最も多く，次にタイヤなどのゴム製品に加える加硫による使用がある[46]。

本項でいう単体硫黄は主に室温で安定な環状のS_8をさす。単体硫黄はジスルフィドユニット（S–S）から構成され，理論容量密度は1,675 Ah・kg^{-1}にもなり，先に説明した有機ジスルフィド化合物やポリカーボンスルフィド化合物，現行の無機正極材料であるリチウム遷移金属酸化物よりも容量に関して大きな優位性をもつ。単体硫黄を正極としたリチウム電池の放電反応には図5に示すように大きくわけて次の4つの過程がある[48]。

初期放電過程①では，環状のS_8が2電子還元により開環し，直鎖構造のポリスルフィド体(S_8)となる（$2Li + S_8 \rightarrow Li_2S_8$）。作動電圧2.5V（$vs.Li/Li^+$）の初期放電過程で，210Ah・kg^{-1}の容量を発現する。生成したポリスルフィド体のリチウム塩（Li_2S_8）は有機溶媒に対して高い溶解性を示し，利用率の高い反応であることが報告されている。前期放電過程②では，直鎖構造のLi_2S_8がさらに2電子還元され，より短い数種の鎖構造ポリスルフィド体（主にはLi_2S_4あるいはLi_2S_6）となる。このため作動電圧2.5～2.1Vの間でその変化はなだらかになる。初期放電過程①と同じく，還元生成物であるLi_2S_4，Li_2S_6の溶解度は高く，理論値に近い210 Ah・kg^{-1}の容量を発現する。作動電圧2.1Vにプラトー領域の比較的長い中期放電過程③が存在する。4電子還元過程（$2Li + Li_2S_4 \rightarrow 2Li_2S_2$）で，420Ah・kg^{-1}の大きな容量を発現する。ポリスルフィド鎖が短くなるにつれイオン対（-S$^-$Li$^+$）の相互作用が強くなる。とくに，この過程で生成するLi_2S_2の溶解度は極端に低くなるので，電解液の種類によっては容量発現率があまり高くならない。最終放電過程④では，8電子還元により最終生成物質であるLi_2Sを生じる（$2Li + Li_2S_2 \rightarrow 2Li_2S$）。作動電圧は2.1V

第3章　ポリマー正極材料

で，840Ah·kg^{-1}の容量を発現する。Li$_2$Sは化学的，電気化学的に安定であり絶縁物質であることから，正極活物質表面や対極の金属リチウム表面に堆積すると利用率の低下や，急激なサイクル劣化の原因となる。

　上記の放電過程で生成したLi$_2$S$_n$（$2 \leq n \leq 8$）は充電反応（酸化反応）により最酸化状態（S$_8$）に完全に戻ることは困難である[48]。よって，現状では放電過程②〜③の範囲で発現する容量密度

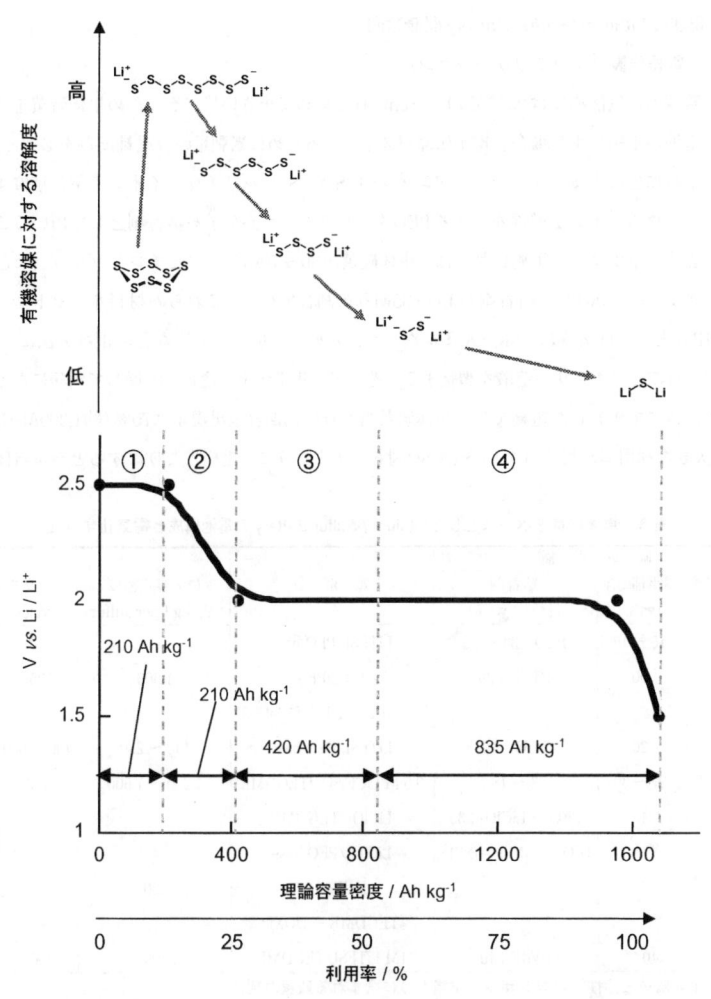

図5　単体硫黄を正極とするリチウム電池の各放電過程における活物質の溶解度と放電カーブ

(630 Ah・kg^{-1}；利用率37.5%)が充電可能な二次電池容量とする考えもある。
　Lithium/Sulfur Batteryは正負極のみで考えた場合，理論エネルギー密度2600Wh・kg^{-1}となり，現存するリチウム二次電池のなかでは最も大きな値である。このことが原因で，多くの研究開発が行われ，特に2000年以降の論文数の増加は顕著である。以下に①電極作製法，②電解質の最適化，③製品化を目指す企業の最新動向に分けて主な論文を紹介する。

2.5 現状のLithium/Sulfur Battery開発動向
2.5.1 電極作製（ファブリケーション）

　単体硫黄の電気伝導度は25℃で10^{-30}S・cm^{-1}程と極めて小さい[49]。そのため単体硫黄をリチウム二次電池の正極とする場合，電子伝導パスをつくるために過剰量の導電補助剤を必要とする。また反応時に生成するジチオラートアニオン（$^-$S$-$S$_n$$-S^-$）をリチウムイオンで電荷補償するために，リチウムイオン伝導性を有するPEOをベースとした高分子を結着剤として用いることもある。表3に示すように電極作製には，単体硫黄が30～70wt%，アセチレンブラックなどの導電補助剤が15～50wt%，結着剤が15～35wt%の割合で行う。これらの材料をアセトニトリルやNMPなどの有機溶媒に，ボールミルやメカニカルスタリーング[30]などの混練方法にて48時間程混ぜることでスラリー溶液を調整する。そして，集電体上に塗布，乾燥して電極になる。上記した割合にて作製した電極では，単体硫黄当たりの初期容量出現率は70%(約1,200Ah・kg^{-1}近く)と大きな利用率が得られているものの図6に示すように，電極当たりにすると硫黄自体の含

表3　単体硫黄をベースとしたLithium / Sulfur Batteryの電池構成と電気化学特性

硫黄正極			電解質	最大容量密度	サイクル	文献
単体硫黄 (wt%)	導電補助剤 (wt%)	結着剤 (材料；wt%)		(Ah・kg^{-1} per sulfur)	(Cycles)	
50	15～16	PEO；34～35	LiTFSI/PEO base	1,600	20	25)
30*	50	PTFE；20	1M LiPF$_6$/ PC＋EC＋DEC (1：4：5)	1,500	25	28)
70	20	PEO；10	LiTFSI/PEO base	140～230	400～600	29)
55～62	27～30	8～18	0.5 M LiCF$_3$SO$_3$/TEGDME	1,200～1,500	100	30)
50	15	PEO＋LiClO$_4$；35 (EO unit：Li＝8：1)	LiClO$_4$/TEGDME LiClO$_4$/PEO base	－	－	31)
57	28	15	LiCF$_3$SO$_3$/ TEGDME＋DOXL	100	－	32)
50	40**	PVdF；10	1M LiTFSI/TEGDME	500	60	34)

　＊　：単体硫黄と活性炭のコンポジット当たりに含まれる硫黄の割合。
＊＊：導電補助剤の50%がMWCNT。

第3章 ポリマー正極材料

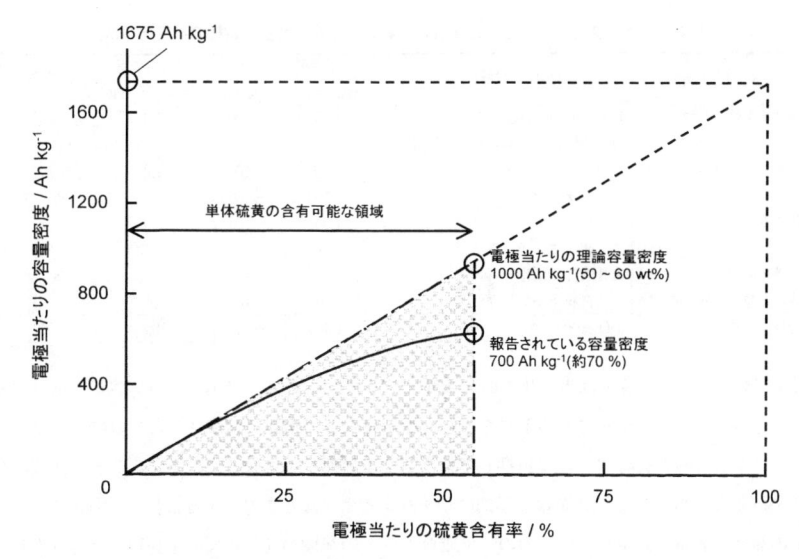

図6 従来法の電極作製による電極当たりの硫黄の含有率と電極当たりの容量密度、報告されている容量密度の関係

有率が50〜60％当たりであることから電極当たりの容量密度は最大でも約700Ah・kg^{-1}となる。

最適な電極作製法に関して以下の方向性で模索が行われてきた。(1)単体硫黄の含有量をいかに上げるか、(2)電子伝導パス・イオン伝導パスの確立、(3)電解質の溶解度を制御することによる反応効率の向上である。次に、これまでに報告されている電極作製法を具体的に紹介する。

(1) 電子伝導パスの確立（カーボンナノチューブとの複合材料）[34]

S. C. Han（Gyeongsang National University）らは、熱化学気相成長法により作製したカーボンナノチューブ（MWCNTs）とコンポジットした硫黄正極に関する電池特性を報告している。彼らは、作製したMWCNTsのチューブの穴のサイズは40nm程あり、電解液のパスとなりうると述べている。よって、MWCNTsは電子伝導パスとして働くのみだけでなくイオン伝導パスとしても機能し、さらに三次元に絡み合った構造体になることで、Li$_2$S$_n$の泳動を抑制することも可能であるといった様々な効果が期待できる。単体硫黄とMWCNTsのコンポジット電極の充放電試験では、MWCNTsを加えていない電極に比べて特に図5における③〜④の領域の容量増加を確認しており、初期放電容量は単体硫黄当たり485Ah・kg^{-1}を報告している（表4）。サイクル試験では50サイクル後においても300Ah・kg^{-1}を維持する。

(2) 反応効率の制御（活性硫黄）[50]

1994年にPolyPlus Battery Companyは、単体硫黄を活性硫黄として電極材料に用いることを

表4 単体硫黄をベースとした複合化の材料と作製した複合電極の電気化学特性

複合する材料の種類	具体的な材料，化合物	容量密度 (Ah·kg^{-1})	サイクル (cycles)	容量減少率 (Ah·kg^{-1}/cycle)	文献
カチオン性ポリマー	Poly acrylamide-co-diallyldimethylammonium chloride	1,200	~100	5.0	51)
イオン伝導性ポリマー	ポリエチレンオキシド（PEO）	280	~100	1.2	25~27)，29)
	ポリエチレングリコール（PEGDME）	1,100	~100	6.0	30,52)
炭素繊維	カーボンナノファイバー	1,000	~100	3.0	53)
	カーボンナノチューブ	500	~60	2.0	34)
吸着性微粒子	高比表面積活性炭	800	~25	16.0	28,38)
炭素微粒子＋無機酸化物	炭素微粒子＋シリカ	1,100	~100	4.0	54)
無機酸化物	V_2O_5キセロゲル	1,300	~65	10.8	55)

提案[27]した。活性硫黄とは電気化学的に活性な状態（M_2S_n）のことである。単体硫黄をポリマー電解質あるいはゲルポリマー電解質を含む有機溶媒などの溶媒に溶解させたものにカーボンブラックを混合し，長時間かけて撹拌してスラリーを調製しキャスト，乾燥することで活性硫黄（Li_2S_n）が得られる。活性硫黄は化学的にリチウムイオンなどを導入することで，図5で示した①の範囲の容量が発現しないものの，可逆な②～③の範囲の充放電反応を制御した材料設計であるといえる。

(3) 溶解度のコントロール（各種複合化によるサイクル特性の向上）

表4にはサイクル特性の向上を目的とする複合化の報告例を示す。複合する材料としては大きくわけて有機材料と無機材料がある。有機材料としてカチオン性ポリマーのpoly(acrylamide-co-diallyldimethylammonium chloride) [AMAC][51]やリチウムイオン伝導性を示すエーテル構造（–CH$_2$–O–CH$_2$–)のPEO，ポリエチレングリコールジメチルエーテル（PEGDME）など[25~27, 29, 30, 52]の高分子材料，直径が10～1000nm，長さが1～200μmと極めて細いナノ構造をもつカーボンナノファイバー[53]，一次粒子2.5nm，比表面積が1,080 m^2·g^{-1}を有する活性炭[28, 38]などの炭素材料がある。無機材料としては高吸着性を有するシリカ[54]や，カプセル状に単体硫黄を被覆するV_2O_5キセロゲル[55]などが報告されている。報告されている各種複合材料は，いずれも単体硫黄のまわりに被覆することで泳動を抑制するといった効果を期待するものである。各複合電極にて得られる容量密度は280～1,100Ah·kg^{-1}，作動電圧は約2Vで，100回程のサイクル特性となっている。

2.5.2 Lithium/Sulfur Battery用電解質の検討

表3に検討されたLithium/Sulfur Batteryの電解質を示す。これまで報告されている電解質としてはPEO，PEGDMEの高分子固体電解質と，テトラエチレングリコールジメチルエーテル（TEGDME）（あるいはTetraglymeと呼ばれている），ジメチルエーテル（DME），1,3-ジオキソラン（DOXL）などの環状あるいは鎖状の液体電解質とがある。これら一連のエーテル系電解液

第3章 ポリマー正極材料

がLithium/Sulfur Batteryに検討されてきた理由は，放電時に生成するLi_2S_n（$2 \leq n \leq 8$）が高い溶解性を示すためであると考える。

次にエーテル系のポリマー電解質と液体電解質を用いたときの電池特性について紹介する。

(1) エーテル系ポリマー電解質[25, 29]

E. J. Cairns（Lawrence Berkeley National Laboratory）らは，PEOをベースとしたポリマー電解質について報告している。室温から100℃において，PEO，PEGDME，ポリエチレンメチレンオキシド（PEMO）のポリマー電解液を用いたLithium/Sulfur Batteryの充放電試験を行った結果，高温条件下では理論容量密度に近い容量利用率を示すがサイクルに伴う容量減少が大きい。また，室温条件下ではPEGDMEを用いた場合，初期の放電容量は電極当たり$400 mA \cdot kg^{-1}$（利用率45%）であり，サイクル特性においては浅いところでの放電深度において容量減少を抑制できることを説明している。

(2) エーテル系液体電解質[32]

H. T. Kim（Ness Corporation）らは，Lithium/Sulfur Batteryにおける$1 M LiCF_3SO_3$/TEGDME＋DOXL混合比率と容量出現率の関係について報告している。混合電解質では，DOXLの割合の増加にともない粘度が減少し（6 cpから1.8 cp），それに伴い硫黄正極の利用率が増加する（30%から60%）ことを確認した。DOXLはTEGDMEに比べてより短いLi_2S_nに対する高い溶解性を示し，その結果放電反応が進行した際に生成する短いLi_2S_nが電解液へと拡散する。そして正極表面に不活性なLi_2Sの生成を抑制し，利用率が向上することを放電試験，電極の表面観察により結論づけている。

2.5.3 Lithium / Sulfur Batteryの電池特性

表5，図7に実用化に向けてLithium/Sulfur Battteryを研究開発している主な企業，電池構成とその電池特性を示す。代表的な企業としてはPolyPlus（米国），Sion Power（Moltech）（米国），NewTurn Energy（NESS）（韓国），Samsung SDI（韓国），E Square Technologies（韓国）などがある。各社とも主に名刺サイズのラミネート型電池により評価を行っている。

PolyPlus（米国）[56]やNewTurn Energy（NESS）（韓国）[57]は，電解質として固体電解質であるガラス電解質やポリマー電解質を採用している。このような固体電解質は，溶解による正極活物質の減少やリチウムデンドライドの生成の抑制，またサイクルを繰り返す際に生成するリチウム硫化物（Li_2Sなど）の負極に対する腐食を抑制する効果がある。一方，Sion Power（Moltech）（米国）[58]は，ゾルゲル法により得られるナノ多孔質を有するセパレーターを採用している。10μm以下の厚さの多孔質セパレーターを用いることにより，電池全体も非常に薄くフィルム化が可能であり，良好なレート特性を報告している（図7）。

E Square Technologies（韓国）[59]では，電極作製の際に用いるバインダーにおける電極表面形

表5 Lithium Sulfur Batteryの研究開発をしている主な企業とその電池構成，特性

企 業	電池構成（電極厚さ）			エネルギー密度 $(Wh \cdot kg^{-1}/Wh \cdot L^{-1})$	パワー密度 $(W \cdot kg^{-1})$	サイクル特性 (cycles)
	正 極	負 極	電 解 質			
PolyPlus Battery Company	S_8 composite (－)	Li metal (－)	Glass electrolyte $(0.25\mu m)$	420/520	－	～420
Sion Power (Moltech) Corporation	S_8 composite $(10～20\mu m)$	Li metal (－)	Nanoporous separator /electrolyte $(4～10\mu m)$	180/170	900	～400
NewTurn Energy Corporation	S_8 composite $(65\mu m)$	Li metal (－)	Polymer electrolyte $(<10\mu m)$	150/260	180	～200

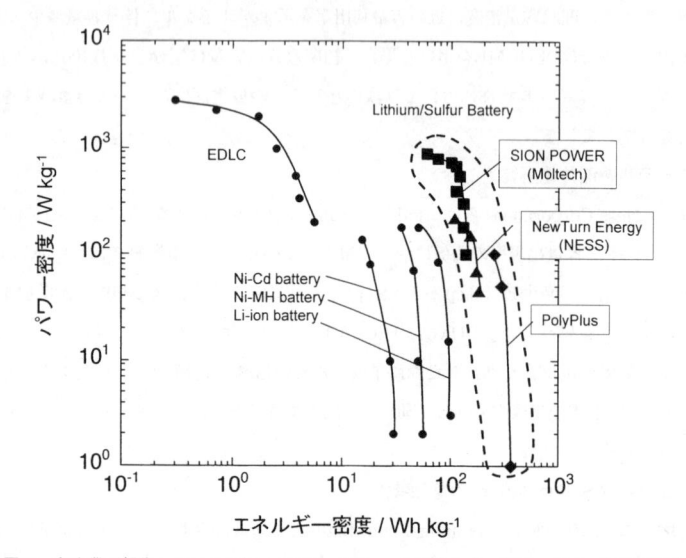

図7 各企業が報告しているLithium/Sulfur Batteryのエネルギー密度，パワー密度の比較

態と電池特性の関係に関して報告している。検討したバインダーとしてはポリテトラフルオロエチレン（PTFE），カルボキシメチレンセルロース（CMC），ポリビニルアルコール（PVA），ポリビニルピロリジン（PVP）および混合系を用いて電極を作製し，電極の重量当たりの表面積が最も大きな値を示したPTFE：CMC（18：2wt%）では最も大きな利用率（50%）を示し，良好なレート特性を報告している。サイクル特性においては各社，100～400サイクル程を達成している。

図7で示すようにLithium/Sulfur Batteryのエネルギー密度は150～420 $Wh \cdot kg^{-1}$（170～520 $Wh \cdot L^{-1}$）であるのに対して，従来型のリチウムイオン二次電池が120～180 $Wh \cdot kg^{-1}$（170～450 $Wh \cdot L^{-1}$）であることから，現行Li/S Batteryは重量当たりで2倍，体積当たりで同程度になる。

第3章　ポリマー正極材料

また，サイクル特性では〜400回ほどであるからさらなる向上が必要であろう。Li/S Batterey は，ベースとなる硫黄が安価であることからLi/S Batteryのコスト・パフォーマンス (0.15〜0.40 \$/Wh) においては，現行リチウムイオン二次電池 (0.40〜1.00\$/Wh) に比べると優位である。

2.6　おわりに

以上，本節ではリチウム二次電池正極用有機硫黄系材料に関する基礎的な研究経緯，分類，電池特性について紹介した。次世代型のモバイル機器などの高容量化を考えた場合，非常に大きなエネルギー密度を有する単体硫黄をベースとしたLithium/Sulfur Batteryは次世代の新型電池としては非常に有望であると考える。現在のところサイクル性や体積エネルギー密度などに関して問題がある。今後，サイクルの改善にはナノテクノロジーによる材料科学的な側面からのアプローチや，体積当たりのエネルギー密度の問題にはPEVやFCVのアシスト電源や新規産業であるウェアラブルコンピューターなどの場所や形状に捕われない新たな発想の利用形態や用途開発を展開していくことが鍵となるだろう。そして，硫黄系材料を正極とする超軽量で形状自由な新型リチウム二次電池の研究開発および実用化は21世紀初期の課題である。

文　献

1) S. Picart, E. Genies, *J. Electroanal. Chem.*, **408**, 53 (1996)
2) 新田芳明ほか，電池技術，vol.13, p.25 (2001)
3) 田村宜之，電池技術委員会資料，vol.15-2, p.1 (2003)
4) J. Niu, J. Y. Lee, *Electrochemical and Solid-State Letters*, **5** (6), A107 (2002)
5) M. Yoshio, H. Wang, K. Fukuda, T, Umeno, N. Dimov, Z. Ogumi, *J. Electrochem. Soc.*, **149** (12), A1598 (2002)
6) M. Yoshio, T. Umeno, Y. Hara, K. Fukuda, *Battery Technology*, **14**, 3 (2002)
7) M. Winter, J. O. Besenhard, *Electrochim. Acta*, **45**, 31 (1999)
8) B. Veeraraghavan, A. Durairajan, B. Haran, B. Popov, R. Guidotti, *J. Electrochem. Soc.*, **149** (6), A675 (2002)
9) 園田司ほか，電池技術，vol.14, p.14 (2002)
10) E. E. Reid, "Organic Chemistry of Bivalent Sulfur", vol. III, p.362, Chemical Publishing Co., N. Y. (1960)
11) M. Liu, S.J. Visco, L.C. De Jonghe, *J. Electrochem. Soc.*, **138**, 1891 (1991)
12) M. Liu, S.J. Visco, L.C. De Jonghe, *J. Electrochem. Soc.*, **138**, 1896 (1991)
13) K. Naoi, M. Menda, H. Ooike, N. Oyama, *J. Electroanal. Chem.*, **318**, 395 (1991)
14) T. Sotomura, H. Uemachi, K. Takeyama, K. Naoi, N. Oyama, *Electrochim. Acta.*, **37**,

1851 (1992)
15) T. Sotomura, T. Tatsuma, N. Oyama, *J. Electrochem. Soc.*, **143**, 3152 (1996)
16) K. Naoi, K. Kawase, M. Mori, M. Komiyama, *J. Electrochem. Soc.*, **144**, L173 (1997)
17) J. S. Cho, S. Sato, S. Takeoka, E. Tsuchida, *Macromolecules*, **34**, 2751 (2001)
18) H. Uemachi, Y. Iwasa, T. Mitani, *Electrochim. Acta.*, **46**, 2305 (2001)
19) H. Tsutsumi, Y. Oyari, K. Onimura, T. Oishi, *J. Power Sources*, **92**, 228 (2001)
20) H. Yamin, E. Peled, *J. Power Sources*, **9**, 281 (1983)
21) L. Kavan, P. Novak, F. P. Dousek, *Electrochim. Acta.*, **33**, 1605 (1988)
22) T. A. Skotheim *et al.*, U. S. Patent 5462566 (1995)
23) H. Yamin, A. Gorenshtein, J. Penciner, Y. Sternberg, E. Peled, *J. Electrochem. Soc.*, **135**, 1045 (1988)
24) E. Peled, Y. Sternberg, A. Gorenshtein, Y. Lavi, *J. Electrochem. Soc.*, **136**, 1621 (1989)
25) D. Marmorstein, T. H. Yu, K. A. Striebel, F. R. McLarnon, J. Hou, E. J. Cairns, *J. Power Sources*, **89**, 219 (2000)
26) J. H. Shin, Y. T. Lim, K. W. Kim, H. J. Ahn, J. H. Ahn, *J. Power Sources*, **107**, 103 (2002)
27) J. H. Shin, K. W. Kim, H. J. Ahn, J. H. Ahn, *Materials Science and Engineering*, **B95**, 148 (2002)
28) J. L. Wang, J. Yang, J. Y. Xie, N. X. Xu, Y. Li, *Electrochem. Commun.*, **4**, 499 (2002)
29) J. Shim, K. A. Striebel, E. J. Cairns, *J. Electrochem. Soc.*, **149**, A1321 (2002)
30) S. E. Cheon, J. H. Cho, K. S. Ko, C. W. Kwon, D. R. Chang, H. T. Kim, S. W. Kim, *J. Electrochem. Soc.*, **149**, A1437 (2002)
31) B. H. Jeon, J. H. Yeon, K. M. Kim, I. J. Chung, *J. Power Sources*, **109**, 89 (2002)
32) D. R. Chang, S. H. Lee, S. W. Kim, H. T. Kim, *J. Power Sources*, **112**, 452 (2002)
33) Y. V. Mikhaylik, J. R. Akridge, *J. Electrochem. Soc.*, **150**, A306 (2003)
34) S. C. Han, M. S. Song, H. Lee, H. S. Kim, H. J. Ahn, J. Y. Lee, *J. Electrochem. Soc.*, **150**, A889 (2003)
35) B. Jin, J. U. Kim, H. B. Gu, *J. Power Sources*, **117**, 148 (2003)
36) B. H. Jeon, J. H. Yeon, I. J. Chung, *J. Power Sources*, **109**, 89 (2002)
37) Y. M. Lee, N. S. Choe, J. H. Park, J. K. Park, *J. Power Sources*, **119-121**, 964 (2003)
38) J. Wang, L. Liu, Z. Ling, J. Yang, C. Wan, C. Jiang, *Electrochim. Acta.*, **48**, 1861 (2003)
39) L. Yu, X. Wang, J. Li. X. Jing, F. Wang, *J. Electrochem. Soc.*, **146**, 1712 (1999)
40) T. Tatsuma, T. Sotomura, T. Sato, D. A. Buttry, N. Oyama, *J. Electrochem. Soc.*, **142**, L182 (1995)
41) N. Oyama, J.M. Pope, T. Sotomura, *J. Electrochem. Soc.*, **144**, L47 (1997)
42) P. Degott, Carbon-Sulfur Polymer, Synthesis and Electrochemical Properties, Dissertation; National Polytechnic Institute, Grenoble (1986)
43) T. A. Skotheim *et al.*, U. S. Patent 5529860 (1996)
44) J. Zhao *et al.*, Preprint of 41th Battery Symposium, Japan, p.476 (2000)

45) B. Meyer, *Chemical Reviews*, **76**, No. 3, 367(1976)
46) 「元素のページ」http://www.gogp.co.jp/chemical/secondpage/syuukiritsuhyou.html
47) S. J. Visco, E. Nimon, B. Katz, L. C. Dejonghe, M. Y. Chu, 1st International Conference on Polymer Batteries and Fuel Cells, INV-41
48) S. Tobishima, H. Yamamoto, M. Matsuda, *Electrochim. Acta.*, **42**, 1019 (1997)
49) Lange's Handbook of Chemistry, 3rd ed., John A. Dean, Editor, p.3, McGraw-Hill, New York (1985)
50) M. Y. Chu *et al.*, U. S. Patent 5523179 (1996)
51) S. Zhang *et al.*, U. S. Patent 6110619 (2000)
52) 劉興江, 村田利雄, 安田秀雄, 山地正矩, 第43回電池討論会講演要旨集, p.196 (2002)
53) Y. M. Gernov *et al.*, U. S. Patent 6194099 (2001)
54) A. Gorkovenko *et al.*, U. S. Patent 6210831 (2001)
55) S. P. Mukherjee *et al.*, U. S. Patent 5919587 (1999)
56) PolyPlus ホームページ (http://www.polyplus.com/)
57) NewTurn Energy ホームページ (http://www.newturn.biz/)
58) Moltech corporation のホームページ (http://www.sionpower.com/)
59) N. I. Kim, C. B. Lee, J. M. Soe, W. J. Lee, Y. B. Roh, 1st International Conference on Polymer Batteries and Fuel Cells, MO-029

3 無機材料・導電性高分子コンポジット正極

桑畑　進*

　導電性高分子と無機材料のコンポジット材料の調製には，モノマーを酸化重合する過程で複合化されるような方法が主に用いられており，電解酸化重合による方法と酸化剤を用いた化学重合による方法とに分類される。これまでに複合化が試みられた導電性高分子と無機材料の組み合わせ，ならびに複合化を行った目的を表1に示す。

3.1 層状化合物と導電性高分子のコンポジット材料

　MoO_3やV_2O_5キセロゲルは層状化合物であり，層間に種々の無機，有機物質を取り込む性質がある。その研究の一環として，酸化すると重合するアニリンやピロールなどの有機分子を取り込む研究が行われた。化合物自身が高い酸化力を有している場合（MoS_2やV_2O_5キセロゲルなど），モノマーを溶解した溶液に層状化合物の粉末を分散させることによってモノマーが層間へ挿入し，その後重合反応が徐々に進行する[1~4]。一方，酸化力が低いMoO_3の場合，層間へのモノマーの挿入を行わせた後に，酸化剤を添加して重合反応を行わせる[5~7]。ピロールおよびアニリンの重合には，主に$FeCl_3$や$(NH_4)_2S_2O_8$が酸化剤に用いられる。また，電極表面に酸化力がないモンモリロナイトを固定し，電解重合によってポリアニリンを合成する方法も行われている[8]。いずれの場合も層間内に存在するモノマーが酸化重合されて，図1のような構造のコンポジット材料が合成できていることがX線回析測定によって明らかにされている。そして，層間に幾何学的に整った状態で存在する導電性高分子は導電性が極めて高いことも見出されている[9,10]。

表1　導電性高分子と無機材料のコンポジット

導電性高分子	無機材料	合成法	研究目的
ポリアニリン	Montmorillonite	電解重合	新規材料創製
	FeOCl	化学重合	新規材料創製
	MoO_3	化学重合	電池活物質
	V_2O_5 xerogel	化学重合	電池活物質
	V_2O_5	化学重合	電池活物質
ポリピロール	β-MnO_2	電解重合	電池活物質
	$LiMnO_2$	電解重合・化学重合	電池活物質
	V_2O_5	化学重合	電池活物質
	MoS_2	化学重合	新規材料創製
	FeOCl	化学重合	新規材料創製

*　Susumu Kuwabata　大阪大学　大学院工学研究科　教授

第3章　ポリマー正極材料

層状化合物

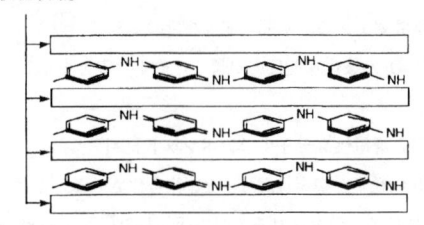

図1　層状化合物と導電性高分子のコンポジット

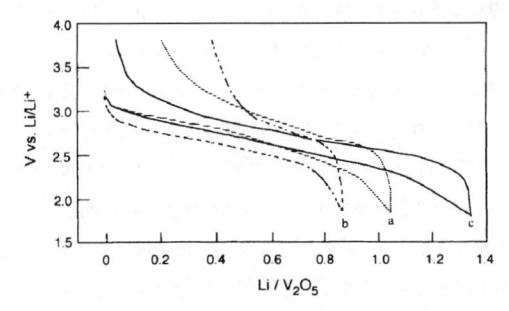

図2　V_2O_5キセロゲル(a)、[PAn]$_y$V$_2$O$_5$コンポジット(b)、
O$_2$-[PAn]$_y$V$_2$O$_5$コンポジット(c)の充放電曲線

　MoO_3およびV_2O_5キセロゲルは、Li^+が溶解した非水溶液中で電気化学的に還元すると層間にLi^+が挿入することが知られており、その特性を利用してリチウム二次電池の正極活物質としての研究が行われている。充放電の際、溶媒和されたLi^+が層間に挿入することによって層間の隙間が押し広げられるという構造変化を伴うため、層間のLi^+の拡散速度は遅く、サイクル特性も優れない。それを改善する方法として、層間にあらかじめ導電性高分子を存在させることが検討された[1, 6, 8]。MoO_3粉末のペレット電極を正極材料として用いて充放電反応を行った場合、1サイクル目の充放電時には130mAh/gの容量密度が得られるものの、5サイクル目で75%にまで低下する。これは、電極の放電（還元）によってLi^+が層間に挿入するとき、層間を押し広げて深部に到達したLi^+が抜け出にくくなり、徐々にLi^+が累積する現象であるとされている。一方、ポリアニリンを層間に存在させた[PAn]$_{0.24}$MoO$_3$粉末を用いると149 mAh/gの容量密度が得られ、充放電を繰り返しても変化がほとんどないことから、ポリアニリンによってあらかじめ層間を広げておけば、Li^+が蓄積することを回避できるのであると考察されている[6]。

　同様な効果はV_2O_5キセロゲルにおいても確かめられている[4]。図2は、単体のV_2O_5キセロゲル、窒素下で層間にアニリンを挿入させ、重合反応を行ったコンポジット材料（[PAn]$_y$V$_2$O$_5$）、

93

および層間内のアニリンの重合を酸素下で行い，重合反応を促進させたコンポジット材料（O_2-[PAn]$_y$V$_2$O$_5$）の充放電曲線である。層間に充分な量のポリアニリンが存在するO_2-[PAn]$_y$V$_2$O$_5$が最大の容量を示し，V_2O_5の酸化還元反応が起こりやすいことを示している。

3.2 金属酸化物粒子と導電性高分子のコンポジット材料

金属粒子や金属酸化物粒子と導電性高分子とを複合化させることは，最初，モノマーの電解酸化重合時に電解浴中に粒子を分散させることで行われた[11〜15]。電解酸化重合によって電極表面に導電性高分子膜が成長しつつある時に高分子膜近傍に存在する粒子を取り込むのである。したがって，電解浴を攪拌した方が取り込み量は多くなる。β-MnO$_2$粒子を分散させたピロール溶液を電解酸化重合することによって調製されたβ-MnO$_2$/ポリピロールコンポジットを正極活物質として調べた実験により，β-MnO$_2$とポリピロールの両者が充放電反応を行うことが示された[13, 15]。すなわち，ポリピロールはβ-MnO$_2$を固定するバインダーの役目をするとともに，電極基体とβ-MnO$_2$と粒子の間の電子移動を行う導電性マトリクスとしても機能する。さらに，ポリピロール自身もレドックス反応を行うことから活物質としての機能も有している。

電解酸化重合より合成されるコンポジット膜の場合，酸化物粒子の取り込み量は最大で50wt%である。この酸化物粒子量をより多くして酸化物粒子がメインのコンポジットを調製するため，酸化物粒子自身を酸化剤に用いる方法が試みられた[16]。すなわち，酸化物粒子が酸化能を有していることを利用して，粒子を分散させた溶液にピロールやアニリンなどのモノマーを添加することによってコンポジット粉末を合成している。この方法だと図3に示すように複合体中の酸化物の量は自在に変えることができ，最大で90wt%程度まで増やすことが可能となる。

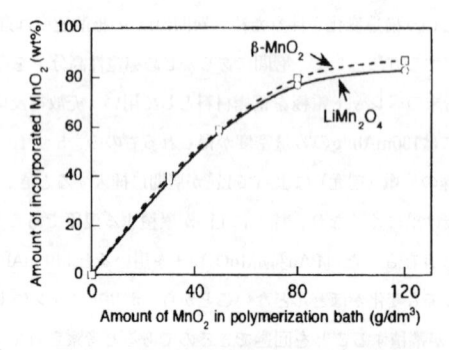

図3 二酸化マンガン粉末を分散させた1M HClO$_4$水溶液に0.1Mピロールを入れることで合成したMnO$_2$とポリピロールのコンポジットに含まれるMnO$_2$量

第3章 ポリマー正極材料

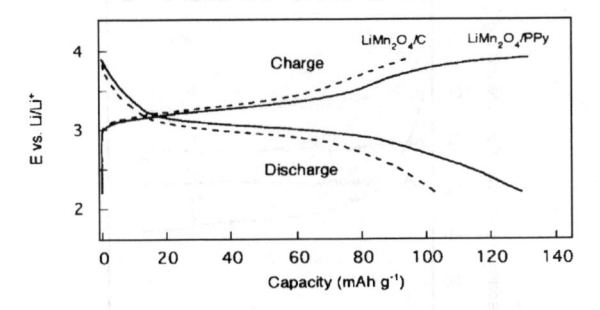

図4 LiMn$_2$O$_4$/C と LiMn$_2$O$_4$/PPy コンポジットの充放電曲線

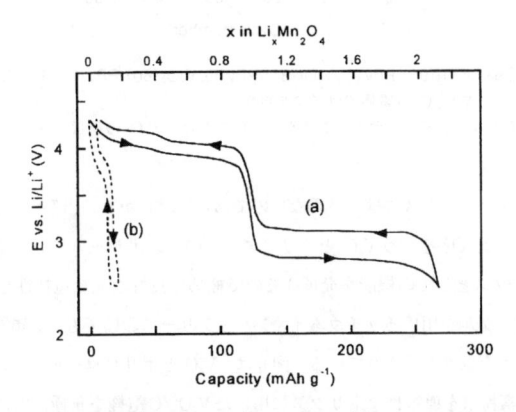

図5 LiMn$_2$O$_4$/PPy(a)および LiMn$_2$O$_4$/PAn(b)の 4.3～2.5V vs. Li/Li$^+$ の電位範囲における充放電曲線

 LiMn$_2$O$_4$とポリピロールの複合体（LiMn$_2$O$_4$/PPy）の場合，図4に示すように導電性マトリクスに炭素粉末を用いて調製した電極（LiMn$_2$O$_4$/C）より充放電容量は大きくなり，ポリピロールが導電性マトリクス兼活物質として機能していることが明らかにされた．導電性高分子が金属酸化物の導電性マトリクスとして機能するための必要条件について，LiMn$_2$O$_4$とポリピロール（LiMn$_2$O$_4$/PPy）および LiMn$_2$O$_4$とポリアニリン（LiMn$_2$O$_4$/PAn）の両コンポジットを用いて調査された．図5に示すように，ポリピロールとのコンポジットは明確な電位平坦部が現れて良好な充放電反応を行うのに対し，ポリアニリンとのコンポジットでは充放電容量はほとんど得られない．ポリピロールは 2.5V vs. Li/Li$^+$ よりポジティブな電位で充分に高い電導度を示すのに対し，ポリアニリンは 3.5V vs. Li/Li$^+$ で最大の電導度を示すが，そこをピークとして3および4V vs. Li/Li$^+$ における電導度は極めて小さい．それゆえ，4V付近および3V付近で酸化還元反応を行

95

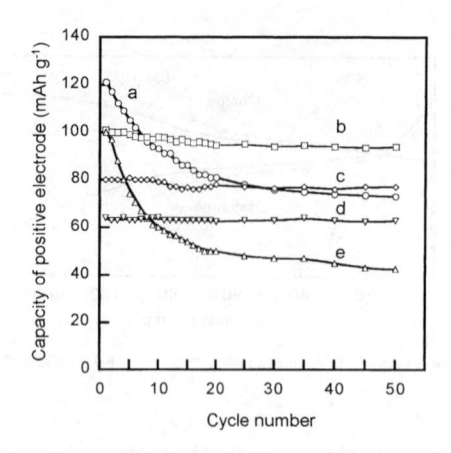

ポリマーバッテリーの最新技術Ⅱ

図6 V_2O_5(91)/PPy(a), V_2O_5(84)/PPy(b), V_2O_5(60)/PPy(c), PPy(d), V_2O_5/C(e)電極のサイクル特性
( )の数字は，それぞれのコンポジット中におけるV_2O_5の重量パーセント。

う$LiMn_2O_4$の導電性マトリクスにはなり得ないのである[17]。しかし，当然のことながら3.5 V vs. Li/Li^+付近で酸化還元反応を行うV_2O_5とポリアニリンのコンポジットにおいては，ポリアニリンは導電性マトリクスとしての機能を発揮するので極めて良好な充放電特性を示す[18]。

電解質にポリマーゲルを用いるリチウムイオンバッテリーにおいても，金属酸化物と導電性高分子を用いることの有効性が示されている。図6は，V_2O_5とポリピロールのコンポジット(V_2O_5/PPy)あるいは炭素粉末を導電性マトリクスに用いたV_2O_5/C電極を正極に用い，ポリメチルメタクリレート／炭酸プロピレンのゲル（PMMAゲル）膜電解質とリチウム負極で電池を構成して充放電を行い，容量を充放電サイクルに対してプロットしたサイクル特性である[19]。V_2O_5/C (e)は20サイクルの充放電で大幅に容量が低下するのに対し，V_2O_5/PPy (a-d) では低下は軽減され，PPyの量が多くなるにつれて変化量は極めて小さくなっている。正極活物質と電解質間の界面抵抗の変化を調べる実験より，V_2O_5/PPyの方がサイクルを繰り返すことによる抵抗増加が大きく低減されることが明らかにされている。V_2O_5/PPy コンポジットは，V_2O_5を酸化剤に用いてピロールの酸化重合を行っているのでV_2O_5粒子表面にポリピロール層が形成された構造となっている。それゆえ，PMMAゲル膜と接触しているのはポリピロールであり，V_2O_5表面がPMMAゲル膜と直接接触しているV_2O_5/Cと状況が異なる。このことより，有機高分子同士が接触している構造の方が，充放電を繰り返して行うのにより適した環境となっているのではないかと考察されている。

第3章 ポリマー正極材料

文　献

1) M. Kanatzidis, R. Bissessur, *Chem. Mater.*, **5**, 595 (1993)
2) M.G. Kanatzidis, C. G. Wu, H. O. Marcy, C. R. Kannewurf, *J. Am. Chem. Soc.*, **111**, 4139 (1989)
3) C. G. Wu, D. C. DeGroot, H. O. Marcy, J. L. Shindler, C. R. Kannewurf, T. Bakas, V. Papaefthymiou, W. Hirpo, J. P. Yesinowski, Y. J. Liu, M. G. Kanatzidis, *J. Am. Chem. Soc.*, **117**, 9229 (1995)
4) F. Leroux, B. E. Koene, L. F. Nazar, *J. Electrochem. Soc.*, **143**, L181 (1996)
5) B. E. Koene, L. F. Nazar, *Solid State Ionics*, **89**, 147 (1996)
6) R. Bissessur, D. C. DeGroot, J. L. Schindler, C. R. Kannewurf, M. G. Kanatzidis, *J. Chem. Soc. Chem. Commun.*, 687 (1993)
7) Y. J. Liu, M. G. Kanatzidis, *Chem. Mater.*, **7**, 1525 (1995)
8) H. Inoue, H. Yoneyama, *J. Electroanal. Chem.*, **233**, 291 (1987)
9) M. G. Kanatzidis, C. G. Wu, H. O. Marcy, D. C. DeGroot, C. R. Kannewurf, *Chem. Mater.*, **2**, 222 (1990)
10) M. G. Kanatzidis, L. M. Tonge, T. J. Marks, H. O. Marcy, C. R. Kannewurf, *J. Am. Chem. Soc.*, **109**, 3797 (1987)
11) N. Furukawa, T. Saito, C. Iwakura, *Chemistry Express*, **5**, 269 (1990)
12) K. Kawai, N. Mihara, S. Kuwabata, H. Yoneyama, *J. Electrochem. Soc.*, **137**, 1793 (1990)
13) H. Yoneyama, A. Kishimoto, S. Kuwabata, *J. Chem. Soc. Chem. Commun.*, 986 (1991)
14) H. Yoneyama, N. Takahashi, S. Kuwabata, *J. Chem. Soc. Chem. Commun.*, **9**, 716 (1992)
15) S. Kuwabata, A. Kisimoto, T. Tanaka, H. Yoneyama, *J. Electrochem. Soc.*, **141**, 10 (1994)
16) A. H. Gemeay, H. Nishiyama, S. Kuwabata, H. Yoneyama, *J. Electrochem. Soc.*, **142**, 4190 (1995)
17) S. Kuwabata, S. Masui, H. Yoneyama, *Electrochim. Acta*, **44**, 4593 (1999)
18) S. Kuwabata, T. Idzu, C. R. Martin, H. Yoneyama, *J. Electrochem. Soc.*, **145**, 2707 (1998)
19) S. Kuwabata, H. Tomiyori, *J. Electrochem. Soc.*, **149**, A988 (2002)

第4章 ポリマー電解質

1 ポリマー電解質の応用と実用化

金村聖志*

1.1 ポリマー電解質の種類

現在,主に使用されている電解質系は,非プロトン性の有機溶媒に$LiClO_4$や$LiPF_6$のような無機系のリチウム塩を溶解したものが主に用いられている[1]。これらの電解液は比較的高いイオン伝導性を示し,電池の性能を維持するに十分な機能を有している。一方,液体状態の電解液の究極的な欠点として電解質の高い流動性がある。この高い流動性は,電池が通常の使用をされている限りにおいて問題はないが,電池が異常な状態となり温度が高くなると発火する可能性があり,それを助長することが考えられる。したがって,電池の電解質には固体系が基本的には好まれる。たとえば,鉛蓄電池をみると,硫酸が電解質に用いられているが,現在では,シリカゲルなどの添加によりゲル化したものが用いられている。

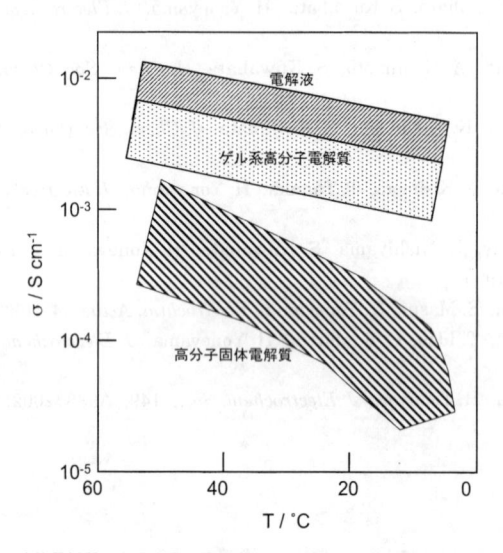

図1 液体電解質,高分子固体電解質,ゲル系高分子電解質のイオン伝導性

* Kiyoshi Kanamura 東京都立大学 大学院工学研究科 応用化学専攻 教授

第4章 ポリマー電解質

　一般的に言えば，電池は電解液の流動性をできる限り抑制する方向で開発が進められる。リチウム電池においてもこの開発のベクトルは同じであり，固体化への検討が進められてきた。固体でリチウムイオン伝導を示す材料としては無機系の固体電解質と有機系ポリマー電解質がある。液体の電解液も含めてこれらの電解質のイオン伝導性を図1に示す。液体電解質が最も優れた特性を示すことがわかる。無機系の固体電解質の中にも 10^{-3} S·cm^{-1} 程度の高いイオン伝導性を示す材料がいくつか見られる[2,3]。ポリマー電解質も 10^{-3} S·cm^{-1} に近いイオン伝導性を示すものが多くある[4,5]。

　ここで，ポリマー電解質は2種類のカテゴリーに分類される。第一は，基本的に高分子から構成されるもので，本来のドライポリマー電解質である。第二は，ゲル電解質である。ゲルは液体と高分子の中間的な存在であるが，ドライポリマー電解質とはイオン伝導機構において異なる場合が多い。このようにイオン伝導性はゲル電解質とドライポリマー電解質では異なるが，これらの電解質に求められるイオン伝導性は，電池をどのような充放電速度で利用し，どの程度のエネルギー密度を必要としているのかに依存する。

　現在の携帯電話用のリチウムイオン電池を想定する場合，$5×10^{-4}$ S·cm^{-1} 以上のイオン伝導性が求められる。ドライポリマー電解質の場合，リチウムイオンの伝導は高分子鎖の分子運動に依存し，ゲルの場合には高分子内に取り込まれた電解液の状態とそのイオン伝導性に依存する。このような2種類のポリマー電解質のうち，現在では，ゲル電解質が主に用いられている。これは，少しでも高いイオン伝導性と機械的な強度の両者を成り立たせるには，現在のドライポリマー電解質では材料設計が困難であるためである。しかし，ゲル電解質は，電池の安全性確保の観点からは，ドライポリマー電解質には及ばない。ゲルとドライポリマーのどちらを使用するのかは，材料開発，電池開発の方向性に依存して変わる。

1.2　ポリマー電解質のイオン伝導性

　ドライポリマー電解質およびゲル電解質のイオン伝導性をより詳細に比較すると図2のようになる。この図は温度の逆数に対してイオン導電率の対数をプロットしたもので，液体電解質の標準的なものも示した。

　ドライポリマー電解質は，温度が低くなると急激にイオン伝導が悪くなる。ゲル電解質および液体電解質は広い温度範囲において直線的な関係を維持している。低温におけるイオン伝導性の急激な低下はドライポリマー電解質の大きな問題である。なぜなら，気温の低い地域での電池の使用に大きな障害となるからである。一方，液体電解質とゲル電解質に関しては同様の挙動を示し，低温にも十分に対応できる電解質となっている。

　イオン伝導性の値を比較すると，液体電解質に匹敵するようなゲル電解質あるいは高分子電解

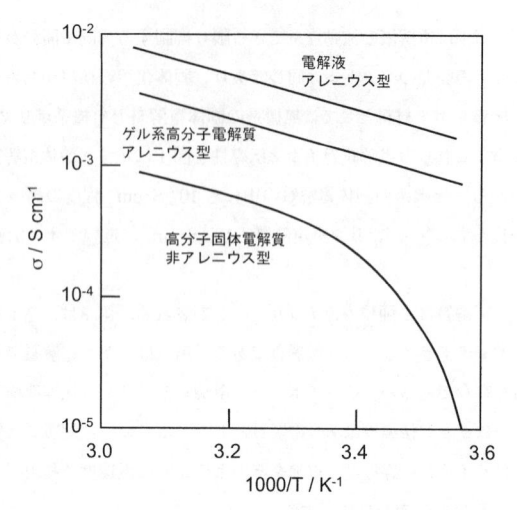

図2 プロピレンカーボネートにLiClO$_4$を溶解した電解液,ゲル系高分子電解質,
ポリエチレン系高分子固体電解質のイオン伝導性の温度依存性

質が開発されている。もちろん,その種類は多くなく,ある種の構造的なあるいは化学的な工夫が施された電解質である。現在も伝導性の向上のために,いろいろな研究が行われており,バルク体としてのイオン伝導性は十分に実用可能域に到達しつつあると言ってもいいだろう。また,電気自動車などの用途では,電池を比較的高温状態に保持し使用することが想定され,そのような場合には電池の安全性の面からドライポリマー電解質が適する。

　ゲル電解質は,既にリチウムイオン電池の電解質の主流になりつつある。ゲル電解質の物性面の議論は別として,大まかに言うと,液体電解質としての性質と固体としての性質の両者を同時に有する電解質と表現できる。ドライポリマー電解質に比較してイオン伝導性は高く,液体電解質に比較して液の流動性は低く,実用的な意味においてリチウムイオン電池の電解質に適している。実際に,現在多くのポリマー電池の電解質にはこのゲル電解質が使用されている。特に,電極と電解質を積層して構成される角形電池の電解質として使用されている。

　以上のように,イオン伝導性の立場からは液体電解質が最も現時点では優れているが,電池の安全性を確保するために液の流動性を抑制するという意味では,ドライポリマー電解質が最も優れた特性を有している。現時点では,ドライポリマー電解質の導電率が低いため,ゲル電解質が使用されている。しかし,ドライポリマー電解質のイオン伝導性をさらに向上させることができれば,液体電解質にとって代わることは間違いないので,今後の高分子固体電解質のイオン伝導性向上に関する研究開発が望まれる。

第4章 ポリマー電解質

1.3 ポリマー電解質の界面構造制御

　高分子固体電解質を使用する場合に最も大きな問題となるのがLi^+イオン伝導性であるが、それとほぼ等しく重要な因子として高分子固体電解質と負極あるいは正極材料との接触の問題がある。図3に高分子固体電解質がリチウム金属と接触している場合の界面の様子を模式的に示す。液体電解質とは異なり、電解液側にも電極側にも自由度はなく、接触が十分にとられている箇所と、そうでない箇所に分かれている。もちろん、接触が不十分な箇所ではLi^+の溶解・析出は起こりにくく、接触が十分にとられている箇所では、活発にLi^+の溶解・析出が起こるものと考えられる。このような現象は、電極における電流分布を生み出すこととなり、電極が不均一に使用されることとなり、たとえば大きな電流での充放電を行うと電極内部における活物質利用率の分布を生じ、電極を急激に劣化させる。このような現象は、膨張収縮を伴う黒鉛電極あるいは遷移金属酸化物電極などにおいても同様の結果を招く。従って、より均一な接触界面を有する電極作製が必要である。

　界面を形成する方法として、これまでに行われきたものは、より均一に正極材料あるいは負極材料となっている粉末と高分子固体電解質を混合することである。例えば、モノマーを正極あるいは負極の隙間に含浸させた後に重合反応を行うような方法を用いて高分子固体電解質と電極材料を混合する方法も、より均一な混合状態をひいては接触状態を実現しようとするものである。また、同様に高分子固体電解質が溶媒に溶解する場合には、この溶液を電極内に含浸した後に溶媒を蒸発させる方法を用いて電極を作製しようとする試みも同じことを意図した方法である。撹拌・混合により同様に均一な電極を作製することは可能であると考えられるが、これには特殊な装置が必要となる。

　固体電解質と正極活物質あるいは負極活物質と接触の問題と共に、化学的な反応性も問題である。固体と固体の界面での反応を直接調べることは難しく、十分な知見が現在においても得られ

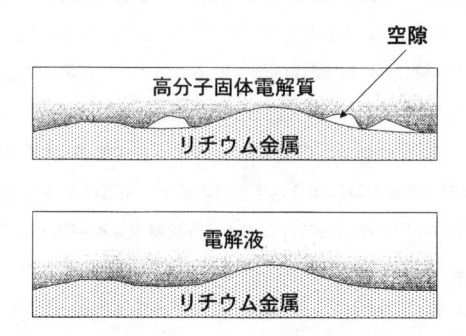

図3　高分子固体電解質とリチウム金属の接触界面のモデル図

ていない。このことが，高分子固体電解質の実用化を妨げていると考えられる。これまでに，高分子固体電解質と電極材料との界面について検討した結果からは，液体電解質において得られた界面生成物と同じような物質の生成が報告されている。しかし，高分子固体電解質は液体電解質に比較して分子量が非常に大きく，また流動性も少ないために，界面での反応は液体電解質のそれよりも小さい。このような特徴を活かしてリチウム金属を負極として用いることが可能であるように思われる。リチウム金属と高分子固体電解質界面についても多くの研究がなされたが，界面でのインピーダンスを測定した結果，徐々にではあるがインピーダンスが増加することが知られている。界面が安定には存在せず，徐々に何らかの反応が進行していることを示している。このように，現在においてもリチウム金属と高分子固体電解質の界面は，十分に改善されておらず，サイクル特性の面において問題がある。安全性の面においては固体電解質を用いているため，向上していると考えられ，今後の研究が待たれる。

　電極活物質とポリマー電解質の界面の観点から考えると，イオン電池の場合，正極材料も負極材料も粉末状であり，電極作製が非常に難しい。そこで，イオン伝導性高分子固体電解質を用いる場合にリチウム金属負極を用いることが考えられる。

　リチウム金属の場合には上述のような問題はあるが，面と面を接触させるだけであるため，少なくともイオン電池よりは電池を単純化できる。リチウム金属を電解液中で用いるとデンドライト状のリチウム金属が生成し，正極と負極が短絡し電池を構成することができない。これに対して，電解質として高分子固体電解質を用いることにより，デンドライトの生成を機械的に抑制することができる可能性がある。また，セパレーターとは異なり，細孔などの物理的な孔は存在しておらず，デンドライトが仮に生成したとしても正極とリチウム金属負極が直接接触する可能性が少ない。

　このような観点から高分子固体電解質を用いる場合には，リチウム金属負極を使用することが検討されてきた。現状では，界面の問題があり実用化されるまでには至っていないが，電池のエネルギー密度を向上させる1つの方法として重要である。また，合金系負極の場合には写真1に示すように集電体上に作製した薄膜状の負極が用いられるために，電極構成はリチウム金属負極と類似しており，このような系においても高分子固体電解質の使用が考えられる。問題点としては，合金系負極の膨張収縮をいかにして吸収するかである。合金系の負極の場合，図4に示したように電極が膨張・収縮を充放電時に繰り返す。その結果，集電体から合金系材料が脱離する可能性がある。液体電解質を用いた場合にはこのような脱離現象を抑制することは困難であるが，固体電解質，それも高分子系材料を用いることができれば，これまでにない優れた特性を得ることができる可能性がある。この点については検討段階であり，今後の研究が待たれるが，将来イオン伝導性高分子固体電解質の大きな応用領域となる可能性がある。

第4章 ポリマー電解質

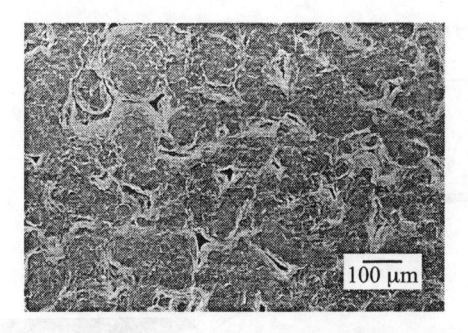

写真1 集電体状に生成した合金系負極(Si)の電子顕微鏡写真

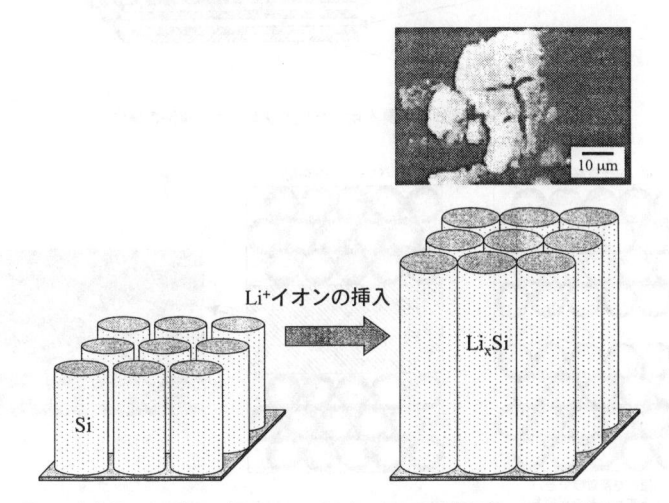

図4 充放電により膨張・収縮するSi系負極の電子顕微鏡写真とその充放電モデル

1.4 セパレーターとしてのポリマー電解質

　高分子固体電解質を用いて電池を構成する場合の一例を図5に示す。この電池では，負極にはリチウム金属を，正極には$LiCoO_2$などの粉末状の材料を用いて構成した場合について示したものである。ここで，粉末電極を固めたペレット内に高分子固体電解質を装填することは既に述べたように必要であるが，それに加えて負極と正極の接触を防ぐために，膜状の電解質も必要である。液体電解質の場合には，図6に示すようなセパレーターと呼ばれるものに電解液を含浸し，その役目を担わせるが，高分子固体電解質の場合には電解質自身にその機能が備わっており，セパレーターを必要としない。

ポリマーバッテリーの最新技術Ⅱ

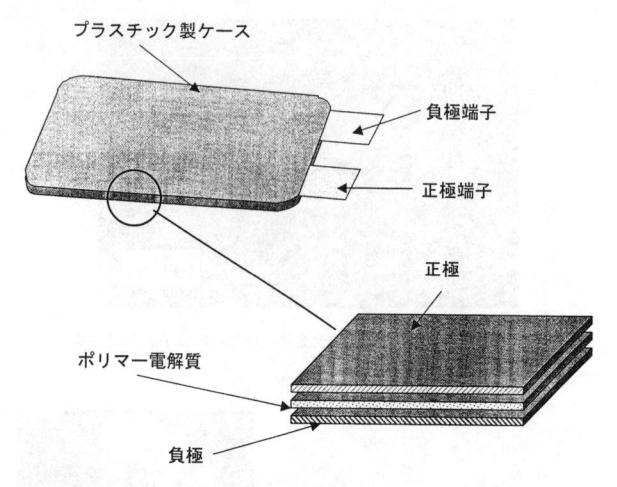

図5 高分子固体電解質を用いたリチウムイオン電池の構成

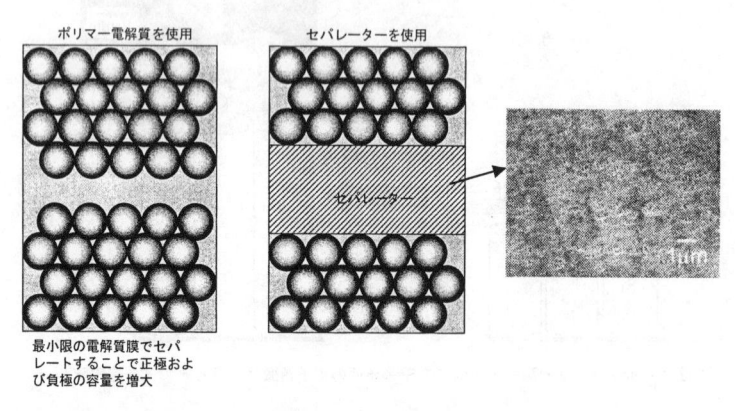

図6 セパレーターの電子顕微鏡写真とそれを用いたリチウム電池の厚みと高分子固体電解質を用いたリチウム電池の厚み

　セパレーターの厚みは数十μm程度は必要であるが，高分子固体電解質の場合にはさらに薄くても短絡を防ぐことができる。このことは，電池のエネルギー密度を向上させる上で重要である。図6のような場合，セルの厚みが40μm程度薄くなり，その分多くの活物質を電池内に装填することができるので，電池のエネルギー密度が向上する。このようにセパレーターの機能を高分子固体電解質に持たせるには高分子の機械的な強度を十分に高めることが必要である。しかし，上述のように機械的な強度とイオン伝導性は相反する性質であり，このような問題を解決するに

第4章 ポリマー電解質

は新規のイオン伝導性ポリマーの開発が必要である。

1.5 新規イオン伝導性ポリマーの開発

　ポリエチレンオキシドにリチウム塩を複合させた高分子固体電解質が開発され，それに続いて溶媒を可塑剤として使用した新しい電解質が発表され，高分子を使用した電解質の応用が検討されてきた[6]。また，ゲル系高分子についても研究が進められ，イオン伝導性の面において優位なゲル系電解質が実用化された[4, 5), 7〜9)]。

　ゲル系電解質の場合には，機械的な強度を付与する高分子とイオン伝導性を付与する高分子をコンポジット化することが比較的容易で，高いイオン伝導性と機械的な強度が容易に実現できる。高分子固体電解質では，このようなコンポジット化は難しい。しかし，ミクロ相分離構造などを利用した新しいLi^+イオン伝導性高分子固体電解質や高分子の強度を強化するために無機微粒子を利用した電解質や，単結晶性のポリエチレンオキシドを用いた高イオン伝導性高分子固体電解質などが報告されている。これらの電解質の特徴は，機械的な強度を高めながらもイオン伝導性を維持するものであり，前者2つのイオン伝導性高分子固体電解質は，イオン伝導性部分と機械的強度を高める部分を独立に有するもので，コンポジット系ゲル電解質の開発とおなじ考え方に基づいた新規イオン伝導体である。このような電解質はポリマー電解質の基本的な欠点を完全に克服したもので，実用的なポリマー電解質になりうるものである。さらには，ポリマー電解質の利点を大いに活かすことのできる材料である。

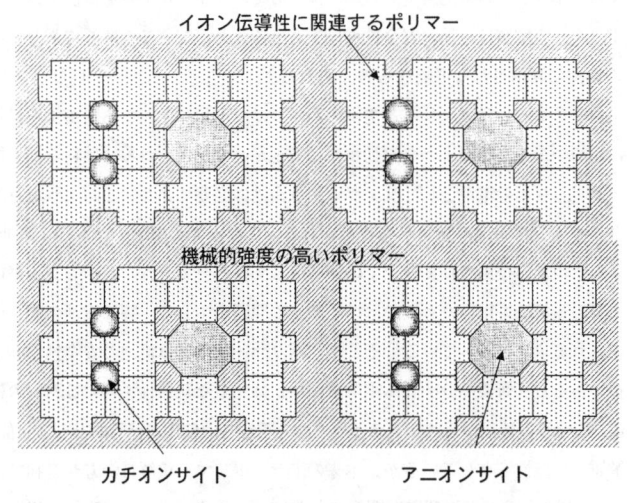

図7　開発が期待される高分子固体電解質のモデル構造

ゲル系の高分子固体電解質が既に実用化され徐々に使用されつつある状況を眺めてみると，ポリマー電解質が同様の特性を持つことで，実用レベルで応用されることが期待される。今後期待されるポリマー電解質の基本的な構造をモデル的に示すと図7のようになり，このようなポリマーをどのようにして開発するかが問題となる。既にいくつかの例が報告されつつある。たとえば，イオン伝導性部分にはエーテル系ポリマーを，機械的強度を支える部分にはポリスチレンポリマーを使用したコンポジットポリマーが開発されている。また，シリカやアルミナなどのセラミックス粒子を高分子用のフィラーとして添加し，その機械的な強度を高めたものが開発されている[10~14]。これらのポリマーは，第2期のLi^+イオン伝導性ポリマーとして位置づけることができるものであり，数年前から研究開発が行われている。詳細についてはイオン伝導性ポリマーに関する稿を参照して頂きたい。

このように，新規イオン伝導性高分子固体電解質に関する研究が現在進められ，Li^+イオン伝導性ポリマーを用いたリチウム二次電池の開発も第二世代になろうとしている。

1.6 ポリマー電解質の熱的安定性と実用化

ポリマー電解質系の中で，ゲル系の電解質については既に実用化され，角形のリチウムイオン電池に採用されつつある[8,9]。今後の電池の高エネルギー密度化が求められる中で，このような角形電池が普及していくことが考えられる。角形電池の構成は既に述べたように電極と電解質の積層型であり，ポリマー電解質を用いた電池構成が適している。したがって，将来的には携帯電話を中心とする小型リチウム電池用電解質の主流としてポリマー電解質を位置づけることができる。また，ポリマー電解質は電池の安全性を向上させることができる電解質であり，電気自動車などの大型の電池に利用される可能性も考えられる。

現在，電気自動車あるいはガソリンと電池のハイブリッド車，そして燃料電池を搭載した自動車が世の中に出つつある。このような自動車には電池が必ず使用される。燃料電池を搭載した場合にも，バックアップ用の電源としてリチウム二次電池は必要である。このような目的のためには，大型のリチウム二次電池の開発が必要とされる。これまで大型リチウム二次電池の技術は，小型リチウム二次電池の技術の延長線上での研究として行われてきた。しかし，大型電池の場合には，これまでの電解液を用いたものではいくつかの問題が生じる。特に電池の安全性は小型電池以上に要求される項目となっている。そこで，ポリマー電解質は電池の安全性を向上させる上で非常に有益であるし，新規高分子固体電解質の中には完全な難燃性を有する材料の報告もなされており，電池安全性の観点からは，ドライポリマー電解質の使用が絶対的となる可能性がある。ゲル系の電解質も可能性を有しているが，本来のドライポリマー電解質の方が有利である。本節1.5項で述べた新規固体高分子電解質が開発されれば，ドライポリマー電解質を用いたリチウム

第4章 ポリマー電解質

二次電池は非常に魅力的となる。

1.7 おわりに

　ゲル系高分子固体電解質，本来のドライポリマー電解質，液体電解質の3種類がこれまでに開発研究され，ある程度実用化された経歴を有する電解質群である。液体電解質が現状では主流である。円筒形電池は液体電解質を使用している。しかし，角形電池の一部にゲル電解質が使用されるようになってきた。リチウム電池用電解質は，Li^+イオン伝導体として機能するだけであるから，固体系を用いることは基本的には可能である。ゲル電解質が実際に使用されるようになっていることを見ると，固体系を使用することも，それほど遠くないと思われる。電池の安全性，設計などのすべての面において固体系は液体系を上回る特性を有している。問題は，イオン伝導性が低いあるいは機械的な強度が低い点にある。これらの欠点が解決されれば，当然のことながら，ポリマー電解質が使用されることになる。最後に，問題となるのがコストであるが，ここではこの点については言及しないでおく。

文　献

1) M. Ue, S. Mori, *J. Electrochem. Soc.*, **142**, 2577 (1995)
2) Y. Inaguma, C. Liquan, M. Itoh, T. Nakamura, T. Uchida, H. Ikuta, M. Wakihara, *Solid State Commun.*, **86**, 689 (1993)
3) J. Fu, *J. Am. Ceram. Soc.*, **80**, 1901 (1997)
4) K. M. Abraham, M. Alamgir, *J. Electrochem. Soc.*, **137**, L1657 (1990)
5) J. North, USP 5085952 (1992)
6) P. V. Wright, *Brit. Polymer J.*, **7**, 319 (1975)
7) T. Noda, S. Kato, Y. Yoshihisa, K. Takeuchi, K. Murata, *J. Power Sources*, **43**, 89 (1993)
8) A. S. Gozdz, J.-M. Tarascon, O. S. Gebizlioglu, C. N. Schmutz, P. C. Warren, F. K. Shokoohi, Proceedings of Electrochemical Society, Vol. 98-24, p.400 (1995)
9) Luying Sun, USPAT 5609974 (1997)
10) M. Nookala, B. Kumar, S. Rodrigues, *J. Power Sources*, **111**, 165 (2002)
11) Z. Wen, M. Wu, T. Itoh, M. Kubo, Z. Lin, O. Yamamoto, *Solid State Ionics*, **148**, 185 (2002)
12) W. Krawiec, L. G. Scanlon, J. P. Fellner, R. A. Vaia, S. Vasudevan, E. P. Giannelis, *J. Power Sources*, **54**, 310 (1995)
13) K. S. Ji, H. S. Moon, J. W. Kim, J. W. Park, *J. Power Sources*, **117**, 124 (2003)
14) K. H. Lee, Y. G. Lee, J. K. Park, D. Y. Seung, *Solid State Ionics*, **133**, 257 (2000)

2 ポリエーテル系固体電解質

徳田浩之[*1], 渡邉正義[*2]

2.1 電解質と高分子

　電池は化学反応のギブスエネルギー変化を電気エネルギーに直接変換する最も効率のよいシステムであり，基本的に負極／電解質／正極で構成される。作動電圧のような基本性能は理論的には正極および負極を構成する材料により決定されるが，用いることのできる正・負極材料やエネルギー効率といった特性は電解質が左右することも多い。電解質の最も重要な役割は，電極との界面で電気二重層を形成し，電子移動反応を通してエネルギーの相互変換の場を提供することである。つまり，電極反応に関与するイオンを高速に輸送でき，かつ電極界面においてスムースに電荷移動反応させる必要がある。これまで，電池の電解質に用いられるイオン伝導体の多くは液体であった。例えば，携帯電話等のリチウムイオン二次電池[1]には，非水系有機溶媒中にリチウム塩を溶解させた電解液が用いられている。しかしながら近年の高分子を用いてイオン伝導体を固体化し，さらにバッテリーの電解質部分に活用する試みにより，電解質は液体という固定概念が覆されつつある[2]。図1に，高分子薄膜を電解質に用いたリチウムポリマーバッテリーの構造

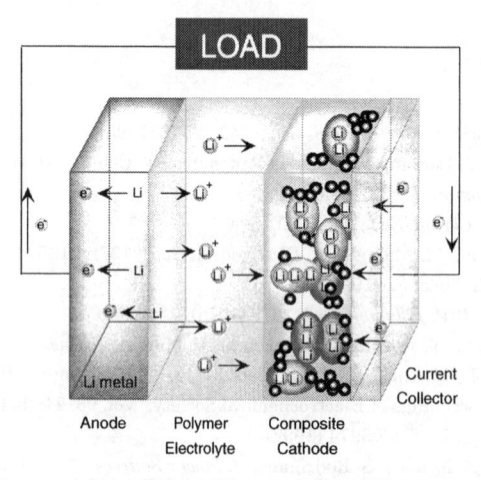

図1　リチウムポリマー二次電池の構造

[*1] Hiroyuki Tokuda　横浜国立大学大学院　工学府　機能発現工学専攻　博士後期課程
；日本学術振興会　特別研究員
[*2] Masayoshi Watanabe　横浜国立大学大学院　工学研究院　機能の創生部門　教授

第4章 ポリマー電解質

を示す。これにより，
① 可燃性である非水系電解液を用いないために安全性と信頼性が飛躍的に向上する
② 外装を簡素化できる
③ エネルギー密度が極めて高い，金属リチウムを負極活物質として用いることができる
④ 薄型で軽量，形状自由度の高い電池が実現できる

等のメリットが考えられる。特に高分子は軽量固体であることからも分かるように，容器も含めた場合エネルギー密度の増大が期待できる点は興味深く，電解質溶液を用いたものを遥かに凌ぐ次世代型エネルギーデバイスの創出が期待できる。これを可能にするためには，高分子固体電解質に以下のような特性が要求される。

① 広い温度範囲での高いイオン伝導性（$> 10^{-4}\,\mathrm{S\,cm^{-1}}$）
② 高いリチウムイオン輸率
③ 高い電気化学的安定性（広い電位窓）
④ 電解質と電極活物質との間の迅速で可逆性の高い電子移動反応（低い電荷移動抵抗）
⑤ 弾性，柔軟性と力学的強度
⑥ 成型加工性

高分子固体電解質をこのようなエネルギーデバイスへ応用していく際，その基礎的な特性を理解して分子設計を進めることが重要である。本稿では，高分子固体電解質の代表例であるポリエーテル系固体電解質について，上記特性を持たせるための方法論について紹介する。なお本稿では，高分子に電解質塩のみを溶解させたものを高分子固体電解質とし，低分子量溶媒を多量に保持させた高分子ゲル電解質については次節で詳しく述べる。

2.2 ポリエーテル中のイオン伝導の特徴と分子設計

　高分子固体電解質は通常の電解質溶液とは異なり高分子自身をバルクの溶媒とするため，電解質塩の溶解やイオン解離，さらにはイオンの輸送を高分子自身が担うことになる。これまで検討されてきた高分子媒体の中でも，ポリエチレンオキシド（PEO）とその誘導体に関するものが圧倒的に多い。ここでは，PEO 中にリチウム塩を溶解させたときのイオン生成と移動の過程を述べた後，イオン伝導特性向上への様々な分子設計について紹介する。

2.2.1 イオン解離・輸送機構[3, 4]

　PEO はメチレンと酸素による基本ユニットによって構成される汎用高分子であり，カチオン配位に必要な孤立電子対を酸素原子上に持つ。さらにメチレンと酸素との間の回転エネルギー障壁が低く高分子鎖が柔軟性に富むため，カチオン配位に必要なコンフォメーションを容易にとる。ここからクラウンエーテルに見られるような，カチオンとエーテル酸素の孤立電子対によるイオ

Ion-Conducting Polymer/ $-(CH_2CH_2-O)_n$ etc...
Electrolyte Salt/ $LiClO_4$, $LiN(CF_3SO_2)_2$ etc...

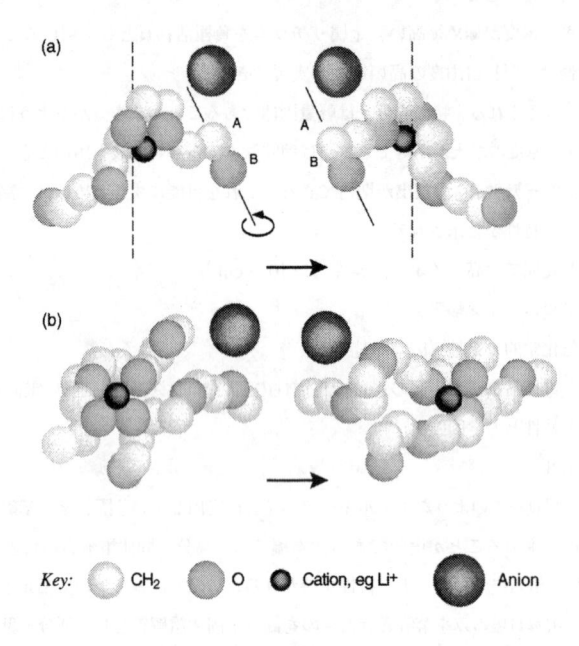

図2　ポリエチレンオキシド（PEO）中でのイオン輸送の模式図

ン-双極子相互作用によって錯形成し，リチウム塩はPEO中に溶解，さらにその一部は解離した状態をとる。イオン伝導性が発現するためには，この解離したイオンが高分子中を動く必要がある。柔らかい構造を持つこの高分子ホストのガラス転移温度（T_g）は室温よりも遥かに低いため，室温付近の高分子鎖は激しく熱運動している。この運動に併せてリチウムイオンは図2(a)局所的な位置を変え，さらに(b)他のポリマー鎖へ配位子交換するようなプロセスによって泳動していると考えられる。ゴム状態のポリマーは自由体積分率が高く，これが高分子鎖のコンフォメーション変化によって絶えず再配分されている。したがって，カチオンは自由体積の中を自由に動くのではなく，ポリマーの局所的な構造変化と協同的に動かされている。一方で電子供与体であるアニオンはどのように移動しているのであろうか？　エーテルのように比較的誘電率が低くルイス塩基性が強い（ドナー数が大きい）双極子は，アニオンとの相互作用が弱い。よってアニオンは，ポリエーテルの緩和運動によって支配されている高分子中の自由体積の再配分により，

第4章 ポリマー電解質

この中を比較的自由に移動しているものと考えられる。

リチウム塩が溶解・解離するためには,リチウムイオンとアニオン間のクーロン相互作用に匹敵する,イオンと高分子ホスト間の強い相互作用が必要である。このような強い相互作用がない限り,リチウム塩が高分子中に溶解していたとしてもイオン対やイオン凝集体の形で存在することになり,キャリヤーイオンとして解離した状態になることができない。電解質塩を溶解,解離しキャリヤー生成させるために必要なイオン配位能を持つ高分子には,ポリエステルやポリアミン,ポリスルフィド等のヘテロ原子を含有する高分子が挙げられる。しかしキャリヤー生成したイオンの溶媒和・脱溶媒和を繰り返し起こすための適切な電子供与性を持ち,さらに低いT_gを示す高分子は意外に少ない。これは,ポリエーテルが他の高分子ホストと比べて格段に高いイオン伝導性を有し,高分子固体電解質の典型例として1970年代に報告されてから今日まで活発に検討されている要因といえる[4]。

2.2.2 ポリエーテル構造の変遷

当初報告されたPEO中にアルカリ金属塩を溶解させた固体電解質のイオン導電率は,結晶相の融点(約60℃)以上では比較的高いイオン伝導性を示す。しかし室温でのイオン導電率は非水系電解質溶液と比べると5〜6桁低く,これが高い結晶化度によることが明らかにされたため,図3中1〜8に示すような多くのポリエーテルセグメントを含む無定形高分子が合成された[5]。これらの構造は短いPEO側鎖を有するくし型高分子と,エチレンオキシドと他のモノマーの共重合体に大別できる。合成された高分子中にリチウム塩を溶解させた固体電解質のイオン導電率は,室温で10^{-5}Scm^{-1}に達する。無定形相がイオン伝導を担う高分子固体電解質では,イオン導電率の温度依存性はArrhenius型の直線ではなく,上に凸の曲線を描く場合が多い。この温度依存性は,Williams–Landel–Ferry(WLF)式と相関よく適合する[3,4]。

$$\log \frac{\sigma(T)}{\sigma(T_g)} = \frac{C_1(T-T_g)}{C_2(T-T_g)} \tag{1}$$

ここで$\sigma(T)$は温度Tにおけるイオン導電率,C_1およびC_2は定数である。すなわち,ある温度におけるイオン導電率を増大させるためには,T_gを下げればよいということになる。PEOのT_gは-55℃程度であるが,無定形化されたこれらの高分子はPEOよりも低い値を示す。結晶化の抑制に加えてこのような低いT_gも高いイオン導電率の要因といえる。特にポリフォスファゼンやポリシロキサン系の高分子とエーテル骨格との組み合わせにより合成された高分子固体電解質はPEOよりも格段に低いT_gを示し,室温で10^{-4}Scm^{-1}以上のイオン導電率を実現させているものもある。一方で,このようなT_gの低いアモルファスポリマーは分子量が低いと室温では液体高分子になり,また高分子量であっても機械的強度はPEOに比べて大幅に低下する。

PEO型高分子の力学的強度を保持したまま無定形化するための非常に有効な方法は,架橋剤

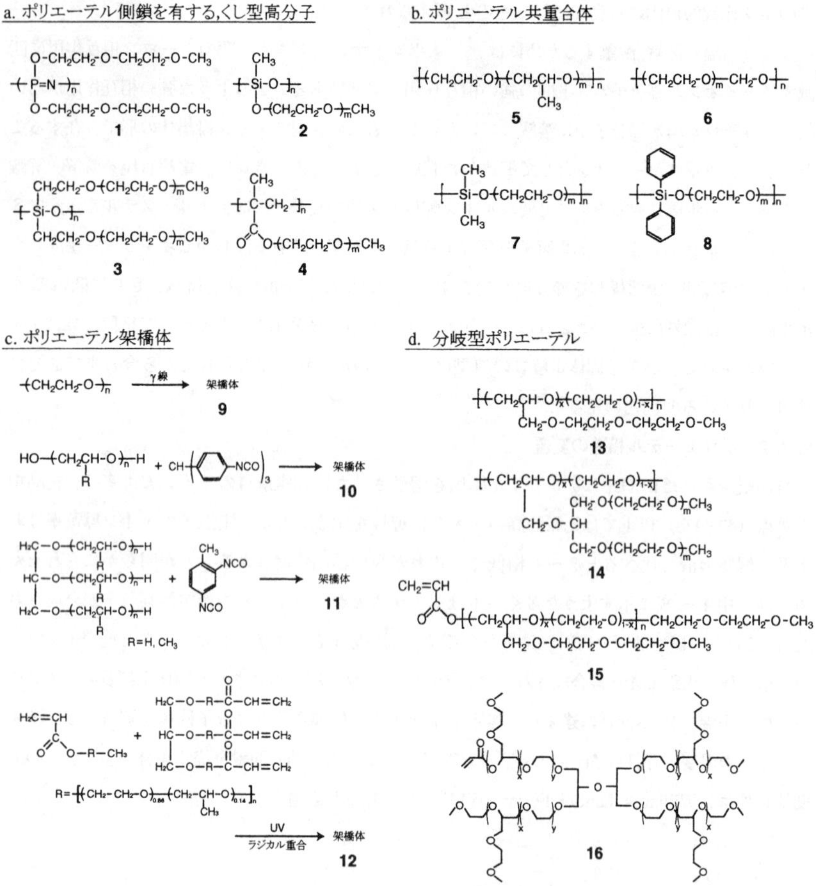

図3 代表的なポリエーテル系材料の構造

を用いた3次元的橋架けである[6]。グリセリンにエチレンオキシドを付加させたポリエーテルオリゴマーの末端水酸基をウレタン結合によって化学架橋した11は、比較的高いイオン導電率と高い力学的強度を兼ね備えている。また、エチレンオキシドとプロピレンオキシドの共重合オリゴマーの末端をアクリル変性させたモノアクリレート（MA）と、グリセリンに同様のアルキレンオキシドを付加させたトリアクリレート（TA）の混合物を、光開始ラジカル重合させた架橋体12についても検討がなされている。高い力学的強度を有するアモルファスポリマーであるが、さらに反応に関与しない自由末端の量を任意に調節でき、室温で高い導電率を与える。ごく最近、

第4章 ポリマー電解質

PEOユニットを側鎖として有するポリシロキサンをポリエーテル架橋体と複合化させることにより，相互進入高分子網目構造を有する高分子固体電解質が報告された。高い力学的強度と共に，25℃において$2 \times 10^{-4} \mathrm{Scm}^{-1}$の高いイオン導電率を兼ね備えており，さらに室温で充放電可能なリチウムポリマー二次電池が実現された[7]。

もう1つ興味深い方法として，図3中13〜16に示すような多くの分岐を持たせたポリエーテル系高分子が挙げられる。高分子物質には分子運動に階層性があり，側鎖の分子運動は主鎖よりも速く，また分子運動の速さの温度依存性が小さいことが知られている。この点に着目し，ポリエーテル主鎖に短い側鎖を多数有するポリエーテルが設計された[8]。イオン配位能力がある側鎖による速い分子運動とイオン輸送現象とを協同的に起こし，イオンの高速輸送を目指した分子設計である。13と14は分子量が100万以上の高分子量体であり，適当な溶媒に電解質塩とともに溶解させ，溶媒蒸発法で薄膜を得ることができる。15と16は分子量が数百〜数千程度のいわゆるマクロモノマーであり，熱重合や光重合等によって膜化される。いずれも機械的強度に優れた高分子固体電解質を得ることができる。

ここで，側鎖構造がイオン伝導性に与える影響を述べる。図3中15のマクロモノマーを重合させて得られた高分子固体電解質において，主鎖構造から伸びている分岐鎖の長さがイオン導電率にどのように影響するかを調べた。図4の横軸はマクロモノマーの分子量に対応しており，縦軸はその架橋体中にリチウム塩をドープした固体電解質のイオン導電率およびT_gを示している。マクロモノマーの分子量に対して導電率が極大値を持ち，最適な分子量のマクロモノマーを導入

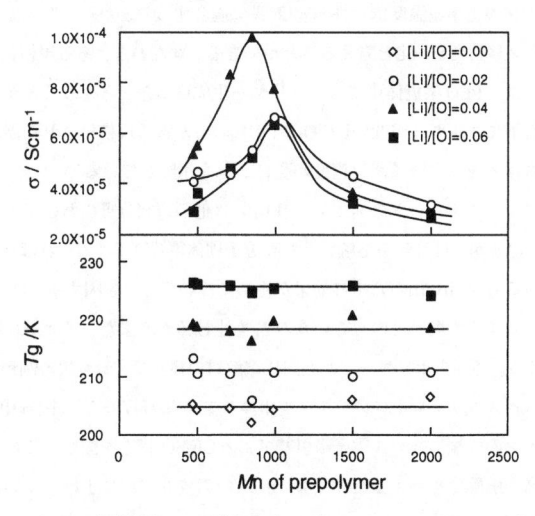

図4 マクロモノマー架橋体のイオン導電率（30℃）とT_gのマクロモノマー分子量依存性

すると室温で10^{-4}Scm^{-1}の導電率が得られる。一方T_gは高分子マトリックス主鎖の分子運動性を示す指針となるが，マクロモノマーの分子量の変化に対してほぼ一定であることが分かる。以上は側鎖の分子運動がイオン導電率に反映された例の一つであるといえる[8b]。また図中13のポリエーテルは，室温で3×10^{-4}Scm^{-1}のイオン導電率が得られる。この系のT_gは一般のポリエーテル系固体電解質と比べても特に低い値ではない。ここにも分岐構造を導入した結果が反映していると考えられる[8d]。

2.3 リチウム塩の研究展開

基本的に高分子と電解質塩からなる高分子固体電解質では，電解質塩の種類によってもその特性が大きく変わる。特にリチウムポリマー2次電池への適用を考えた場合，カチオン種はリチウムイオンに固定されるため，アニオン種の物性が電解質特性を左右することになる。ここでは，ポリエーテル系固体電解質に用いられるリチウム塩の特徴と得られる電解質特性に加えて，最近の研究動向について紹介する。

2.3.1 電解質特性に及ぼすリチウム塩の影響

電解質塩に求められる特性の1つに，高分子中でのキャリヤーイオン生成能が高いことが挙げられる。特に低誘電率媒体であるポリエーテル中では，リチウムイオンとアニオン間のクーロン相互作用を弱めるようなアニオン構造が要求される。図5に，種々の電解質塩を一定濃度溶解させた高分子固体電解質の等自由体積温度におけるイオン導電率と，電解質塩の格子エネルギーの関係を示す。イオン導電率の温度依存性がWLF式に適合することから，T_gで温度を規格化することによってイオン移動度を一定と考えることができる。すなわち，ある規格化された温度における導電率の違いは，PEO架橋体中でのキャリヤー生成度の差と考えることができる。LiClやLiBrに比べて，格子エネルギーが低いLiClO$_4$やLiBF$_4$の方がある規格化された温度でのイオン導電率が高く，これはキャリヤーイオン密度が高いことを示唆している[6a]。

また，テトラフェニルボレートアニオン（BPh$_4^-$）は他の研究分野においても弱配位性アニオンとして知られているが，LiBPh$_4$を溶解させた高分子固体電解質では，それほど高いイオン導電率は得られない。これはLiBPh$_4$のT_g上昇効果が極めて高いことに起因する。(1)式から分かるように，溶解させるリチウム塩がどのくらい系のT_gを上げるかもまた，イオン伝導性の大きな因子となるわけである。近年のポリエーテル系固体電解質の検討で，最も報告例が多いリチウム塩の1つにリチウムビストリフルオロメチルスルホニルアミド（LiTFSA[9]，図6中1）が挙げられる。イミドアニオンの両端に強力な電子吸引基であるCF$_3$SO$_2$構造を配したこのアニオンは，ポリエーテル中で高い解離度を与えるだけでなく，系のT_gを相対的に上げにくい傾向がある。ここから，ポリエーテル中で先に述べたリチウム塩と比較して高いイオン導電率を与えることで知

第4章 ポリマー電解質

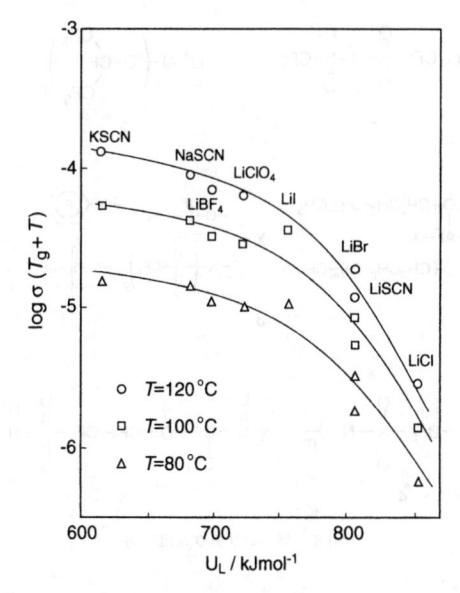

図5 電解質を一定濃度溶解したポリエーテル架橋体 (11, R＝H) の等自由体積温度におけるイオン導電率と電解質の格子エネルギーの関係

られている[10,11]。

2.3.2 新しいアニオン構造

最近，超弱ルイス塩基構造を有するリチウム塩が合成触媒等の分野でクローズアップされ，新しいリチウム塩の合成が活発に行われている。アルミナートアニオン中心に含フッ素置換基を配した図6中2もその中の1つであり，これをポリエーテル中に溶解させて得られる高分子固体電解質は極めて低いT_gを示す。ポリエーテル中でほとんどキャリヤー生成していないLiClなども系のT_gを上昇させにくいが，2のリチウム塩は1に匹敵する高いイオン導電率を与える[12]。また，アニオン骨格内に短いエーテル鎖を併せ持つ一価アニオンのリチウム塩3がごく最近開発，報告されている。このリチウム塩は室温で液体状態をとり，さらに溶媒のない状態でも単独でイオン伝導性を発現する。PEO中に導入した際に室温で$10^{-5}Scm^{-1}$以上のイオン導電率を示す。室温で液体であることからも分かるように，これらの新規リチウム塩は-50℃前後の極めて低いT_gを有する[13]。一般的なポリエーテル系固体電解質では，塩濃度の増加に伴いT_gが急激に上昇する。これは基本的にリチウム塩のT_gが非常に高いことや，イオン-ポリエーテル間の相互作用が強いことに起因する。よって，キャリヤーイオン密度を上昇させるためにリチウム塩を高濃度溶解するとイオン移動度が減少し，結果としてイオン導電率は低下してしまう。ここで示した低い

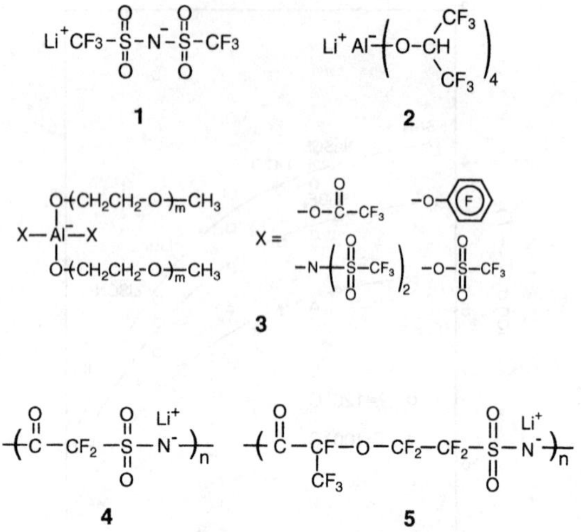

図6 新しいリチウム塩の例

T_gを与えるリチウム塩は,リチウム塩を高濃度で溶解させてもイオン導電率の低下を防ぐことを意味するために興味深い。

また,LiTFSAと類似構造を有するアニオン骨格を図6中4,5のように高分子化し,ポリエーテル中に相溶化することにより,輸率が制御された高分子固体電解質を得る研究も行われている[6b, 14]。アニオンの方を高分子化すれば,ポリマー中で動けなくなるという発想である。一般的なポリエーテル系固体電解質中ではアニオンのほうがカチオンよりも動きやすく,カチオン輸率は0.5以下であることが知られている。リチウムポリマー電池のように,リチウムイオンのみが電極反応に関与する電気化学デバイスにこの高分子固体電解質を応用する場合,アニオンの移動は濃度分極を生じさせ性能の低下を招く。従ってポリマー系ではカチオンだけが動く電解質が望まれている。

図7に,ポリエーテル中にイミドアニオン骨格を有する1,4,5をそれぞれ用いた高分子固体電解質のイオン導電率の検討結果を示す。値は先述したような低分子のリチウム塩1の方が高い。しかし高分子化されたリチウム塩5でも室温で10^{-5}Scm^{-1}に迫る導電率を与えることが分かった。一方,金属リチウムを両極に用い,複素インピーダンス測定と直流分極(10mV)を併用して求めたリチウムイオン輸率の結果を表1に示す。リチウムイオン輸率が1であればリチウムイオンはアノードで溶出することにより供給され,高分子中を泳動,カソードで析出することにより定常的な電流を与える。一方アニオンはこのような微小電極下では放電できないため,こ

第4章 ポリマー電解質

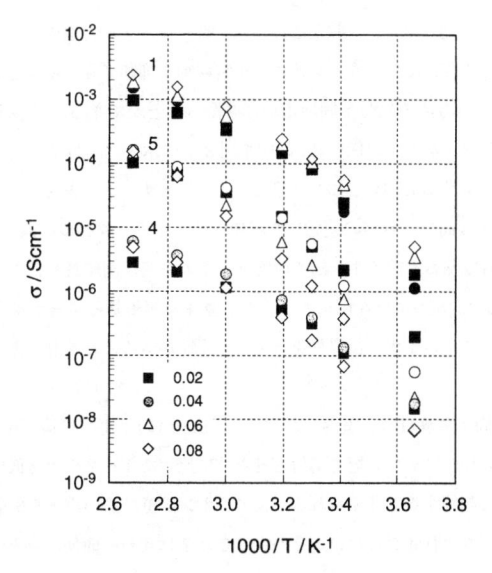

図7 類似構造を有する低分子および高分子アニオンのリチウム塩における
　　　イオン導電率の温度依存性

表1 リチウムイオン輸率

Li salts	1	4	5
t_{Li^+}	0.07	0.92	0.75

の移動過程が起きるとアノード側に泳動して電解質の濃度分極を起こす。表の結果は，ポリアニオンのリチウム塩を用いることによりリチウムイオン輸率を増大できることを示している[14]。

2.4　高分子固体電解質の機能化

　ポリエーテルとリチウム塩のみからなる系だけではなく，双方の複合化や第三成分の導入により，高分子固体電解質への新しい機能の付与が可能になる。例えば，リチウムポリマー二次電池への応用を考えた際，上述してきた高いイオン導電率やリチウムイオン輸率，さらには低い電荷移動抵抗の実現など，目的に即した電解質を得るための設計指針となる。

2.4.1　高分子電解質型イオン伝導体[15]

　先にも述べたように，リチウム塩をポリエーテル中に溶解させた高分子固体電解質では，カチオンとアニオンの両方が移動する可能性があり，特にポリエーテル中ではリチウムイオンに比べ

てアニオンのほうが移動しやすい。しかしながら，ポリエーテル骨格中にアニオンを固定化すればアニオンの自由度が極めて低くなるために長距離移動を抑制でき，結果としてリチウムイオンのみがイオン伝導に関与する高分子固体電解質を得ることができる。このような高分子電解質型イオン伝導体（シングルイオン伝導体）の例を図8上に示す。高分子主鎖中にイオン解離基を有するものと側鎖に有するものの2つに大別できる。2と4はシロキサンやフォスファゼン骨格を導入することにより高分子骨格の運動性を増加させ，イオン移動度の向上を図る構造である。また，5はイオン解離基およびイオン伝導に寄与するエーテル側鎖長を自由に変化させることができる。Shriverらは，5のような構造のイオン伝導体の解離基とエーテル側鎖の割合を最適化することで，高いリチウムイオン伝導性を与える可能性があることを計算化学的に割り出している[16]。

これらの高分子固体電解質は，室温において $10^{-5} Scm^{-1}$ のイオン導電率を示すものもあるが，通常はポリエーテル中にリチウム塩を溶解させた系に比べて1～2桁ほど低い値を示す。これは低いイオン解離性に起因すると考えられるが，アニオン部位に強い電子吸引構造を導入するには複雑な合成経路を経なければならない。その中で6と7は比較的簡便に合成可能であり，高い電気化学的安定性を有する。また，一般的にアニオンは電子吸引効果を高めるためにハロゲンを含有している場合が多い中で，ハロゲンを電子吸引基に用いていない，非常に興味深い分子設計である。

2.4.2 アニオン捕捉型高分子[17]

ポリエーテル中でのイオン解離は，エーテル配位子とアニオンそれぞれが有するルイス塩基性の競合である。ここにアニオン配位能を有するルイス酸性化合物を添加することにより，アニオンを捕捉してキャリヤーイオン密度の増大とアニオン移動度の低下を狙った電解質設計が報告されており，「アニオンレセプター」として知られている。電解質におけるルイス酸・塩基の相互作用に由来するイオン解離・伝導機構を利用した方法である。報告されている構造の例を図8下に示す。一般に三級ホウ素をルイス酸性部位として高分子骨格中に導入したものが多く，ここから小さなアニオンと効果的に相互作用する傾向がある。一方で8のボロキシン環含有ポリエーテル系高分子は，大きなアニオンに対しても立体的に捕捉できる構造である。また，11のように窒素原子に強力な電子吸引基を配したアザエーテル型アニオンレセプターも報告されているのは興味深い。これらの高分子単独では成形性に問題点を抱えているが，同一分子内にルイス酸性部位と重合可能なアクリル基の両方を有する12は，図3で示したマクロモノマーと共重合させることにより架橋高分子となり，さらに架橋体調製時の仕込み比によってルイス酸性部位の割合を容易に変化可能な分子設計である。以上のようなアニオンレセプターは非水系電解質溶液において，イオン伝導挙動だけではなくルイス酸性部位とアニオンとの錯形成に関する情報も得られている。

第4章 ポリマー電解質

a. シングルイオン伝導性高分子

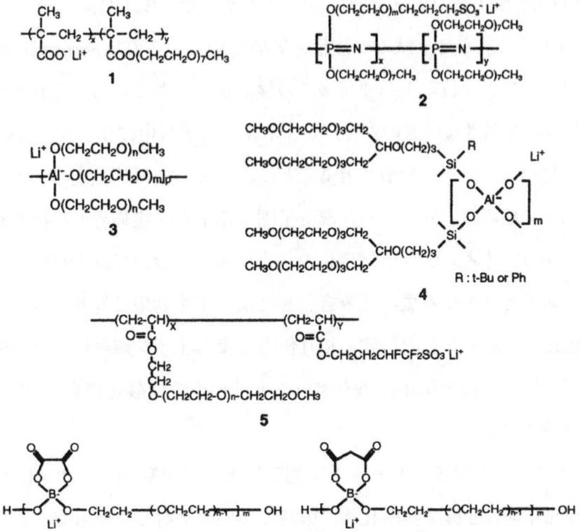

b. アニオン捕捉型高分子

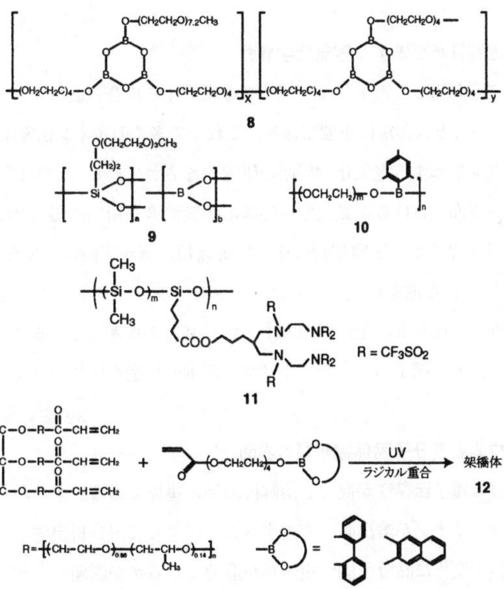

図8　高分子電解質型イオン伝導体とアニオン捕捉型高分子の例

2.4.3 無機金属酸化物の添加効果[12, 18]

最近, Al_2O_3 や TiO_2, SiO_2 等のナノセラミックフィラーや, $BaTiO_3$ のような強誘電性微粒子を高分子固体電解質中に分散させる試みが注目を集めている。これは Scrosati らの研究グループによって提案されたもので, 今日に至るまで多くの検討がなされている。これらの無機金属酸化物単独ではイオン伝導性を示さないものが多いが, ポリエーテル中にリチウム塩を溶解させた系に, さらに無機金属酸化物ナノ粒子を分散させることによって, 機械的強度の大幅な向上, イオン導電率やリチウムイオン輸率の上昇, さらに高分子固体電解質／電極界面抵抗の低下等が報告されている。しかしながら, イオン伝導機構変化のメカニズムについては未だ明確な結論は出ておらず, また高分子ホストとリチウム塩の組み合わせによっても効果は様々である。これらの効果については, 金属酸化物とイオンとの特定の相互作用によるイオン解離促進効果や酸化物表面でのイオンの表面伝導の寄与, 高分子中の残存水分や不純物が金属酸化物表面に吸着される効果等, 様々な考えが提案されている。

このような中でNMRや交流インピーダンス測定によって実験的にイオン伝導挙動変化を解析する報告や, 計算化学的に無機金属酸化物の影響について検討した例も報告されている。実際にリチウムポリマー電池の電解質部分として活用する際だけでなく, ナノサイエンス・ナノテクノロジーに関連した学術的にも興味深い分野であり, 今後の展開が注目される。

2.5 高分子固体電解質が形成する電気化学界面

高分子固体電解質を利用して電気化学デバイスを設計する場合, 高分子／電極界面における電子移動反応を理解することは非常に重要である。これまで多くのイオン伝導体は液体状態であり, 古くから電極との間で生起する電気化学界面の研究がなされている。しかしイオン伝導性高分子は固体であるため, 界面における電気化学反応は電解質溶液を用いた場合とは全く異なる。にもかかわらず, 高分子中のイオン伝導挙動に比べて研究報告例が圧倒的に少ないのが現状である。電解質の導電率(抵抗)は電池を作成した際はトータルインピーダンスを考えるための一成分に過ぎず, これと直列に負極および正極界面のインピーダンスも入ってくる。ここではこの固体／固体界面における挙動を, 図1のリチウムポリマー電池の構造を例に挙げながら正極, 負極に分けて説明する。

2.5.1 金属リチウムと高分子固体電解質の界面

金属リチウム負極は電子伝導性が高く, 溶解析出型の電極である。すなわち界面では放電することによってリチウムイオンが溶出し, 充電することによって再び析出する。従って, 金属リチウムの形状および体積変化に高分子固体電解質が追随できるかが問題となる。高分子固体電解質が持つ弾性と柔軟性はこの点で極めて重要であるといえる。またエネルギー密度の点から考えた

第4章 ポリマー電解質

場合,金属リチウムは究極の負極活物質といえる。この金属リチウムを搭載したリチウム二次電池はまだない。その理由の1つは金属リチウムの高い反応性にあり,還元安定性の低い電解質を用いると分解して性能の低下を招く。この点でポリエーテルの優れた耐還元性も,リチウムポリマー電池の電解質として検討されている理由に挙げられる。

これまでの検討から,ポリエーテル中に溶解させるリチウム塩の種類によって界面抵抗の経時変化が大きく異なることが分かっている[19, 20]。例えばLiClO$_4$やLiTFSA,図6中2のリチウム塩をポリエーテル中に溶解させた固体電解質は安定な系の典型例であり,時間に対して界面抵抗は一定値を示す。よってこの時に得られる界面抵抗は,金属リチウムと固体電解質の間の電荷授受に起因する電荷移動抵抗であることが分かる。一方でLiBF$_4$やLiPF$_6$を溶解させた系では,界面抵抗は時間とともに増大傾向を示す。このようなリチウム塩では金属リチウムとの界面でLiF等の無機物が界面に生成しており,この無機生成物(SEI:Solid Electrolyte Interfaceと呼ばれる)の抵抗に相当する[20]。

界面が安定な系を用いた,高分子固体/金属リチウム界面での電荷移動についての報告例を示す[8d]。図9は異なる2種類の分岐度を持つ分岐型ポリエーテル(図3中13)にLiClO$_4$およびLiTFSAを溶解させたときのイオン導電率および界面電荷移動抵抗の温度依存性をArrheniusプロットで示したものである。イオン導電率の温度依存性は上に凸の挙動を示しているが,電荷移動抵抗はArrhenius型の直線であることが分かる。この時の活性化エネルギーはおよそ60〜70kJmol^{-1}と非常に大きい。分岐型ポリエーテルのみならず,ほとんどのポリエーテル系固体電解質においてこれに近い活性化エネルギーが得られている。これは電荷移動時において,リチウムイオンのポリエーテルセグメントへの溶媒和が非常に強いことに起因すると考えられている[21]。また図9において,相対的に分岐鎖の割合を増加させると,電荷移動抵抗値は減少することが分かる。この時の活性化エネルギーに大きな変化はないことから,反応の頻度因子が変わることによってこの系の電荷移動抵抗が変化していることが分かる。以上の結果は,イオン伝導性高分子であるポリエーテルの構造を制御することによって,界面での電気化学反応速度や反応の頻度を増大させることを示している。

また電荷移動抵抗R_{ct}は,界面で生起する電子移動反応の電気化学反応速度(交換電流密度,i_0)の逆数に比例することが知られている。ここで交換電流密度は電気化学反応種の濃度Cに比例するため,電荷移動抵抗は以下のように表すことができる。

$$\frac{1}{R_{ct}} \simeq \frac{nFi_0}{RT} = \frac{n^2F^2Ck_0\exp(-G^*/RT)}{RT} \tag{2}$$

すなわち本系の場合,リチウムイオン濃度が高い方が電荷移動抵抗を減少できる。そこで先に高濃度で高いイオン導電率を示した図6中2のリチウム塩を用いたポリエーテル系固体電解質の電

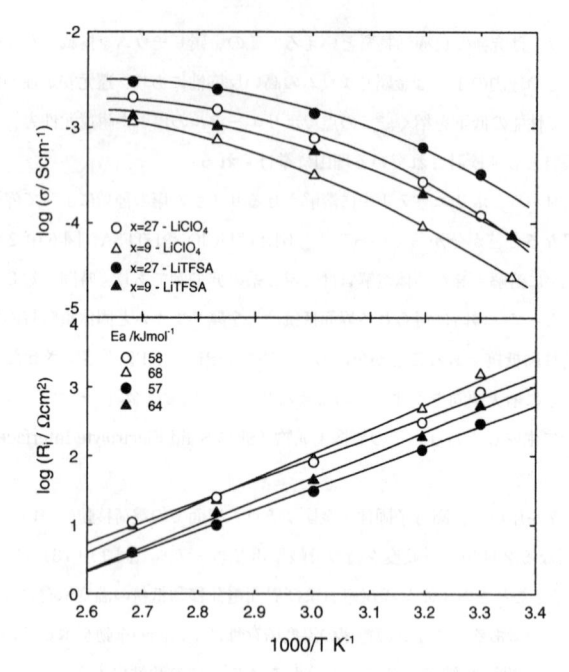

図9 分岐型ポリエーテル（13, x＝9, 27）におけるイオン導電率と電荷移動抵抗の温度依存性

荷移動抵抗について調べたところ，高リチウム塩濃度で極めて低い値が得られた。この結果は，この系が高いリチウム塩濃度で高いイオン導電率に加えて低い電荷移動抵抗を両立していることを示している。

2.5.2 複合正極と高分子固体電解質の界面

　金属リチウムと比較して，複合正極の界面の場合はかなり状況が異なる。一般に複合正極中の活物質はイオンの挿入・脱離反応が遅いため，界面の面積を増大させるために微粉体の形で用いられる。また電子伝導性の低い物質の場合，導電性のカーボンブラック等と混合し，集電体上にバインダーの高分子を用いて塗布する。有機電解液を用いた場合は電解液が活物質全体に浸透するため，正極活物質は全て反応に関与できる。これに対して固体電解質を用いた場合，複合電極中にバインダーとしてイオン伝導性ポリマーを用いてイオン伝導経路を確保しない限り，活物質はほとんど反応できない。よってイオン伝導性高分子を電解質部分として用いる場合は複合正極中のイオン伝導経路を確保することが必要不可欠となる。

　これらを踏まえ，複合正極と高分子固体電解質との間で生起する界面を眺めることにする。こ

第4章 ポリマー電解質

の界面の情報を得るためには電池を作成し，リチウム負極に対する正極の電位を規制してインピーダンスを測定する。電位の規制はすなわち様々な充放電状態を実現することと同じであるが，これは活物質である金属酸化物の構造や電子状態が電位によって変化するからである。図10に，分岐型ポリエーテル（図3中 13）に $LiClO_4$ を溶解させた固体電解質を用い，負極に金属リチウム，正極に活物質を $LiCoO_2$，導電助剤をグラファイト，バインダーを電解質と同様の高分子として作成した複合正極を用いた電池の，充放電曲線および種々の平衡電位におけるインピーダンスの測定結果を示す。電解質バルクの抵抗は充放電の電位によらず約15Ωと一定だった。一方，電極界面のインピーダンスは放電するにつれ増大している。このインピーダンスは正極および負極界面のインピーダンスの混合となっていると考えられる。そこでリチウム界面のインピーダンスを対称セルで測定することにより，セル中の抵抗成分である電解質，負極界面および正極界

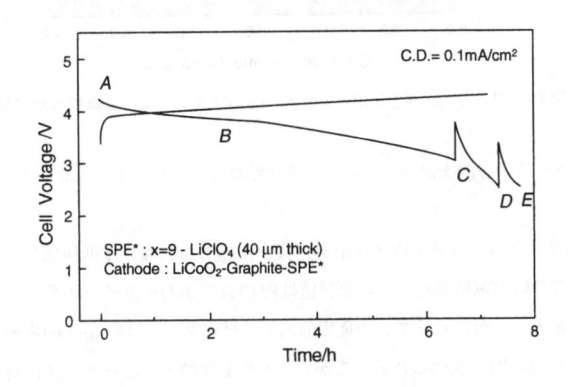

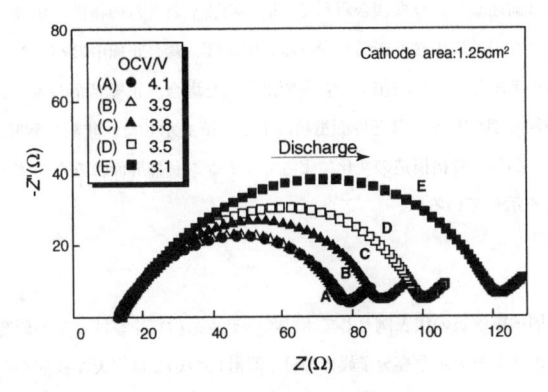

図10 リチウムポリマー電池の充放電曲線と様々な平衡電位におけるインピーダンスプロット

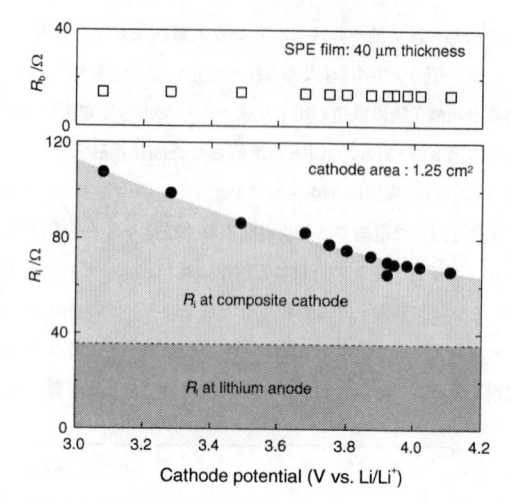

図11 リチウム／高分子固体電解質／$LiCoO_2$セルにおける抵抗分離の結果

面のインピーダンスの分離を試みた。ここで負極界面のインピーダンスは常に一定であると仮定されている。

図11に金属リチウム／高分子固体電解質／複合正極セルにおける抵抗成分を実際に分離した結果を示す。この時の電解質バルクの抵抗値は約15Ωであり，リチウム負極界面インピーダンスは約35Ωである。それに対して，正極界面のインピーダンスは$LiCoO_2$の電極電位に大きく依存し，約25～75Ωの間で変化した。ここから，セル全体のインピーダンスに対して正極界面の抵抗が最も大きくかつ電位依存性もあることが分かる[8d]。

ただし，正極は前述したような複合材料で，構成物質それぞれの物性，組成，粒子形状，界面の状態などの様々な因子に大きく影響を受ける。例えば，複合正極中のバインダー高分子を同様の分岐型ポリエーテルとして分岐鎖の割合を変化させた場合，正極界面のインピーダンスは大きく変化し，分岐鎖の割合が多いほど界面抵抗は小さい値を示した。非常に興味深い結果である。これはすなわち，高分子骨格構造の変化によってリチウム負極界面のみならず正極界面抵抗をも低減させることを示している[22]。

2.6 おわりに

以上，高分子固体電解質の代表例としてポリエーテル系材料を挙げ，その研究展開を述べてきた。これまでにポリエーテル系高分子媒体の分子設計については膨大な検討がなされており，実用に近いレベルの材料も出てきている。しかしながら，高分子固体電解質／電極界面挙動に関し

第4章 ポリマー電解質

ては電解質に比べて圧倒的に報告例が少ない。その中で高分子構造の変化によって界面電子移動反応が制御できることは興味深く，その因子を解明することは今後の材料設計のキーポイントになると考えられる。

次世代リチウム二次電池電解質へ高分子材料を利用して固体化しようとする試みは非常に広範囲に及び，新しい提案も多く見受けられる。実際の材料の特性は期待と合致するものではないが，着実な進展を見せている。リチウム負極を用いたリチウムポリマー二次電池において，1,000回以上の充放電が可能との報告も多くあることから，その「科学」はほぼ完成していると考えられる。実用化に際しての最大の問題点は，充放電電流密度が低いこと，使用温度範囲が多くの場合高温に限られることである。電解質／電極のナノ界面の利用は固体電池系において極めて重要なテーマであり，今後最も発展の期待される分野であろう。

文　献

1) 芳尾真幸，小沢昭弥，リチウムイオン二次電池，日刊工業新聞社 (1996)
2) J.-M.Tarascon, M. Armand, *Nature*, **414**, 359 (2001)
3) 渡邉正義, 熱測定, **24**, 12 (1997)
4) 渡邉正義, 導電性高分子, 緒方直哉編, 講談社, pp.30-50, pp.95-150 (1990)
5) (a) P. Blonsky *et al.*, *J. Am. Chem. Soc.*, **106**, 6854 (1984); (b) H. R. Allcock *et al.*, *Macromolecules*, **19**, 1508 (1986); (c) R. Spindler *et al.*, *J. Am. Chem. Soc.*, **110**, 3036 (1988); (d) R. Hooper *et al.*, *Macromolecules*, **34**, 931 (2001)
6) (a) M. Watanabe *et al.*, *Macromolecules*, **20**, 569 (1987) ; (b) M. Watanabe *et al.*, *Electrochim. Acta*, **46**, 1487 (2001)
7) 安田嘉和ほか，第42回電池討論会要旨集, pp.422-423 (2001)
8) (a) A. Nishimoto *et al.*, *Electrochim. Acta*, **43**, 1177 (1998); (b) A. Nishimoto *et al.*, *Macromolecules*, **32**, 1541 (1999); (c) M. Watanabe *et al.*, *Solid State Ionics*, **148**, 399 (2001); (d) M. Watanabe *et al.*, *J. Power Sources*, **81-82**, 786 (1999)
9) 一般にLiTFSIと称されることが多いが，イミドはアニオン化している際の名称であり，分子名としては lithium bis (trifluoromethylsulfonyl) amide (LiTFSA) の方が好ましい。
10) M. Armand *et al.*, Second International Meeting on Polymer Electrolytes, B. Scrosati Ed., p.91, Elsevier, New York (1990)
11) A. Vallée *et al.*, *Electrochim. Acta*, **37**, 1579 (1992)
12) H. Tokuda *et al.*, *Electrochim. Acta*, **48**, 2085 (2003)
13) T. Fujinami *et al.*, *J. Power Sources*, **119-121**, 438 (2003)
14) H. Tokuda *et al.*, *Macromolecules*, **35**, 1403 (2002)
15) (a) K. Onishi *et al.*, *Chem. Mater*, **8**, 469 (1996); (b) T. Fujinami *et al.*, *Chem. Mater.*,

9, 2236 (1997); (c)J. M. G. Cowie et al., Solid State Ionics, 123, 223 (1999); (d)W. Xu et al., Chem. Mater., 14, 401 (2001)
16) J. F. Synder et al., J. Electrochem. Soc., 148, A858 (2001)
17) (a)M. A. Mehta et al., Chem. Lett., 1997, 915 (1997); (b)N. Matsumi et al., Macromolecules, 35, 5731 (2002); (c)H. S. Lee et al., J. Electrochem. Soc., 146, 941 (1999)
18) (a)F. Croce et al., Nature, 394, 456 (1998); (b)W. Wieczorek et al., J. Phys. Chem. B, 102, 6968 (1998); (c)A. S. Best et al., Macromolecules, 34, 4549 (2001); (d)H. Y. Sun et al., J. Electrochem. Soc., 146, 1672 (1999)
19) A. Nishimoto, Ph. D. Disseration, Yokohama National University (1999)
20) I. Ismail et al., Electrochimica Acta, 46, 1487-1491 (2001)
21) J. Xu et al., J. Electrochem. Soc., 142, 3303 (1995)
22) S. Seki et al., submitted.

3 高分子ゲル電解質

田畑誠一郎[*1]，河野通之[*2]，渡邉正義[*3]

3.1 リチウム二次電池と高分子ゲル電解質

　最近リチウム系二次電池の安全性の向上や，高エネルギー密度化といった観点から電解質の固体化が試みられている。固体状態の電解質として，薄膜成形性に優れる高分子を用いることが特に注目されており，その代表にあげられるのはポリエーテルにリチウム塩を溶解した系である。電気化学エネルギー変換デバイスに用いる電解質を最適化する場合，バルクのイオン伝導性の向上と電極界面での電子移動反応抵抗の低減を考える必要がある。ポリエーテル系の高分子固体電解質においては，現在のところ室温で10^{-4}S/cmのイオン導電率が報告されているが，非水系電解液に比べるとその値は2桁近く低い。また，電極／高分子固体電解質界面に関しても，電極電解液界面での電子移動反応抵抗と比較すると一般に大きい。そこでリチウム二次電池用電解質として，電解液に劣らない導電性を有しかつ安全性の向上が期待できる電解質，すなわち高分子ゲル電解質が適用されて来ている。

　高分子ゲル電解質における高分子の役割は，イオン伝導体というよりむしろ電解液の固化剤として働いている場合が多い。すなわち，ここで述べる高分子ゲル電解質とは，高分子網目を容器として活用し非水系電解液を保持させて得られる，いわばこんにゃくのようなゲルを意味する。さらに，用いられる高分子ホストはポリエーテルのように必ずしもイオン種への配位能を有する必要はなく，電解液を保持できる高分子であればよい。このような点に着眼した高分子ゲル電解質のリチウム電池への適用に関する研究は1975年のFeuilladeらの報告に端を発する[1]。本稿で述べる高分子ゲル電解質のイオン伝導は内包している電解液が基本的に担っており，そのメカニズムを理解するためには，極性溶媒中におけるイオン解離・伝導挙動を知る必要がある。

　ここで，非水系電解液のイオン解離・イオン伝導のメカニズムを述べる。ある溶媒に塩を溶解させた系が電解質として機能するためには，塩がイオン解離してキャリヤーを生成する必要がある。そのためには塩を構成するカチオン-アニオン間のクーロン相互作用に匹敵する，溶媒-イオン間の相互作用が必要である。そのような電解液中のイオン伝導挙動は，溶媒分子-イオンまたはイオン-イオン間の相互作用が支配している。非水系溶媒中において，アニオンは裸の状態であってもリチウムカチオンは溶媒和された状態（溶媒分子の配位子交換は起きるが）で泳動することが理解されている。

---

*1 Sei-ichiro Tabata　横浜国立大学大学院　工学府　機能発現工学専攻　博士後期課程
*2 Michiyuki Kono　第一工業製薬㈱　開発研究本部　開発研究部　部長
*3 Masayoshi Watanabe　横浜国立大学大学院　工学研究院　機能の創生部門　教授

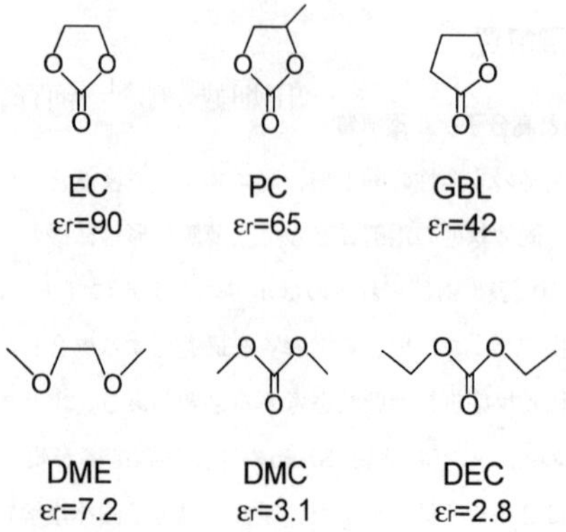

ポリマーバッテリーの最新技術 II

図1 電解液に用いられる典型的な非プロトン性の極性溶媒

EC ε$_r$=90　PC ε$_r$=65　GBL ε$_r$=42
DME ε$_r$=7.2　DMC ε$_r$=3.1　DEC ε$_r$=2.8

　電極間に高い電位差の生じるリチウム系二次電池において，適用可能な電解質は広い電位窓を有することが必要であり，高い電気化学耐性を有する非プロトン性のエチレンカーボネート(EC)や，プロピレンカーボネート(PC)，γ-ブチロラクトン(GBL)のような極性溶媒が用いられる（図1）。本稿では，リチウム二次電池に適用可能な，非水系電解液を保持した高分子ゲル電解質の特性を述べる。

3.2　様々な高分子ゲル電解質

　現在までに様々な高分子ゲル電解質が報告されており，それらを大きく2つに分けると，①高分子鎖自身の結晶化や絡まりにより架橋点を形成している物理架橋ゲルと，②化学結合により架橋点が形成されている化学架橋ゲルとに分けられる（図2）。以下に代表的な高分子ゲル電解質

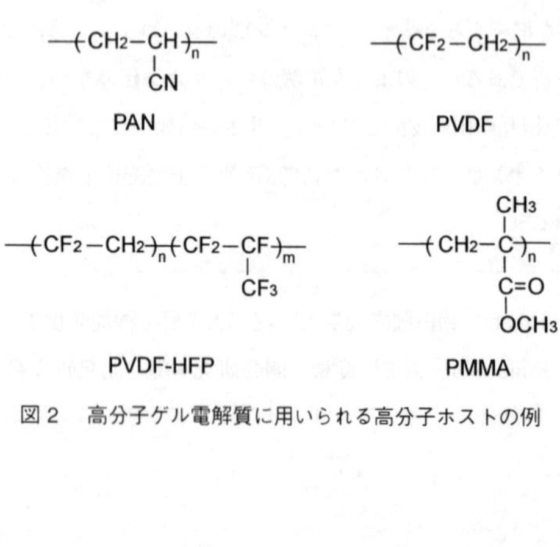

PAN　PVDF　PVDF-HFP　PMMA

図2　高分子ゲル電解質に用いられる高分子ホストの例

第4章 ポリマー電解質

と，筆者らの検討した高分子ゲル電解質の特徴を述べる。

3.2.1 ポリアクリロニトリル（PAN）系

これまで検討例のある物理ゲルとしてポリアクリロニトリル（PAN）を高分子ホストとした系があげられる。非水系電解液を含浸させた系の研究以前に，水と過塩素酸リチウムからなる電解液を含浸させ高いイオン導電率が得られることが知られていた[2]。また，筆者らのグループによりEC，PC，DMFとLiClO$_4$からなる非水系電解液における系が検討されており，25℃で10^{-4}S/cmの導電率を得ている[3]。さらに電解液組成を増大させることで，そのイオン導電率は30℃で10^{-3}S/cmまで上昇することが報告されている[4]。

PAN系ゲル電解質は広い電位窓を有し正極材料との相性がよいことから，リチウムイオン二次電池用電解質としても有用であることが報告されている。PAN系ゲル電解質を用いたリチウムイオン二次電池の実用化も検討された[5]。電解質の高分子ゲル化は，はじめにECやPCなどからなる電解液にPANを添加し，これをよく分散させながら100℃まで過熱する。PANが完全に溶解した後にLiPF$_6$などの塩を導入し，この溶液を室温あるいは低温放置することでゲル化させるというものである。

PAN系ゲル電解質は高分子側鎖に大きな極性を有するCN基を保持していることから，リチウムイオンや溶媒分子との強い相互作用が存在すると考えられる。

3.2.2 ポリフッ化ビニリデン（PVDF）系

物理ゲルの一種であるポリフッ化ビニリデン（PVDF）も様々な非水系極性溶媒に可溶である。このホスト高分子を用いてゲル電解質を作成する場合の特徴は，適度な相溶性を持つ溶媒（latent solventと呼ばれる）を用いることで高温では溶解していても温度低下とともに，相分離，結晶化が生起しゲル化させることが可能な点である。得られるゲルは相分離構造を有し，多孔膜に近い。従って，電解液中のイオン伝導をポリマーが阻害せずに比較的の優れた導電性を確保できる。そのような背景の下，PVDF系ゲル電解質はリチウム二次電池用電解質として多くの研究がなされている[2]。

Bellcore社のGozdzらによりヘキサフルオロプロピレンとPVDFの共重合体（PVDF-HFP）を高分子ホストとしたゲル電解質が報告されている[6]。このゲル化の特徴は，可塑剤とともに一次溶媒で高分子膜を得，一旦可塑剤を抽出して多孔膜とし，再び所望の電解液で膨潤させる（活性化）ことで，ゲル電解質を得るものである。この手法を用いることで不活性雰囲気下での操作は，最後の活性化過程だけで良いとされた。また，必要な膨潤度を得るためにシリカ粒子を混ぜて強度を保持している点も特徴の1つであるといえる。これらの系では細孔の中に電解液が保持されていることがわかっており，その中で溶媒を介したイオン伝導が行われている。筆者らは，このホスト高分子の膨潤による本質的な電解液保持能力は，約30％前後であることを示しており[7]，

これ以上の組成の電解液は基本的に高分子組成の極めて低い細孔に存在すると考えられる。PVDF-HFPは,すでに市販のリチウム二次電池用電解質として用いられている。

近年,パルス磁場勾配NMR (PGSE-NMR) 法によりPVDF系やポリエーテル系ゲル電解質におけるカチオン,アニオン,溶媒,高分子の自己拡散係数が観測されている。系中に存在するそれぞれの拡散挙動を独立して観測できるこの手法は,電解質の基礎的知見を得るための手段として近年注目を集めている[8, 9]。

3.2.3 ポリメチルメタクリレート (PMMA) 系

ポリメタクリル酸メチル (PMMA) 系高分子ゲル電解質もリチウム二次電池用ゲル電解質として,1990年代に入り研究が進められている。メタクリル酸メチルモノマーとジメタクリレート系の2官能性モノマーを電解液と共存させ重合することで,化学架橋ゲルを形成することができる。また,PMMAはスーパーキャパシターのマトリクスをはじめ多くのイオニクスデバイス材料としても研究が進められている。

非水系電解液を含浸させた高分子ゲル電解質の導電率は,$LiClO_4$とEC/PCを用いた系にて10^{-3}S/cmを示す[10]。さらにリチウム金属に対して4.5V以上の広い電位窓も示すとされる。PMMA系ゲル電解質とリチウム金属の界面抵抗の経時特性も良好であることから,リチウム二次電池への適用も試みられている。

3.3 ポリエーテル系高分子ゲル電解質におけるイオン伝導性と電極界面挙動[11, 12]

筆者らのグループは,比較的分子量の高いアルキレンオキシド重合体の網目状架橋体が,種々の電解液に対して良好な膨潤性を示すことと,様々な溶媒との相溶性にも優れることに着目した。そこで三次元網目構造の形成が可能なポリエーテル系マクロモノマーの合成を試みた[11a]。図3にマクロモノマーの合成スキームと高分子ゲル電解質の作成手順を示す。筆者らは,合成したマクロモノマーに電解液を膨潤させ作成した高分子ゲル電解質の引張強度測定(図4)[11a]と剪断弾性率測定(図5)[11a]を行った。マクロモノマーの分子量に対して引張強度,剪断弾性率ともに極大値を示すことを見出した。このような現象は網目状高分子の力学的性質としてよく見られる現象である。これらの結果から,このホスト高分子は80wt%以上の高い電解液保持能力を有することがわかった。本稿では,電解液含量が75wt%の高分子ゲル電解質の中で最も力学的強度の高かった,分子量約8,000のマクロモノマーを用いてイオン導電率や金属リチウムとの界面挙動,さらに電池特性について述べる。

第4章 ポリマー電解質

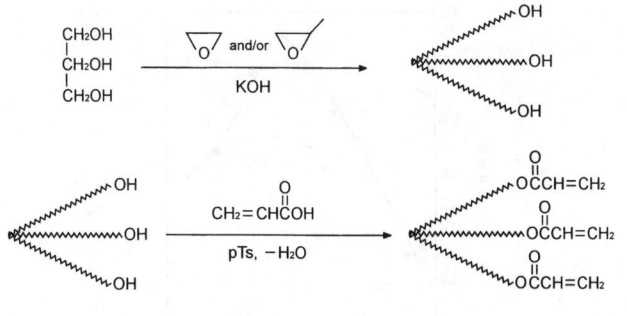

ポリアルキレンオキシドマクロモノマー

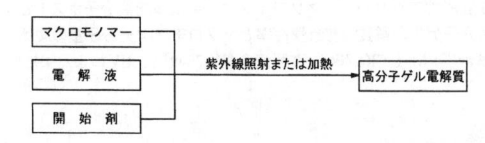

図3 アルキレンオキシドマクロモノマーの合成と高分子ゲル電解質の作成法

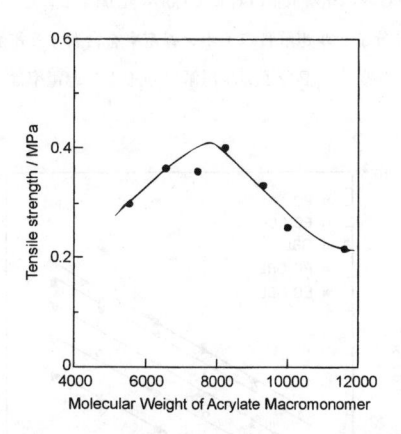

図4 3官能性アクリレートマクロモノマー架橋体を高分子ホストとする
高分子ゲル電解質の引張強度とマクロモノマー分子量の関係
（電解液：1 M $LiClO_4$/PC，電解液含量：75wt%，UVによる架橋）

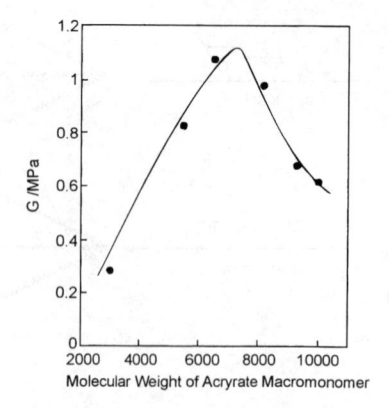

ポリマーバッテリーの最新技術Ⅱ

図5　3官能性アクリレートマクロモノマー架橋体を高分子ホストとする
高分子ゲル電解質の剪断弾性率とマクロモノマー分子量の関係
（電解液：1 M LiClO$_4$/PC，電解液含量：75wt%，UVによる架橋）

3.3.1 イオン導電率

図6は，20℃における種々の高分子ゲル電解質の導電率の電解液含有率依存性を示したものである[11b]。イオン導電率の対数は電解液量に対して線形に増加することがわかった。図7は，種々の電解質を75wt%含む高分子ゲル電解質のイオン導電率を含有する電解液のイオン導電率に対してプロットしたものである[11b]。高分子ゲル電解質のイオン導電率は，使用した電解液のイオ

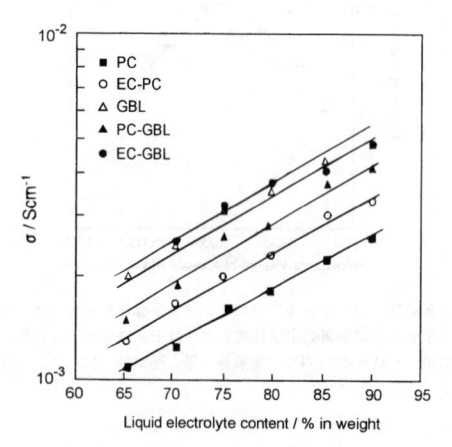

図6　高分子ゲル電解質のイオン伝導度と電解液含有率の関係
（20℃，電解質塩：LiBF$_4$）

第4章 ポリマー電解質

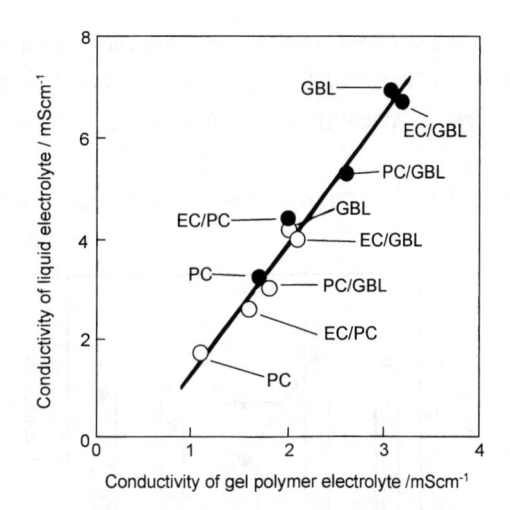

図7 電解液のイオン導電率とその電解液を用いて調整した
高分子ゲル電解質のイオン導電率の相関関係
電解質塩：● 1 M LiBF$_4$，○ 1 M LiCF$_3$SO$_3$
測定温度：20℃
マクロモノマー／電解液＝25/75（wt/wt）

ン導電率と良好な直線関係にある。これらの結果から，高分子ゲル電解質のイオン導電率は保持する電解液が支配していることが明らかとなった。すなわち，イオン導電率の高い高分子ゲル電解質を得るためには，導電率の高い電解液を選択し，それをできるだけ多量に含有するものを作成すればよいことになる。

3.3.2 高分子ゲル電解質／リチウム金属における界面挙動

高分子ゲル電解質の導電率に関しては多くの報告があるのに対し，電極との界面挙動に関する研究報告例は少なく不明確な点が多い。しかし，高分子ゲル電解質を電気化学デバイスに応用するためには，この界面は導電率と同様あるいはそれ以上に明らかにすべき課題である。以下に，筆者らのグループが行った高分子ゲル電解質とリチウム金属において得られた電気化学的界面の知見ついて述べる。

はじめに，含有できる最大電解液の量（膨潤度）と，高分子ゲル電解質／リチウム金属界面抵抗を測定した。結果を図8に示す[12]。溶媒の種類によってその抵抗値の挙動は大きく異なることがわかる。とくにGBLを溶媒に用いた高分子ゲル電解質は，ある電解液含有量以上において電解液並の低い抵抗値を示した。すなわち，このような高分子ゲル電解質／リチウム金属における界面抵抗は膨潤度と相関していることがわかった。高い膨純度を与える電解液は高い界面抵抗を

有し，低い膨潤度を与える電解液を用いた場合には低い界面抵抗を示す結果となった。低い膨潤度を与える電解液は高分子網目との相互作用が弱く，ゲル中の溶媒分子は溶液中に近い自由度を持つのに対し，膨純度の高い系では網目と強く相互作用することがこのような結果を与えると考えている。

高分子ゲル電解質と金属リチウム間における界面抵抗の経時変化は，リチウム二次電池用電解

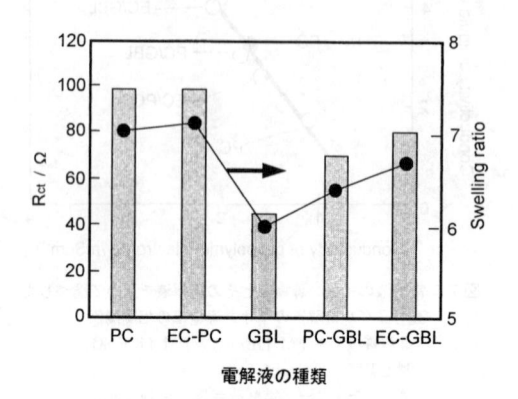

図8 マクロモノマー架橋体の膨潤度と高分子ゲル電解質の
リチウムとの界面抵抗の関係
界面抵抗は電解液の含有量が80%の高分子ゲル電解質について測定した。
（電解質塩：1M LiBF$_4$）

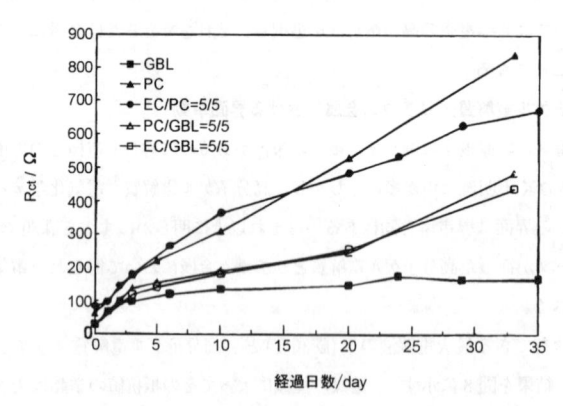

図9 種々の電解液を用いて調整した高分子ゲル電解質の金属リチウム
との界面抵抗（Rct）の経時変化
マクロモノマー：電解液＝25/75（wt/wt）（電解質塩：1M LiBF$_4$）
保存および測定温度：25℃

第4章 ポリマー電解質

質として適用する上で重要な因子である。筆者らの検討したポリエーテル系高分子ゲル電解質においても金属リチウムとの界面抵抗値を追跡した (図9)[13]。どの系も初期抵抗に比べ増加した。このなかでGBLを含有する系では経時的増加が抑制されることがわかった。一方，PCを含む系では，大きく上昇していくのがわかる。これは金属リチウムと高分子ゲル電解質との間に何らかの高抵抗皮膜が形成されるためである。このような皮膜の生成原因として電解液とリチウムとの反応性が指摘されている。GBLは金属リチウムと直ちに反応し，ブトキシリチウムやβ-ケトエステルを生成するとの報告がなされている[14]。PCとリチウム金属においても，種々のアルキルカーボネート類や炭酸リチウムの形成が報告されている[15]。高分子ゲル電解質と金属リチウムとの皮膜形成メカニズムの詳細はあまり検討されてはいないため，今後の研究が期待される。

3.3.3 リチウム二次電池としての特性

筆者らは，このようなポリエーテル系ゲル電解質を用いて$LiCoO_2$を正極活物質とするリチウ

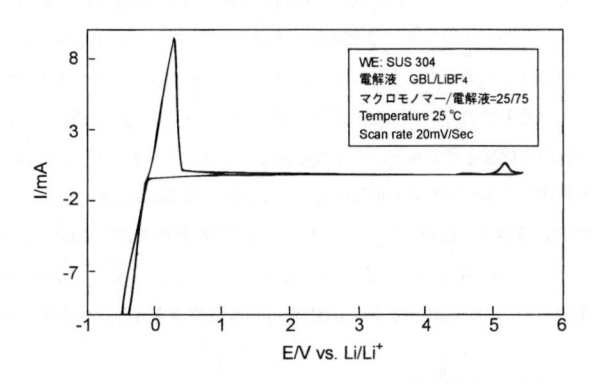

図10 高分子ゲル電解質のサイクリックボルタモグラム

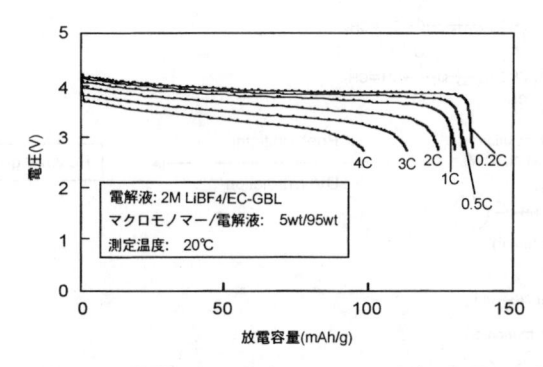

図11 高分子ゲル電解質を用いて作成したLi/$LiCoO_2$電池の放電レート特性

ム二次電池の評価を行った。電解質を電池に適用する上で，電気化学的安定性を知ることは重要である。筆者らの検討したポリエーテル系ゲル電解質は，図10に示すようにリチウムに対し4V以上の広い電位窓を有することがわかった。図11にLiBF$_4$/EC-GBLを含む高分子ゲル電解質を用いたリチウム二次電池の20℃における放電レート特性を示す。さまざまなレートにおいて放電試験を行った結果，1Cにおいても理論容量の95%を維持し，ゲル電解質でありながら電解液に匹敵する容量を発現することが示された。

3.4 高分子ゲル電解質の最近の動向
3.4.1 ルイス酸を導入した高分子ゲル電解質

これまで述べてきたような非水系電解液や，ポリエーテル系高分子を溶媒とした電解質では，リチウムカチオンに比べアニオンが支配的にイオン伝導を担っている。より高性能なリチウム二次電池を実現する上で，カチオンを選択的に伝導可能な電解質が注目される。筆者らは，先に述べたポリエーテル系マクロモノマーに3価のホウ酸エステルモノマー（図12）を導入した高分子ゲル電解質の検討を行った[16,17]。「アニオンレセプター」とも言うべきルイス酸性の3価ホウ酸エステルとルイス塩基性のアニオンとを相互作用させることにより，電解質の解離を促進し，さらにカチオン伝導を促進させようというものである。ホウ酸エステルを用いないリファレンスのゲル電解質を作成し，ホウ酸エステル共重合ゲル電解質と導電率の比較を行った。表1に示すように，25℃における導電率は変化した。具体的には，低解離性のCF$_3$COOLiとGBLの系では導電率は上昇した。DMEの系ではホウ素ゲルの導電率がリファレンスゲルに比べ著しく増大した。一方，高解離性のLiBF$_4$と高誘電率のGBLからなる電解液を含むホウ素ゲルはリファレン

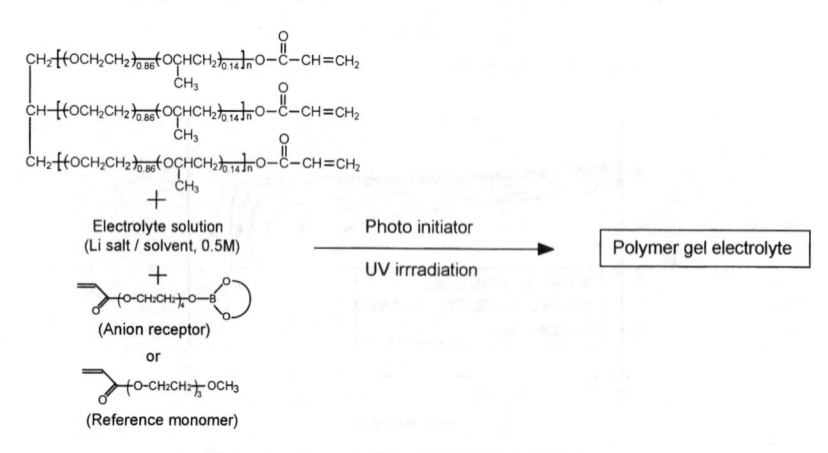

図12 アニオンレセプター含有高分子ゲル電解質の作成

第4章 ポリマー電解質

表1 高分子ゲル電解質のイオン導電率
($mScm^{-1}$)

Solvent	gel	CF_3COOLi	$LiBF_4$
GBL	RE	0.37	4.0
	NP	0.58	2.7
	BP	0.93	2.7
DME	RE	0.033	0.31
	NP	0.64	0.79
	BP	0.42	0.061

スゲルに比べ導電率は低くなった。

電解質のキャリヤーイオン密度は，溶媒の誘電率やアニオンの構造による塩の解離性に支配されている。キャリヤーイオン密度の低い非水系電解液や高分子ゲル電解質に，ホウ酸エステルのようなルイス酸を導入した場合，未解離塩のアニオンに対し効果的に相互作用しイオン解離が促進される。ポリマー骨格にホウ酸エステルが固定化した場合，相互作用したアニオンは，長距離移動が抑制され，よりリチウムカチオン輸率の高い電解質が形成された。

また，最近3価ホウ酸エステル化合物を可塑剤とする，導電性と熱安定性に優れた高分子固体電解質が創製されており，選択的なカチオン伝導の可能性が示唆されている[18, 19]。アニオンレセプターを付加させた高分子ゲル電解質の創製もさることながら，リチウム二次電池へ導入した検討例はほとんど行われておらず，今後の研究に期待がかかる。

3.4.2 イオン性液体を溶媒に用いた高分子ゲル電解質

近年，イオン性液体と呼ばれる室温でイオンのみからなる溶融塩が不揮発性，不燃性の新しい溶媒として注目を集めている（図13）[20]。筆者らのグループでは，様々なビニルモノマーをイオ

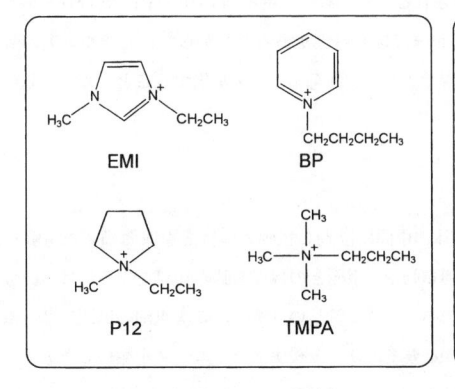

図13 典型的なイオン性液体のカチオンとアニオンの構造

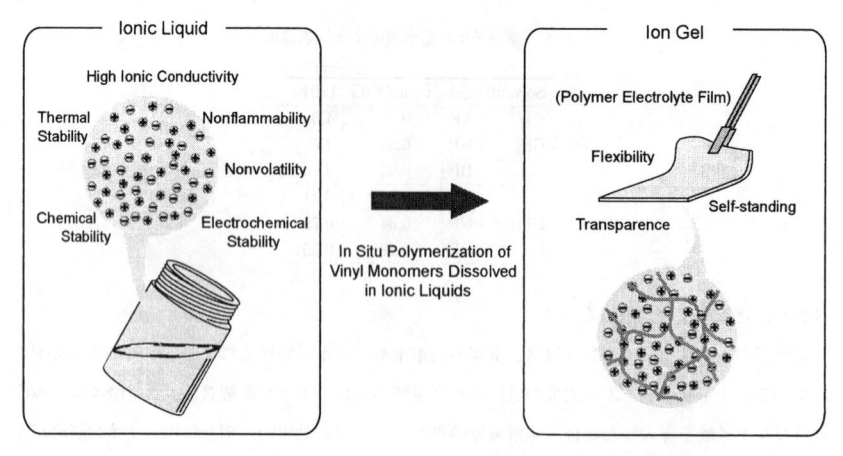

図14 イオン性液体とビニルモノマーのその場重合によって得られるイオンゲル

ン性液に溶解させラジカル架橋することで，柔軟で透明，さらに丈夫な薄膜を得た[21]。とくにEMITFSAをPMMA中に閉じ込めた系は，室温で10^{-2}S/cmというポリエーテル系高分子固体電解質の100倍の高いイオン導電率を示すことを見出した[22]。これはイオン性液体がキャリヤーとしてだけでなく，可塑剤としても機能した"イオンゲル"ともいうべき新しい高分子固体電解質材料である（図14）。イオンゲルにおいて高分子組成を高めていくとガラス転移温度T_gは増大したが，イオンゲルの導電率を支配する温度T_0（イオン輸送の凍結する温度）は変化せず，イオン性液体そのもののT_0とほとんど変わらなかった。

イオン伝導材料として持つべきイオン性液体の優れた特性に加え，薄膜化が可能なイオンゲルは今後様々な用途への展開が期待される材料である。特に図13中のP12やTMPAをカチオンとするイオン性液体は，Li^+/Liの電位まで還元耐性があることから[23]，リチウム塩の溶媒として用いると安全性の高い電解質を実現できる。これをイオンゲル化することにより新しい高分子ゲル電解質の創製も期待される。

3.5 おわりに

高分子ゲル電解質は，固体と液体の中間に位置し，両者の特徴を兼ね備えた電解質材料である。高分子ゲル電解質のイオン伝導挙動や，電極との界面挙動の知見を得るには，高分子と電解液両面からのさらなる検討が必要である。特に新しいリチウム二次電池の展開には，電極と高分子ゲル電解質との界面挙動の検討が必要であり，今後ナノサイエンスを駆使した分子レベルでの研究が重要であると思われる。

第4章 ポリマー電解質

文　献

1) G. Feuillade, Ph. Perche, *J. Appl. Elecrochem.*, **5**, 63 (1975)
2) S. Reich, I. Michaeli, *J. Polym. Sci., Polym., Phys. ed.*, **13**, 9 (1975)
3) (a) M. Watanabe, M. Kanba, H. Matsuda, K. Tsunemi, K. Mizoguchi, E. Tsuchida, I. Shinohara, *Makromol. Chem., Rapid Commun.*, **2**, 741 (1981); (b) M. Watanabe, M. Kanba, K. Nagaoka, I. Shinohara, *J. Appl. Polym. Sci.*, **27**, 4191 (1982); (c) M. Watanabe, M. Kanba, K. Nagaoka, I. Shinohara, *J. Polym. Sci., Polym., Phys, ed.*, **21**, 939 (1983)
4) H. S. Choe, B. G. Carroll, D. M. Pasquariello, K. M. Abraham, *Chem. Mater.*, **9**, 369 (1997)
5) 明石寛之, ポリマーバッテリーの最新技術, p.114, シーエムシー出版 (1998)
6) J. M. Tarascon, A. S. Gozdz, C. Schmutz, F. Shokoohi, P. C. Warren, *Solid State Ionics*, **86-88**, 49 (1996)
7) T. Michot, A. Nishimoto, M. Watanabe, *Electrochim. Acta*, **45**, 1347 (2000)
8) H. Kataoka, Y. Saito, T. Sakai, E. Quartarone, P. Mustarelli, *J. Phys. Chem. B*, **104**, 11464 (2000)
9) K. Hayamizu, Y. Aihara, S. Arai, W. S. Price, *Electrochim. Acta*, **45**, 1313 (2000)
10) G. B. Appetecchi, F. Croce. B. Scrosati, *Electrochim. Acta*, **40**, 991 (1995)
11) (a) M. Kono, E. Hayashi, M. Watanabe, *J. Electrochem. Soc.*, **146**, 1626, (1999); (b) M. Kono, E. Hayashi, M. Nishiura, M. Watanabe, *J. Electrochem. Soc.*, **147**, 2517 (2000)
12) M. Kono, M. Nishiura, E. Ishiko, T. Sada, *Electrochim. Acta*, **45**, 1307 (2000)
13) 河野通之, 渡邉正義, 表面, **38**, 253, (2000)
14) D. Aurbach, *J. Electrochem. Soc.*, **136**, 1606 (1989)
15) D. Aurbach, M. L. Daroux, P. W. Faguy, E. Yeager, *J. Electrochem. Soc.*, **134**, 1611 (1987)
16) T. Hirakimoto, M. Nishiura, M. Watanabe, *Electrochim. Acta*, **46**, 1609 (2001)
17) S. Tabata, T. Hirakimoto, M. Nishiura, M. Watanabe, *Electrochim. Acta*, **48**, 2105 (2003)
18) Y. Kato, K. Hasumi, S. Yokoyama, T. Yabe, H. Ikuta, Y. Uchimoto, M. Wakihara, *Solid State Ionics*, **150**, 355 (2002)
19) Y. Kato, K. Suwa, S. Yokoyama, T. Yabe, H. Ikuta, Y. Uchimoto, M. Wakihara, *Solid State Ionics*, **152-153**, 155 (2002)
20) 大野弘幸 監修, イオン性液体 ―開発の最前線と未来―, シーエムシー出版 (2002)
21) A. Noda, M. Watanabe, *Electrochim. Acta*, **45**, 1265 (2000)
22) T. Kaneko, A. Noda, M. Watanabe, *Polym. Prepr. Jpn.*, **49**, 754 (2000)
23) (a) D. R. MacFarlane, P. Meakin, J. Sun, N. Amini, M. Forsyth, *J. Phys. Chem. B*, **103**, 4164 (1999); (b) H. Matsumoto, M. Yanagida, K. Tanimoto, M. Nomura, Y. Kitagawa, Y. Miyazaki, *Chem. Lett.*, 922 (2000); (c) H. Matsumoto, H. Kageyama, Y. Miyazaki, *Chem. Commun.*, 1726 (2002)

4 電解質と支持塩

宇恵　誠*

4.1 はじめに

負極に炭素,正極に遷移金属酸化物,電解質に有機電解液を使用した「リチウムイオン電池」が1991年に市場に登場して以来,高エネルギー密度という特徴が買われて,ノートパソコンや携帯電話などに採用されるようになり,これら携帯機器の急速な普及によって,リチウムイオン電池が最大の売り上げを誇る電池に成長するまでに到った。また,市場の多様化とともに,電池の薄型化,大面積化,安全性向上の観点からポリマー電解質を使用したリチウムイオン電池も実用化されるようになった。

一般的にポリマーバッテリーというと,リチウムイオン電池が登場する以前は,ポリアセチレンに代表される導電性高分子を電極として使用する電池のことを意味していたが,現在では,ポ

(a) Solid Polymer Electrolyte (Salt-in-Polymer Type)

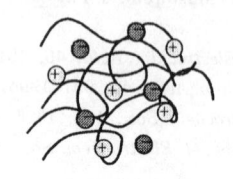

(b) Plasticized Polymer Electrolyte

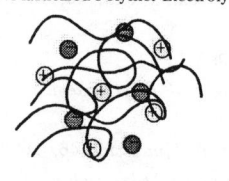

(c) Gel Polymer Electrolyte

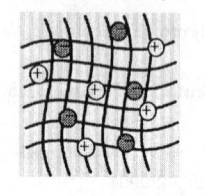

(d) Polymer-in-Salt Type Polymer Electrolyte

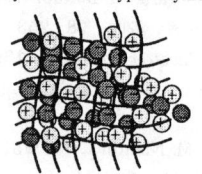

(e) Polyelectrolyte (Single Ion Carrier Type)

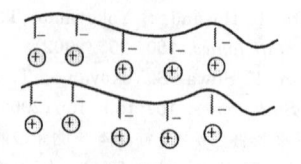

図1　Classification of polymer electrolytes

* Makoto Ue　㈱三菱化学科学技術研究センター　電池材料研究所,電池システム研究所所長

第4章 ポリマー電解質

リマー電解質を使用した電池を指すようになっている。もともと，導電性高分子を負極に使うという研究が現在の炭素負極の開発に到ったという歴史背景とともに興味深い。

ポリマー電解質は図1に示すように，有機高分子にリチウム塩を溶解化させた固体電解質(a)，この固体電解質に少量の有機溶媒を可塑剤として添加した可塑化電解質(b)，および，有機電解液を有機高分子で固定化したゲル電解質(c)などに分類される。有機溶媒を全く使用しない固体電解質の実用化が究極の目標ではあるが，まだその電気伝導率が充分でないため，ゲル電解質がポリマー電解質型リチウムイオン電池に採用されているのみであり，固体電解質は熱管理の可能な（高温作動の）大型リチウム電池への応用（電気自動車用あるいは電力貯蔵用）が検討されている現状である。

ゲル電解質の基本的電気化学的特性は有機電解液のそれとほぼ共通であり，ゲル電解質については前節に記述されているので，本節においては，有機電解液に使用される電解質材料について筆者らの研究成果を中心にして概説したい。Polymer-in-Salt 型のポリマー電解質(d)は溶融塩を有機高分子で固定化したものと考えられるので，最近注目を浴びているイオン性液体（常温溶融塩）の応用についても触れたい。リチウム電池あるいはリチウムイオン電池用に関する成書は多数出版されており，電解質材料についても詳しく解説されているので参考にしていただきたい[1〜13]。

4.2 電解質の役割と要求性能

電解質とはイオン伝導体のことであり，リチウムイオン電池における電解質の果たす役割は，放電時には負極から正極に，充電時には正極から負極にリチウムイオンの移動を促す媒体として働くことである。図2に示したように，リチウムイオン電池の負極および正極はそれぞれ活物質である炭素や金属酸化物の粉末をバインダー樹脂で固めた多孔質のコンポジット電極であるので，電解質はその電極細孔内部まで染み込んでリチウムイオンを供給するとともに，電解質相と活物質相との間の界面でリチウムイオンをスムーズに受け渡す機能を有していなければならない。

現在市販されているリチウムイオン電池には，非プロトン性有機溶媒にリチウム塩を溶解した電解質溶液が使用されている。一方，ゲル電解質としては，この電解質溶液を重合性ビニルモノマーでゲル化させるか，PVDF，PANなどの熱可塑性ポリマーに膨潤含浸させたものが一般的である。ゲル化用ポリマーをポリマーセパレータの一種と考えると，程度の差はあれ両者に使用される電解質溶液の要求性能は同一である。

(1) 電気伝導率が高いこと

リチウムイオン電池を急速に充放電する際には，両電極でのリチウムイオンの出し入れ速度と電解質溶液中でのリチウムイオンの移動速度が問題となる。理想的にはリチウムイオンのみが移

ポリマーバッテリーの最新技術 II

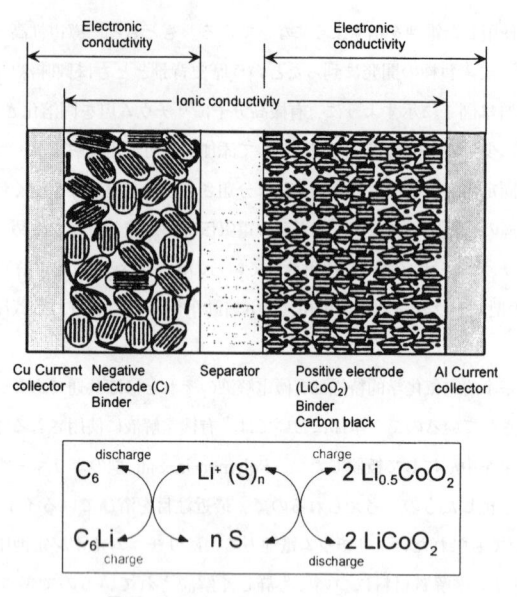

図2 Role of electrolyte in Li-ion cells

動する Single Ion Carrier 型の電解質が好ましいが（図1(e)）, 現実の電解質溶液の電気伝導率は陽イオンと陰イオンの伝導率の和を見ていることになる。しかしながら, 陰イオンによる伝導率も無駄になるわけではなく, 電池に電流が流れる際に電圧降下の原因となる内部抵抗を低減することに有効に寄与する。

(2) **熱化学的, 電気化学的に安定であること**

そもそも, 電池は還元剤である負極と酸化剤である正極との間の起電力を利用しているので, 電解質溶液は正負両電極に対して酸化還元を受けにくく, 化学的に安定である必要がある。リチウム金属に対して熱力学的に安定な有機溶媒は存在しないと言われるように, リチウム一次電池の代表的な有機溶媒であるプロピレンカーボネート (PC) は式(1)に示すように, リチウムとの反応で大きな負の自由エネルギーを示す。しかし, 有機溶媒とリチウムとの反応生成物（この場合は炭酸リチウム）がリチウム表面を保護し, さらなる反応を防止するので, 反応速度論的に安定な訳である。リチウムイオン電池で使用されるリチウムイオンをインターカレートした炭素化合物はリチウム金属ほど活性ではないが, それに近い反応性を有し, 類似の固体電解質相 (Solid Electrolyte Interphase; SEI) を生成することが知られている。

142

第4章 ポリマー電解質

$$2\,Li\,(s) + \underset{\Delta G^0 = -464\ kJ\ mol^{-1}}{\text{(cyclic carbonate)}} \longrightarrow Li_2CO_3\,(s) + CH_3CH=CH_2\,(g) \tag{1}$$

また，リチウムイオン電池は4V以上の起電力を発生するので，電解質溶液はこの電位領域(0～4.5 V $vs.$ Li/Li$^+$)で電気化学的に安定である必要もある。一般的に，この電気化学的安定性の方が熱化学的安定性より厳しい要求性能である。

(3) **使用可能温度領域が広いこと**

リチウムイオン電池は携帯用電子機器に使用されるため，少なくとも-20～60℃で作動する必要があり，電解質材料もこの温度領域において前記(1)，(2)の要求性能を満足する必要がある。一般的には，熱化学的，電気化学的安定性は高温ほど低下するが，電気伝導率は上昇するという背反の関係にある。

(4) **安全性が高いこと**

有機溶媒は可燃性物質であるので，電池が短絡などの原因により高温に加熱されると，発火または引火により燃焼する危険性が存在する。単に発火点や引火点が高いだけでなく，難燃性，不燃性の材料が望まれている。また，漏液や廃棄時に外部に漏出する可能性があるので，毒性が低いことはもとより環境を汚染しないものであることが好ましい。

(5) **安価であること**

市場経済の下では，いかなる高性能な材料でも，適正な価格でないと市場への浸透は進まない。しかしながら，最近のリチウムイオン電池の極度な低価格化は新規材料の採用を非常に困難な状況にしている。

4.3 電解質材料の分子設計

有機溶媒やリチウム塩の種類は無数に存在するが，リチウムイオン電池に使用できる材料は非常に限られている。表1および表2に電解質材料として検討されている代表的な有機溶媒とリチウム塩を例示したが，電解質材料は活性な正負極活物質と共存することから考えて，有機溶媒は活性なプロトンを有しない極性溶媒(双極性非プロトン性溶媒)に限られる。また，これらの溶媒中に高濃度で溶解し，イオン解離することのできるリチウム塩は，ある程度大きいサイズの1価の陰イオンを有するものに限られる。

現在，リチウムイオン電池の電解質として一般的に使用されているのは，環状炭酸エステルであるECと鎖状炭酸エステルであるDMC，EMC，DEC（1種以上）との混合溶媒にLiPF$_6$を1モル濃度程度溶解した有機電解液であるが，どうしてこのような系が選択されているのかという

表1 Typical organic solvents and their physicochemical properties

Solvent	ε_r (/-)	η_0 (/mPa s)	mp (/℃)	bp (/℃)	E_{red} (/V vs. Li/Li$^+$)	E_{ox}[a] (/V vs. Li/Li$^+$)
Cyclic carbonate						
Ethylene carbonate (EC)	90	1.9 (40℃)	37	238	0.0	6.2
Propylene carbonate (PC)	65	2.5	-49	242	0.0	6.6
Butylene carbonate (BC)	53	3.2	-53	240	0.0	7.2
Linear carbonate						
Dimethyl carbonate (DMC)	3.1	0.59	3	90	0.0	6.7*
Ethyl methyl carbonate (EMC)	2.9	0.65	-55	108	0.0	6.7*
Diethyl carbonate (DEC)	2.8	0.75	-43	127	0.0	6.7*
Cyclic ester						
γ-Butyrolactone (GBL)	42	1.7	-44	204	0.0	8.2
Linear ester						
Methyl formate (MF)	8.5	0.33	-99	32	0.5	5.4*
Methyl propionate (MP)	6.2	0.43	-88	79	0.1	6.4*
Cyclic ether						
Tetrahydrofuran (THF)	7.4	0.46	-109	66	0.0	5.2*
1,3-Dioxolane (DOL)	7.1	0.59	-95	78	0.0	5.2*
Linear ether						
1,2-Dimethoxyethane (DME)	7.2	0.46	-58	84	0.0	5.1*

a) 0.65 mol dm^{-3} Et$_4$NBF$_4$(*Bu$_4$NBF$_4$), GC, 5 mVs^{-1}, 1 mAcm^{-2}

理由を，他の材料との性能を比較しながら説明したい．

4.3.1 電気伝導率[14〜18]

電解質溶液の電気伝導率（κ）は式(2)に示すように，電気を運ぶ担い手であるイオンの電荷（z）と濃度（c）およびそのイオンの移動度（u）に比例する．

$$\kappa = F\Sigma zcu \tag{2}$$

ここで，Fはファラデー定数である．したがって，有機溶媒がリチウム塩をできるだけ高濃度まで溶解し，リチウムイオンと陰イオンとに良く解離し，かつそれらのイオンの移動度が高いものほど高い電気伝導率を示す．

第4章 ポリマー電解質

表2 Typical lithium salts

Inorganic anion
 $LiClO_4$
 $LiBF_4$
 $LiPF_6$, $LiAsF_6$, $LiSbF_6$
Organic anion
 $LiCF_3SO_3$, $LiC_4F_9SO_3$
 $Li(CF_3SO_2)_2N$, $Li(C_2F_5SO_2)_2N$, $Li(CF_3SO_2)(C_4F_9SO_2)N$
 $Li(CF_3SO_2)_3C$
 $LiPF_3(C_2F_5)_3$
 $LiBF_3(C_2F_5)$

(1) 有機溶媒

正負イオン間のクーロン力は媒体の比誘電率に反比例するので、溶媒の比誘電率（ε_r）が大きいほどイオン解離が促進される。一般的に比誘電率が20以上の溶媒（高誘電率溶媒と称する）が好ましく、それ以下の比誘電率ではイオン解離はしにくくなる。

さらに、イオンの移動度はストークスの法則により、溶媒の粘度（η_0）に反比例するので、粘度が低い方が好ましい。一般的に粘度1 mPa・s以下の溶媒（低粘度溶媒と称する）が好ましい。

リチウム塩の溶解能は溶媒のドナー数（DN）が大きいほど高い傾向にある。これはリチウム塩の溶媒和に関しては、リチウムイオンの寄与の方が陰イオンよりも大きく、リチウムイオンの溶媒和が支配的であるためである。

表3 Electrolytic conductivities of $LiPF_6$ electrolyte solutions

Solvent	κ/mS・cm^{-1}
EC	7.2
PC	5.8
DMC	7.1
EMC	4.6
DEC	3.1
EC+DMC (50:50 vol.%)	11.6
EC+EMC (50:50 vol.%)	9.4
EC+DEC (50:50 vol.%)	8.2
PC+DMC (50:50 vol.%)	11.0
PC+EMC (50:50 vol.%)	8.8
PC+DEC (50:50 vol.%)	7.4

1 mol・dm^{-3}, 25℃

以上の議論から，比誘電率が高く，粘度が低い有機溶媒が好ましいが，比誘電率が高いということは極性が高いということであり，当然，粘度も高くなる。単独溶媒でこの要求を満足させることは困難なので，高誘電率溶媒と低粘度溶媒を混合して，両者の良い点を旨く利用するという経験的手法が活用されている。表3に環状炭酸エステル（高誘電率溶媒）と鎖状炭酸エステル（低粘度溶媒）を使用した場合の1モル濃度のLiPF$_6$の電気伝導率を示したが，いずれの場合にも単独溶媒よりも混合溶媒の方が高い電気伝導率を示し，また，同族体であれば分子の小さい溶媒ほど電気伝導率が高くなるということが理解できる。

(2) リチウム塩

リチウム塩が有機溶媒に溶解し，イオン解離するためには，ある程度大きいサイズの陰イオンを有することが必要であること前述したが，リチウム塩のイオン解離能は陰イオンが大きく，電荷の非局在化した陰イオンほど大きい傾向にある。これはクーロンの法則から容易に推測できる。一方，陰イオンの移動度はイオンが大きくなるほど低下することになるので，解離度と移動度は背反するジレンマに陥る。

このように，リチウム塩に関しては陰イオンの大きさが重要な指標となるので，図3に陰イオンの空間充填モデルとファンデルワールス体積から算出したイオン半径（r）を示した[19]。

表4に高誘電率溶媒であるPCおよびGBLの単独溶媒系と，それらと低粘度溶媒であるDME，MPおよびEMCとの混合溶媒系における7種類のリチウム塩の1モル濃度における電気伝導率を示した。リチウム塩の電気伝導率の大きさの序列は式(3)の通りであり，EC系電解液でも同様な傾向が認められる。

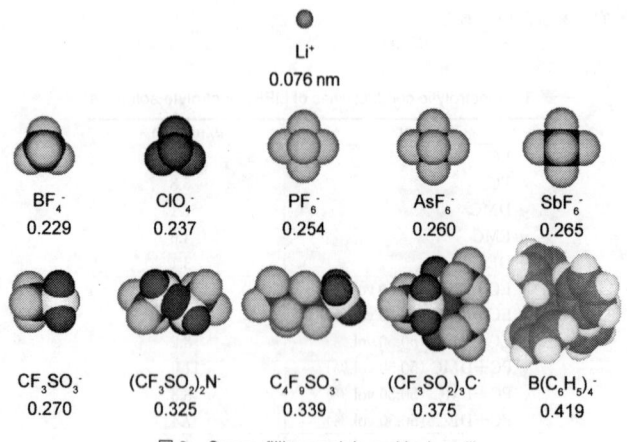

図3　Sapce-filling models and ionic radii

第4章 ポリマー電解質

表4 Electrolytic conductivities of PC and GBL electrolyte solutions

Solute		PC	GBL	PC/DME	GBL/DME	PC/MP	PC/EMC
	ε_r	64.9	41.8	35.5	21.8	33.6	27.4
	η_0	2.51	1.73	1.06	0.90	1.04	1.25
$LiBF_4$		3.4	7.5	9.7	9.4	5.0	3.3
$LiClO_4$		5.6	10.9	13.9	15.0	8.5	5.7
$LiPF_6$		5.8	10.9	15.9	18.3	12.8	8.8
$LiAsF_6$		5.7	11.5	15.6	18.1	13.3	9.2
$LiCF_3SO_3$		1.7	4.3	6.5	6.8	2.8	1.7
$Li(CF_3SO_2)_2N$		5.1	9.4	13.4	15.6	10.3	7.1
$LiC_4F_9SO_3$		1.1	3.3	5.1	5.3	2.3	1.3

in $mS \cdot cm^{-1}$ at 1 $mol \cdot dm^{-3}$, 25℃, mixing ratio＝50:50 mol%.

$$LiPF_6, LiAsF_6 > LiClO_4, Li(CF_3SO_2)_2N > LiBF_4 > LiCF_3SO_3 > LiC_4F_9SO_3 \tag{3}$$

この序列は希薄溶液における電気伝導率解析により、イオンの移動度と解離能の差異が反映した上での結果であることが明らかにされている。

イオンの移動度 (u_0) はイオンの極限モル伝導率 (λ_0) で表現されることが多く、ストークスの法則によって式(4)で表される。これはまたアインシュタインの式から、拡散係数 (D) とも関係づけられる。ただし、e, R, T はそれぞれ電気素量、気体定数、絶対温度である。

$$u_0 = \lambda_0/zF = ze/6\pi\eta_0 r = zFD/RT \tag{4}$$

図4にワルデン積 ($\lambda_0\eta_0$) をイオン半径の逆数に対してプロットしたが、陰イオンはストークスの法則にほぼ従い、溶媒を引き連れることなく移動する。移動度はイオン半径が小さいものほ

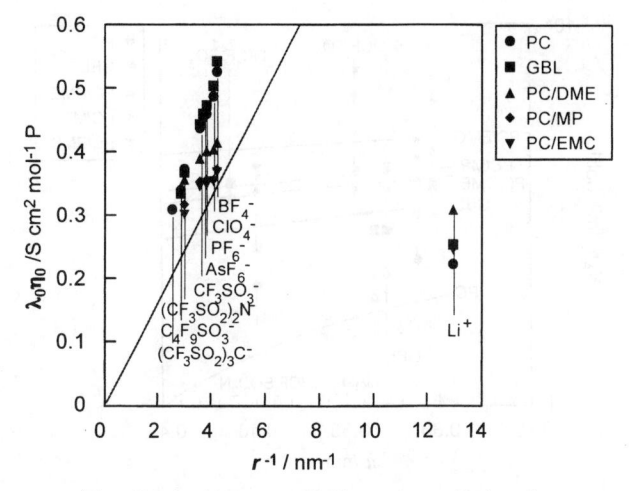

図4 Relationship between Walden product and ionic radius

ど大きく,式(5)の序列である。また,リチウムイオンは溶媒和のため動きにくくなっているため,輸率は 0.5 以下で,リチウムイオンよりも陰イオンの方が電気伝導率への寄与が大きい。

$$BF_4^- > ClO_4^- > PF_6^- > AsF_6^- > CF_3SO_3^- > (CF_3SO_2)_2N^- > C_4F_9SO_3^- > (CF_3SO_2)_3C^- \quad (5)$$

図5にリチウムイオンと陰イオンとの会合定数 (K_A) [解離定数 (K_D) の逆数] をリチウムイオン半径と陰イオン半径との和 (接触距離 $å$) に対してプロットした。ビェラム式から理論的に算出した会合定数を実線で示したが,実測値とは一致せず,イオン半径だけでは整理できないことがわかる。

イオン解離能は式(6)の序列であり,確かに同族体ではイオン半径の大きいものの方が解離能は高くなるが,陰イオンの共役酸の酸性度 (pKa) との相関が強く,酸性の強い酸のリチウム塩ほど解離能は高いと考えても間違いはない。

$$Li(CF_3SO_2)_3C > Li(CF_3SO_2)_2N > LiAsF_6 > LiPF_6 > LiClO_4 > LiBF_4 > LiC_4F_9SO_3$$
$$> LiCF_3SO_3 \quad (6)$$

表5に電解質溶液の解離度 ($\gamma = \Lambda / \Lambda_0$) を示した。高誘電率溶媒中では 0.01 モル濃度のような希薄溶液においては充分に解離しているが,1 モル濃度のような濃厚溶液においては,最大でも 30% 程度しか解離していないことに留意すべきである。低粘度溶媒を混合することによって溶媒の比誘電率が低下すると,解離度はさらに低下することも理解できる。

低粘度溶媒 (低誘電率溶媒) の単独溶媒系では,表6に示すように希薄溶液においても,自由イオンの存在比率は極端に減少し,三重イオンの形成も無視できなくなる (K_T は三重イオンの

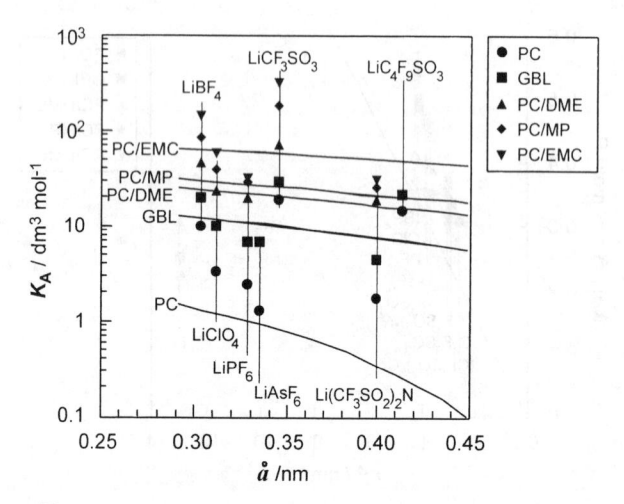

図5 Relationship between association constant and contact distance

第4章 ポリマー電解質

表5 Degree of dissociation of Li salts in organic solvents

C/mol·dm^{-3}	Salt	PC	GBL	PC/DME	PC/MP	PC/EMC
0.01	LiBF$_4$	94	91	83	76	70
	LiClO$_4$	98	95	90	86	83
	LiPF$_6$	98	97	92	89	89
	LiAsF$_6$	99	97	–	–	–
	LiCF$_3$SO$_3$	90	88	78	64	56
	Li(CF$_3$SO$_2$)$_2$N	99	98	92	90	89
	LiC$_4$F$_9$SO$_3$	92	90	–	–	–
1.0	LiBF$_4$	12	17	15	9	7
	LiClO$_4$	20	26	21	15	12
	LiPF$_6$	22	27	25	23	19
	LiAsF$_6$	22	29	–	–	–
	LiCF$_3$SO$_3$	7	11	10	6	4
	Li(CF$_3$SO$_2$)$_2$N	22	27	22	20	18
	LiC$_4$F$_9$SO$_3$	5	10	–	–	–

γ in %

表6 Formation of triple ions in low permittivity solvents

Solvent	ε_r	Salt	K_A	K_T	Free ions (%)	Ion pairs (%)	Triplets (%)
DME	7.2	LiBF$_4$	2.4×10^7	31	0.2	99.6	0.2
		LiClO$_4$	4.1×10^6	20	0.5	99.2	0.3
		LiAsF$_6$	1.0×10^5	28	3.1	94.4	2.5
THF	7.4	LiClO$_4$	4.8×10^7	153	0.1	99.2	0.7
DOL	7.1	LiClO$_4$	2.4×10^7	34	0.2	99.6	0.2
MF	8.5	LiClO$_4$	6.5×10^5	22	1.2	98.0	0.8
		LiAsF$_6$	4.4×10^4	69	4.7	86.9	8.4
		Li(CF$_3$SO$_2$)$_2$N	2.3×10^4	20	6.4	90.1	3.5

0.01 mol dm^{-3}

生成定数)[20]。

以上の議論から,高誘電率溶媒と低粘度溶媒の混合溶媒系においては,鎖状炭酸エステルのような比誘電率の非常に小さい溶媒を含む系では,LiPF$_6$のような解離能の高いリチウム塩が必須になることが理解できる。

4.3.2 電位窓[21~23]

電解質材料の電気化学的安定性は,それが電極と酸化還元反応をしない領域(電位窓)で表現される。電位窓は一般的にポテンショスタットを使用して,作用電極の電位を基準電極に対して一定速度で走査し,その時に流れる電流を測定し(リニアスィープボルタンメトリー;LSV),その値が一定値に到達した時の電位を極限酸化還元電位とすることで決定される(図6参照)。

電位窓は測定条件が異なると絶対値が異なるので,あくまで相対的な尺度として利用する必要がある。作用電極は実験の容易さから白金やグラッシーカーボン (GC) が使用される。測定時

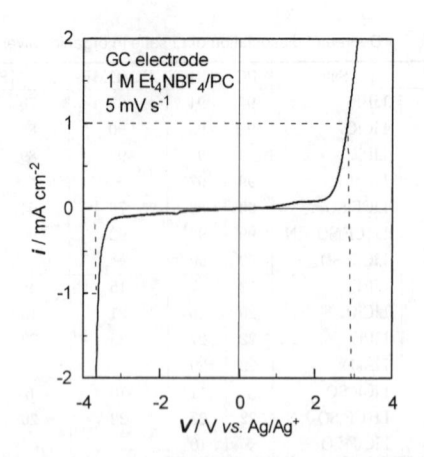

図6 Determination of elctrochemical window by LSV

の注意点としては，あまり低い電流密度（例えば，$10\,\mu\text{A}\cdot\text{cm}^{-2}$）を閾値にすると微量不純物の反応電流のために電解質材料本来の電位窓を見誤る可能性が高いので，ある程度の高い電流密度（例えば，$1\,\text{mA}\cdot\text{cm}^{-2}$）と遅い電位走査速度（例えば，$5\,\text{mV}\cdot\text{s}^{-1}$）を採用する方が好ましい。電流値は（電位走査速度）$^{1/2}$に比例するので，電位走査速度で規格化した数値を利用することも有用である。

(1) 有機溶媒

表1に主な有機溶媒の極限酸化還元電位（$E_{red}-E_{ox}$）を重要な物性値とともに示した。これらの分解電位はGC電極を使用し，$5\,\text{mV}\cdot\text{s}^{-1}$の走査速度で，$1\,\text{mA}\cdot\text{cm}^{-2}$の電流密度を越えた時の電位を$\text{Li}/\text{Li}^+$基準に換算して表示したものである。支持電解質として，リチウム塩でなく四級アンモニウム塩 $[(C_2H_5)_4NBF_4$，溶媒に不溶の時は $(C_4H_9)_4NBF_4]$ を使用した理由はリチウムイオンの脱溶媒和や電極へのインターカレーション反応による陰電位シフトを防止するためである。

炭酸エステルやカルボン酸エステルはエーテルよりも，1V以上酸化に強いことがわかるが，従来，3V級リチウム一次電池では低粘度溶媒の代表であったエーテル溶媒が，4V級リチウムイオン二次電池では鎖状カーボネートに置き換えられた理由がここにある。環状エステル（ラクトン）の高い耐酸化性は溶媒分解による保護膜の形成によるものであり，実際には炭酸エステルより酸化に弱いことが回転電極法による測定[24, 25]で明らかにされている。

(2) リチウム塩

同様に，一定の有機溶媒中に各種リチウム塩を溶解して電位窓を比較することができる。リチウムイオンは共通であるから，対応する陰イオンを有する四級アンモニウム塩で代用することが

第4章 ポリマー電解質

表7 Limiting oxidation potentials of anions

Anion	PC	GLN
ClO_4^-	6.1	7.0
BF_4^-	6.6	9.3
PF_6^-	6.8	8.4
AsF_6^-	6.8	8.6
SbF_6^-	7.1	
$CF_3SO_3^-$	6.0	7.0
$C_4F_9SO_3^-$	6.3	
$(CF_3SO_2)_2N^-$	6.3	
$(CF_3SO_2)_3C^-$	6.3	
$B(C_2H_5)_4^-$	5.1	

E_{ox} in V $vs.$ Li/Li$^+$

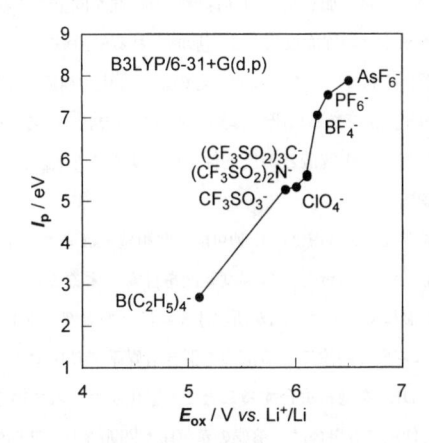

図7 Correlation between ionization potential by DFT and corrected limiting oxidation potential

できる。

表7にPC溶媒中で各種$(C_2H_5)_4NX$塩の酸化電位を測定した結果を示したが（表1と同一測定条件），酸化安定性は式(7)の序列である。無機陰イオン（過塩素酸イオン以外）よりもPCの方が酸化されやすいことは，測定溶媒を耐酸化性のグルタロニトリル(GLN)溶媒に交換することでより明らかになるが，それ以上の耐酸化性を測定することは困難である。

この序列は図7に示すように，密度汎関数法によって算出したイオン化エネルギーと一致した。

$LiSbF_6 > LiAsF_6 > LiPF_6 > LiBF_4 > (GLN > PC) > Li(CF_3SO_2)_3C, Li(CF_3SO_2)_2N$
$> LiClO_4, LiCF_3SO_3 > LiBR_4$ (7)

4.3.3 界面特性[26~30]

　有機電解液が電極と反応すると，電極上に保護膜が形成されることを前述したが，この保護膜の特性がリチウムイオン電池の充放電サイクル特性に大きな影響を及ぼすことが知られている。これはリチウムイオンのドープ，脱ドープ過程に溶媒の分解などの副反応が密接に関係しているからである。例えば，黒鉛負極にはPCは使用できないが，ECは使用できるというのは負極の界面特性に起因する現象である。初充電時に電解液が分解しSEIを形成するのであるが，PCを使用すると黒鉛の層状構造を破壊し良好な保護膜が形成されないからである。溶質である$LiPF_6$も保護膜形成過程に重要な役割を果たしている。

　負極界面の保護膜を制御するという観点から，有機電解液中にビニレンカーボネート(VC)のような易還元性の化合物を少量添加して，負極保護膜の特性を向上させることがなされている。各種の炭素負極と有機電解液との界面反応および形成されるSEI構造については，各種の分析手法を用いて現在盛んに解析されているが，まだ，どのような化学構造の添加剤が良好な保護膜を与えるかについては，分子設計できる段階には到っていない現状である。同様に，酸化物正極の表面を添加剤によって改質し，電解液との反応性を抑制することも試みられている[31]。

4.3.4 使用可能温度領域

　有機電解液の使用可能温度領域は電池の作動可能温度領域とは必ずしも一致しないが，表1に示した溶媒の融点（mp）と沸点（bp）との温度範囲を目安にすることができる。リチウム塩の溶解能が充分でなく，低温にてリチウム塩が析出する際はその温度が使用下限温度となる。同様に，ECやDMCのように零度で固体である溶媒を混合溶媒系で使用する際は，固体が析出しないように，PC，EMCやDECを適量混合することで最適化がなされている。また，アルミラミネートのような外装材を使用する場合は，溶媒の蒸気圧が問題なり，低粘度溶媒の使用が制限される場合もある。

4.3.5 安全性[32,33]

　有機電解液の高温における熱分解挙動を把握することが第一歩と考えられる。満充電状態の活物質との共存下で，有機電解液の示差走査熱量測定(DSC)，ARC(Accelerating Rate Calorimeter)，双子型熱量計C80などによる熱分析が実施されており，負極単独および正極単独における熱挙動と電池全体における熱挙動との相関の解明が課題となっている。

　難燃性電解液として燐酸エステル溶媒が提案されているが，黒鉛負極との反応性が高く，電解液の難燃性と電池性能との両立が課題となっている[34,35]。また，イオン性液体の不揮発性および不燃性という特徴に着目して，安全性の高い電解液を開発する試みもなされている。代表的なイオン性液体は1-エチル-3-メチルイミダゾリウム(EMI^+)という陽イオンを有するが，これも耐還元性に劣るため[36]電池性能が非常に悪くなる。さらに，イオン性液体はリチウムイオン

第4章　ポリマー電解質

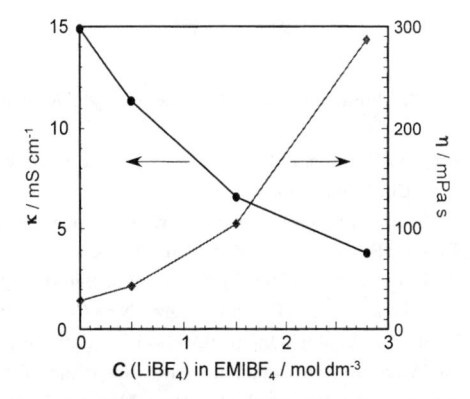

図8　Concentration dependence of electrolytic conductivity and viscosity of LiBF$_4$ in EMIBF$_4$

を含まないためリチウム塩を溶質として加える必要があるが，図8に示したようにリチウム塩の添加量が増加するとともに，系の電気伝導率が低下するというイオン性液体特有の欠点があり，実用化のハードルはかなり高い。

4.4　新規電解質材料

前述したように，現在，リチウムイオン電池の電解質として一般的に使用されているのは，ECとDMC，EMC，DEC（1種以上）との混合溶媒にLiPF$_6$を1モル濃度程度溶解した有機電解液であるが，GBLを主体とした溶媒にLiBF$_4$を溶解した有機電解液も市場に登場している。しかしながら，新規材料の採用は極端に少なく，1990年初頭に出現したLi(CF$_3$SO$_2$)$_2$NやLi(C$_2$F$_5$SO$_2$)$_2$Nでさえ，高価格のため限定的な用途に留まっている。

筆者らも負極界面特性の改善，耐酸化性の向上という観点から，GBLにフッ素原子を導入した溶媒[37, 38]やLiPF$_6$の不安定性[39]を改善するという観点から，LiBF$_4$のフッ素原子をパーフロロアルキル基（C$_n$F$_{2n+1}$）で置換した解離能の高いリチウム塩の合成に成功し，実用化の可能性を検討している[40, 41]。

4.5　おわりに

以上，ポリマー電解質への応用も念頭に置き，電解質材料の分子設計という観点から，筆者らの研究成果を中心にまとめてみた。多くの努力にも関らず，材料の進歩は非常に遅いというのが実感である。本稿がさらなる研究の進展に役立てば幸いである。

ポリマーバッテリーの最新技術 II

文　献

1) G. E. Blomgren, in "Lithium Batteries", J. P. Gabano ed., Academic Press, NY, Ch. 2 (1983)
2) H. V. Venkatasetty, in "Lithium Battery Technology", H. V. Venkatasetty ed., John Wiley & Sons, NY, Ch. 1 and 2 (1984)
3) L. A. Dominey, in "Lithium Batteries: New Materials, Development and Perspectives", G. Pistoia ed., Elsevier Science, Amsterdam, Ch. 4 (1994)
4) J. Barthel, H. J. Gores, in "Chemistry of Nonaqueous Solutions: Current Progress", G. Mamantov, A. I. Popov eds., VCH Publishers, NY, Ch. 1 (1994)
5) M. Morita, M. Ishikawa, Y. Matsuda, in "Lithium Ion Batteries: Fundamentals and Performance", M. Wakihara, O. Yamamoto eds., Kodansha, Tokyo, Ch. 7 (1998)
6) J. Barthel, H. J. Gores, in "Handbook of Battery Materials", J. O. Besenhard ed., Wiely-VCH, NY, Ch. 7 (1999)
7) "Nonaqueous Electrochemistry", D. Aurbach ed., Marcel Dekker, NY (1999)
8) G. M. Ehrlich, in "Hand book of Batteries, 3rd Edition", D. Linden, T. B. Reddy eds., McGraw-Hill, NY, Ch. 35.2.5 (2001)
9) S. Mori, in "Materials Chemistry in Lithium Batteries", N. Kumagai, S. Komaba eds., Research Signpot, Kerala, India, p. 49 (2002)
10) D. Aurbach ; J.-I. Yamaki ; M. Saolmon, H.-P. Lin, E. J. Plichta, M. Hendrickson, in "Advances in Lithium-Ion Batteries", W. A. van Schalkwijk, B. Scrosati eds., Kluwer Academic / Plenum Publishers, NY, Ch. 1; 5; and 11 (2002)
11) 宇恵，森，リチウムイオン電池材料の開発と市場，第6章，シーエムシー出版 (1997)
12) 宇恵，高性能二次電池における材料技術とその評価，応用展開，第3章，技術情報協会 (1997)
13) 宇恵，リチウムイオン二次電池，第2版，第6章，日刊工業新聞社 (2000)
14) M. Ue, *J. Electrochem. Soc.*, **141**, 3336 (1994)
15) M. Ue, S. Mori, *J. Electrochem. Soc.*, **142**, 2577 (1995)
16) M. Ue, *J. Electrochem. Soc.*, **143**, L270 (1996)
17) M. Ue, *Prog. Batteries Battery Mater.*, **16**, 332 (1997)
18) M. Ue, *Prog. Batteries Battery Mater.*, **14**, 137 (1995)
19) M. Ue, A. Murakami, S. Nakamura, *J. Electrochem. Soc.*, **149**, A1385 (2002)
20) 宇恵，第12回高分子エレクトロニクス研究会講座テキスト，p.47 (1997)
21) M. Ue, K. Ida, S. Mori, *J. Electrochem. Soc.*, **141**, 2989 (1994)
22) M. Ue, M. Takeda, M. Takehara, S. Mori, *J. Electrochem. Soc.*, **144**, 2684 (1997)
23) M. Ue, A. Murakami, S. Nakamura, *J. Electrochem. Soc.*, **149**, A1572 (2002)
24) M. Ue, M. Takehara, Y. Oura, A. Toriumi, M. Takeda, *Electrochemistry*, **69**, 458 (2001)
25) M. Takehara, Y. Sawada, H. Nagaoka, N. Mine, M. Ue, *Electrochemistry*, **71**, in press.
26) S. Mori, H. Asahina, H. Suzuki, A. Yonei, K. Yokoto, *J. Power Sources*, **68**, 59

第4章 ポリマー電解質

(1997)
27) A. Kominato, E. Yasukawa, N. Sato, T. Ijuuin, H. Asahina, S. Mori, *J. Power Sources*, **68**, 471 (1997)
28) T. Sato, M. Deschamps, H. Suzuki, H. Ota, H. Asahina, S. Mori, MRS Symp. Proc., **496**, 457 (1998)
29) Y. Wang, S. Nakamura, M. Ue, P. B. Balbuena, *J. Am. Chem. Soc.*, **123**, 11708 (2001)
30) Y. Wang, S. Nakamura, K. Tasaki, P. B. Balbuena, *J. Am. Chem. Soc.*, **124**, 4408 (2002)
31) 宇恵, スイッチング電源・バッテリーシステムシンポジウムテキスト, F-5-3 (2003)
32) K. Hasegawa, Y. Arakawa, *J. Power Sources*, **43/44**, 523 (1993)
33) E. Yasukawa, K. Shima, A. Kominato, K. Ida, S. Mori, in "7th International Seminar on Battery Waste Management", Boca Raton, FL (1995)
34) X. Wang, E. Yasukawa, S. Kasuya, *J. Electrochem. Soc.*, **148**, A1058 (2001)
35) X. Wang, E. Yasukawa, S. Kasuya, *J. Electrochem. Soc.*, **148**, A1066 (2001)
36) M. Ue, M. Takeda, *J. Korean Electrochem. Soc.*, **5**, 192 (2002)
37) Y. Sasaki, R. Ebara, N. Nanbu, M. Takehara, M. Ue, *J. Fluorine Chem.*, **108**, 117 (2001)
38) M. Takehara, R. Ebara, N. Nanbu, M. Ue, Y. Sasaki, *Electrochemistry*, **71**, in press.
39) K. Tasaki, K. Kanda, S. Nakamura, M. Ue, *J. Electrochem. Soc.*, **150**, in press.
40) Z.-B. Zhou, M. Takeda, M. Ue, *J. Fluorine Chem.*, **123**, 127 (2003)
41) Z.-B. Zhou, M. Takeda, T. Fujii, M. Ue, *Solid State Ionics*, in press.

5 新規高分子固体電解質

内本喜晴[*1]　脇原將孝[*2]

5.1 はじめに

　全固体イオニクス素子用の固体電解質として，高分子固体電解質もその有力な候補である。特に，近年，リチウムイオン二次電池が急速に普及してきているが，そのリチウムイオン二次電池に電解質として用いられている有機電解液が可燃性であることから安全性の面で問題があり，不燃性の高分子固体電解質の適用が待望されている。そのような二次電池を開発することができれば，環境に優しいハイブリッド電気自動車（HEV）や電気自動車（EV）の普及を促進することができる。

　高分子固体電解質の研究は1973年にP.V.Wrightらが，ポリエチレンオキサイド（PEO）がアルカリ金属と錯体を形成してアルカリ金属イオン伝導性を発現することを発見したことに始まっている[1]。その後，1979年にM.B.ArmandらがそのPEO-アルカリ金属塩固溶体を固体電解質として二次電池等の電子機器に応用できる可能性を指摘してから世界的に注目され始めた[2]。

　PEOは極性を持つエーテル酸素が繰り返される単位構造を有しており，高分子鎖内で極性溶媒中と類似した環境が形成され，カチオンを溶媒和することにより，支持電解質を溶解することができる。また，PEOは骨格中の$-OCH_2CH_2O-$がイオン解離に有利なゴーシュ構造を持ち，らせん構造をとるため，支持電解質が解離する際の自由エネルギーを大きく低下させることができるという特徴も有している。

　高分子固体電解質中を移動するイオンは極性溶媒中のイオンほどの自由度は持たず，高分子鎖とイオンとの相互作用を介して高分子鎖に固定（擬溶媒和）されている状態にある。したがって，高分子のセグメント運動に沿って，連続的に相互作用する相手（セグメント）を変えながらイオンの移動が起こるものと考えられている。つまり高分子固体電解質中におけるイオンの移動は，無機結晶性イオン導電体中のようなホッピングモデルではなく，高分子鎖のセグメント運動性に支配され，言い換えれば，高分子の熱弾性的性質に支配されることになる。ゆえに，高分子固体電解質のイオン導電率の温度依存性は，Arrhenius型ではなく，以下で説明する高分子鎖の運動性を考慮したWLF（Williams-Landel-Ferry）型になることになり，高分子のセグメント運動の開始点であるガラス転移温度が低いほど室温での導電率は高くなる。高分子固体電解質の導電機構に関しては優れた成書が出ているので参照されたい[3]。

　高分子固体電解質のイオン導電率向上のためには，上記のようにガラス転移温度の低い高分子

[*1]　Yoshiharu Uchimoto　東京工業大学　大学院理工学研究科　助教授
[*2]　Masataka Wakihara　東京工業大学　大学院理工学研究科　教授

第4章 ポリマー電解質

を用いることが必要となるが、室温で固体状態を維持する電解質を作製するということと両立させるためには、現状以上に低いガラス転移温度を有する高分子固体電解質の作製は難しい。また、導電率のみならず、一般に高分子固体電解質中でのリチウムイオンの輸率は小さいことも問題である。リチウムイオンはエーテル酸素に強く溶媒和された状態で存在し、アニオンは電荷が非局在化されているために、カチオンに比べて弱い溶媒和状態で存在している。そのため、リチウムイオンの移動度がアニオンの移動度よりも低くなり、リチウムイオン輸率が低くなる。そこで、これらの問題を解決すべく、高分子固体電解質中でのリチウムイオンの活量の向上を図ることにより、輸率、導電率の向上を行おうとする試みが最近行われている。すなわち、アニオンにも強く溶媒和する環境を作り、アニオンの移動度を抑制することで、リチウムイオン輸率を向上することが可能になる。また、そのようなアニオンにも溶媒和する環境は、完全解離していない支持電解質の解離性にも影響を及ぼすと考えられ、イオン導電率の向上も期待できる。そのような観点から、近年ルイス塩基であるアニオンと溶媒和するルイス酸を電解質に混入することが注目されている。

ルイス酸を電解質に導入する研究は、通常の有機電解液に導入した例や、高分子固体電解質に導入した例がいくつか報告されている。H.S.Leeら[4~8]は、ホウ酸エステルの置換基を電子吸引性の強いものに変化させることで、ホウ酸エステルのルイス酸性を高め、そのホウ酸エステル(図1(c))を添加することで有機電解液のイオン導電率が向上することを示した。さらに、彼らは窒素原子を組み込んだアニオンレセプター(図1(d))についても同様に評価している[9~11]。ま

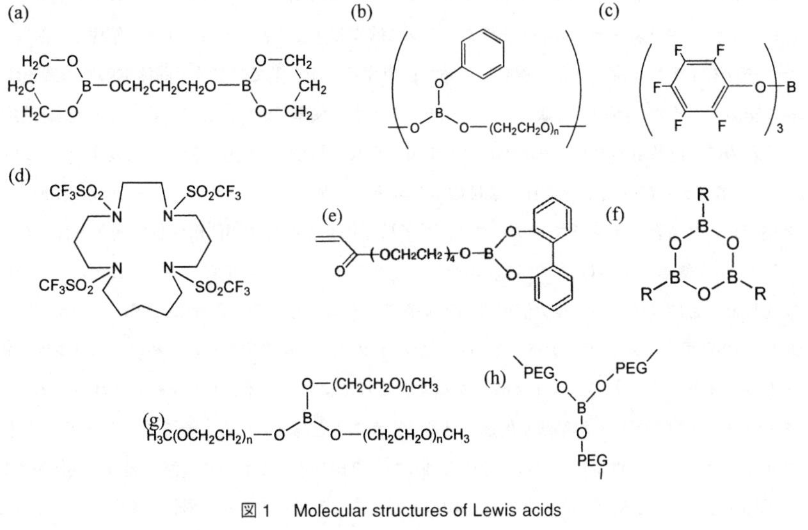

図1 Molecular structures of Lewis acids

た，C.A.Angellらは，ホウ酸エステル（図1(a)）を添加した有機電解液とホウ酸エステルをマトリックスに組み込んだ高分子固体電解質（図1(b)）について評価している[12, 13]。M.Watanabeらは，ホウ酸エステル含有モノマー（図1(e)）を作製して炭酸プロピレンなどを用いたゲル高分子固体電解質のマトリックスとしている。そして，そのホウ酸エステル含有モノマーがアニオンに配位することで，支持電解質の解離性が向上し，イオン導電率が上昇したことを報告している[14]。また，T.Fujinamiらは，ボロキシン環を有する高分子（図1(f)）をPEO系高分子マトリックスに混合させた高分子固体電解質について検討し，ボロキシン環によるアニオントラップにより，リチウムイオン輸率が向上することを報告している[15~19]。ホウ素系以外のルイス酸としては，W.WieczorekらがAlBr$_3$の持つルイス酸性に注目し，それをPEG-LiClO$_4$系電解質に添加することで，支持電解質の解離性が高まり，イオン導電率が向上することを報告している[20, 21]。

また，筆者らの研究室でもホウ酸エステルに代表される13族エステルのルイス酸性に注目し，ルイス酸性を持ち，かつ可燃性の低いメトキシポリエチレングリコール-ホウ酸エステル誘導体（図1(g)）を高分子固体電解質に添加する研究[22~27]やホウ酸エステル基が固定されたマトリックスからなる高分子固体電解質（図1(h)）についての研究[28~30]を行ってきている。

本稿では，当研究室の13族エステルに関する研究を中心に，そのイオン導電率，輸率，さらに電気化学特性について概説する。

5.2 13族エステルを添加した高分子固体電解質

前述のように，高分子固体電解質においては，エチレンオキシド（EO）鎖を有する高分子を用い，ドナー性のエーテル基がリチウムイオンに溶媒和することによってイオン解離し，解離したリチウムイオンが高分子鎖の運動に伴って伝導する。現段階での高分子固体電解質の問題は，特に室温でのイオン導電率が低いこととリチウムイオン輸率が低いことにある。この問題を解決するために，自動車のブレーキオイルとして用いられており，不燃性で熱的にも安定であるPEG-ホウ酸エステルに注目し，これを2種のポリエチレングリコールメタクリレート（以下PEGMAと略記）の共重合体であるマトリックス高分子に添加した高分子固体電解質の開発を行った。

PEG-ホウ酸エステルは，分子内にエチレンオキサイド（EO）鎖を有していることから，熱的安定性とともにリチウムイオン伝導性を有することが考えられる。さらに，PEG-ホウ酸エステルは，13族元素であるホウ素が，その不完全なオクテットを満足させるためにアニオンから電子を受容する，すなわち，ルイス酸性を示す。これによりアニオンとリチウムイオンとのインターラクションを弱め，塩解離を促進させる効果があると考えられる。そこで，13族のホウ素，アルミニウム，ガリウムに注目し，その3種をルイス酸中心としたルイス酸を高分子固体電解質に添加する研究を進めている。ルイス酸中心を変えることでそのルイス酸性を変化させ，それら

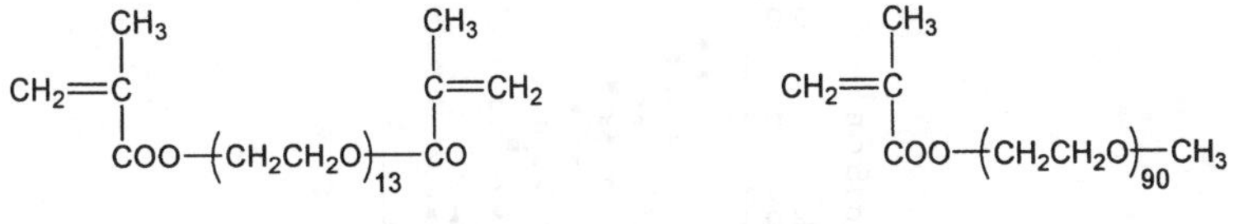

第4章　ポリマー電解質

図2　Molecular structure of PDE600 and PME4000

のルイス酸性が高分子固体電解質のイオン伝導性に及ぼす影響について検討した。

高分子固体電解質に関しては，PEG-MA，PDE600(PEG-dimethacrylate，M.W.600)，PME4000(PEG-monomethacrylate，M.W.4000)(いずれも日本油脂㈱製，図2)，もしくはPME400(PEG-monomethacrylate，M.W.400)をマトリックスポリマーとしている。ルイス酸としてB$(OC_2H_5)_3$，Al$(OC_2H_5)_3$，並びにGa$(OC_2H_5)_3$を使用した。また，支持電解質として，LiCl，LiBr，LiI，LiCF$_3$SO$_3$(LiTf)を使用した。

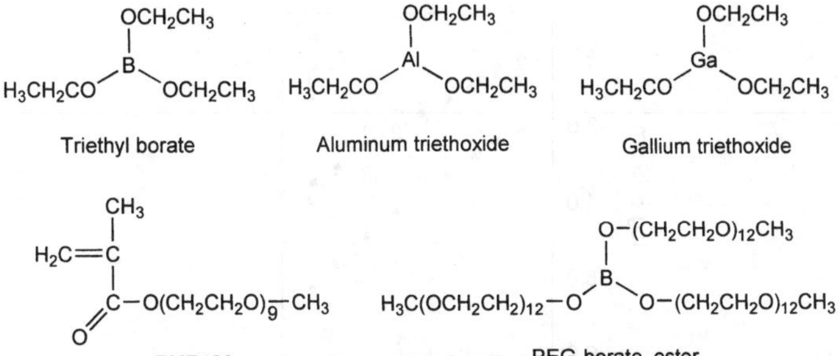

Triethyl borate　　Aluminum triethoxide　　Gallium triethoxide

PME400　　　　　　PEG-borate ester

図3に$n = 12$のPEG-ホウ酸エステルを用いた高分子固体電解質のイオン導電率の温度依存性を示す。結果よりPEG-ホウ酸エステルの添加量を増やすことにより，イオン導電率が向上していることが分かった。PEG-ホウ酸エステルの添加量をさらに増やしたものは電解質のフィルムとして形成することができず，したがってマトリックス高分子に対してPEG-ホウ酸エステルを約70wt% (1/1/5)加えたものが最適な組成であるとした。図4はその最適の組成比で，PEG-ホウ酸エステルのEO鎖の長さを変化させた場合のイオン導電率について示したものである。結果より$n = 3$のPEG-ホウ酸エステルが，最も添加効果が高いことが分かった。

図5にEO鎖の長さの異なるPEG-ホウ酸エステルをそれぞれ約70wt% (1/1/5)加えたもののTG曲線を示す。EO鎖$n = 12$のPEG-ホウ酸エステルを加えたものに関しては300℃付近まで安定であり，無添加のそれと匹敵することが分かった。また$n=3$のものに関しても150℃付近まで熱的に安定であることが分かった。以上より，PEG-ホウ酸エステルを用いることにより，

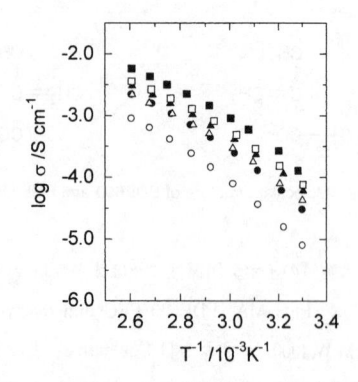

図3 Arrhenius plots of ionic conductivity for PDE600：PME4000
：PEG-borate ester (n=12)(1:1:x)＋LiTFSI (Li/EO=1/8)
Weight ratio of PEG-borate ester ($n=12$)；●：$x=1$, △：$x=2$,
▲：$x=3$, □：$x=4$, ■：$x=5$, ○：without PEG-borate ester

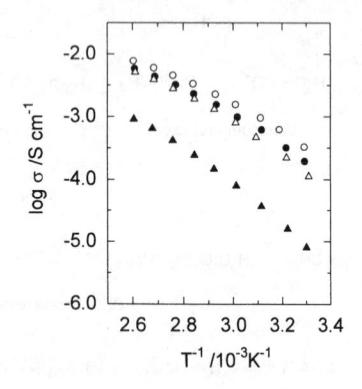

図4 Arrhenius plots of ionic conductivity for PDE600：PME4000：
PEG-borate ester (1:1:5)＋LiTFSI (Li/EO=1/8)
EO chain length of PEG-borate ester；○：$n=3$, ●：$n=6$, △：$n=12$,
▲：without PEG-borate ester

熱的安定性が高くかつイオン伝導性の高い高分子固体電解質を得られることが分かった。

次に，13族元素のルイス酸性がイオン導電に与える影響について検討した。イオン導電率の結果を図6に示す。$Al(OC_2H_5)_3$，$Ga(OC_2H_5)_3$を添加した場合にはイオン導電率が上昇し，$B(OC_2H_5)_3$を添加した場合よりもその効果が大きかった。ルイス酸添加濃度で比較すると，その添加量を増やすことでイオン導電率向上の度合が強くなった。

測定したリチウムイオン輸率をまとめて図7に示す。$Al(OC_2H_5)_3$，$Ga(OC_2H_5)_3$を添加した場

第4章　ポリマー電解質

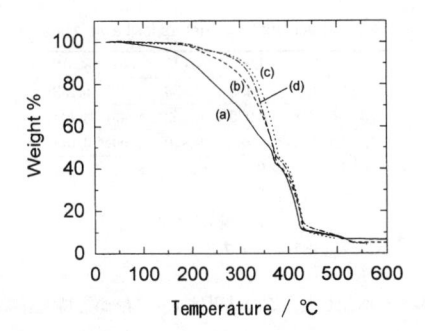

図5　Thermogravimetry curves of PDE600：PME4000：PEG-borate ester（1：1：5）＋LiTFSI（Li/EO＝1/8）
EO chain length of PEG-borate ester；(a) $n=3$，(b) $n=6$，(c) $n=12$，(d)：without PEG-borate ester

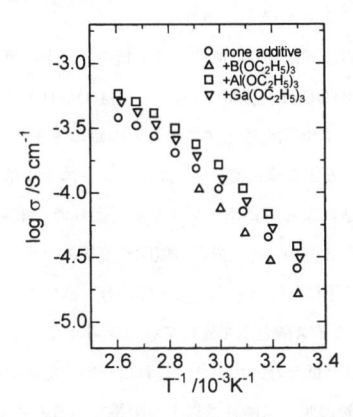

図6　Arrhenius plots of ionic conductivity for PME400-LiTf（1.0 mol/kg）-add.（0.15 mol/kg）

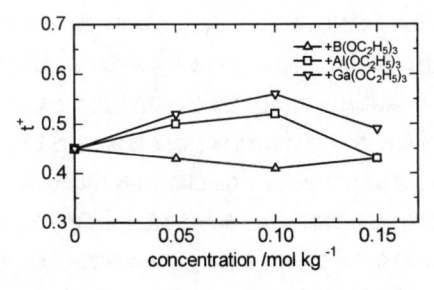

図7　Lithium ion transference number vs. concentration of additive

表1 Calculated parameters for Lewis acids

	I/eV	A/eV	χ/eV	η/eV
B(OC$_2$H$_5$)$_3$	9.485	-0.834	4.326	5.159
Al(OC$_2$H$_5$)$_3$	8.970	0.162	4.566	4.404
Ga(OC$_2$H$_5$)$_3$	9.135	0.840	4.988	4.147

I：イオン化ポテンシャル
A：電子親和力
χ：マリケンの電気陰性度
η：絶対ハードネス

合にはリチウムイオン輸率が増加した。この結果はルイス酸が支持電解質の解離性を促進するだけではなく，アニオンを補足することでアニオン導電率を低下させるためにリチウムイオン輸率が増加したものと考えられる。逆にB(OC$_2$H$_5$)$_3$を添加した場合には，リチウムイオン輸率はほとんど変化しなかった。これは支持電解質の解離性は若干促進するものの，アニオンを補足するまでの強い相互作用がないことを意味している。

相互作用について，定量的に評価するために，分子軌道法による第一原理計算プログラムであるGaussian98を使用して，B(OC$_2$H$_5$)$_3$，Al(OC$_2$H$_5$)$_3$，Ga(OC$_2$H$_5$)$_3$の3種類のルイス酸化合物，種々のアニオン，並びにルイス酸化合物とアニオンとの錯体をそれぞれB3LYP/6-311＋G**により構造最適化を行い，その安定な構造でシングルポイントエネルギー計算を行った。電荷の解析はMerz-Kollman-Singh法による静電ポテンシャルにより導く電荷で行った。

第一原理計算により求めた3種のルイス酸の電気陰性度等のパラメーターを表1に示す。ルイス酸の電気陰性度は周期表で下に行くほど高くなっており，高いものほど強いルイス酸性を示すことからGa(OC$_2$H$_5$)$_3$が最もルイス酸として優れていると考えられる。また，絶対ハードネスについては周期表で下に行くほど低くなっており，これは一般的な傾向と一致している。これらのことから，これらのルイス酸のルイス酸性は以下の順番であると考えられる。

Ga(OC$_2$H$_5$)$_3$ ＞ Al(OC$_2$H$_5$)$_3$ ＞ B(OC$_2$H$_5$)$_3$

図8にアニオンとしてCl$^-$を用いた場合のCl K-edgeのXANESを示す。Ga(OC$_2$H$_5$)$_3$をルイス酸として添加した場合のみ，XANESが変化し，低エネルギー側に肩が現れた。この結果から，Ga(OC$_2$H$_5$)$_3$とCl$^-$は非常に強い結合を形成していると考えられる。図9にGa K-edge EXAFSの結果を示す。LiClを加えた系において，塩を含まない場合に比べて大きく変化し，Gaから1.8Åの距離に新しくピークが現れている。これはXANESでも確認できたように，Ga(OC$_2$H$_5$)$_3$の3つのOの他にCl$^-$アニオンがガリウムに配位し，Ga-Cl結合が現れているためである。また，LiBr，LiIを支持電解質として用いた系に関しても，新たに2Å付近にピークが現れている。これはそれぞれ，Ga-Br，Ga-Iの結合であると考えられる。ピーク強度が，塩化物イオン，臭化物イオン，ヨウ化物イオンとなるにつれて弱くなっている，すなわちデバイワーラー因子が大きくなっ

第4章 ポリマー電解質

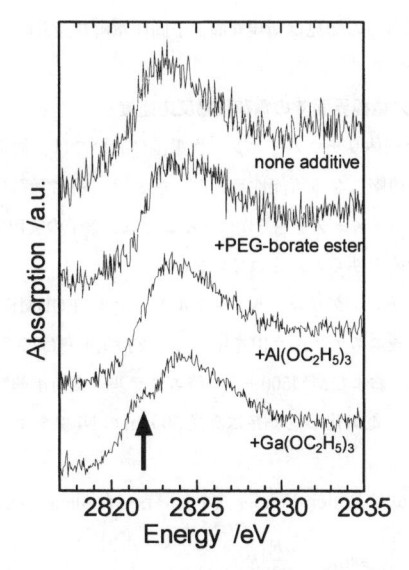

図8 Cl K-edge XANES spectra of PME400-LiCl(0.1 mol/kg)-add.(0.2 mol/kg)

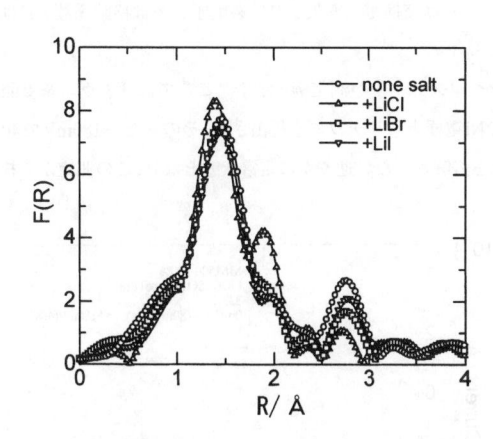

図9 Ga K-edge EXAFS spectra of PME400-salt(0.2 mol/kg)-Ga(OEt)$_3$ (0.2 mol/kg)

ているが,これは結合が弱くなることにより,Ga-アニオンの結合交換速度が増加するためである。

以上,高分子固体電解質に対してルイス酸を添加することで,支持電解質の解離性が高まり,キャリヤーイオン濃度が向上することがわかった。また,Al(OC$_2$H$_5$)$_3$,Ga(OC$_2$H$_5$)$_3$ではアニオンとの相互作用が強いためにアニオン導電率を減少させることができるために,リチウムイオン

輸率の向上が図れた。これらの知見は新規な高分子固体電解質設計の指針となるものである。

5.3 高分子固体電解質／電極界面での電荷移動反応速度

固体電解質を用いる全固体リチウムイオン二次電池においては，従来の液体電解質系とは異なった反応素過程が律速段階になる可能性がある。従って，固体電解質系での電極/電解質界面での反応速度に寄与するパラメータを明らかにすることは，素子の実用化を行う上で極めて重要であるが，これまではほとんど明らかにされていない。

分子量の異なるポリエチレングリコールジメチルエーテル PEGDME (M_w = 500, 1,000)，およびルイス酸としてホウ酸エステル (n = 3) を用いた。支持電解質はLiCF$_3$SO$_3$を用いた。MM500＋MM1000＋支持電解質，およびMM500＋ホウ酸エステル＋支持電解質において溶媒の混合比を変えて溶液を作製した。電気化学的測定は直径 50 μm の Ni 線をマイクロ電極として用いて行った。

交換電流密度を求める式は Butler-Volmer 式を変形させた Allen-Hickling 式を用いた。

$$\ln\left[\frac{i}{1-\exp(FE/RT)}\right] = \ln i_0 - \frac{\alpha F}{RT}E$$

ここで，i は電流密度，i_0 は交換電流密度，E は過電圧，α は移動係数，F はファラデー定数である。

図10にクロノアンペロメトリーの測定例を示す。ここではリチウムを参照極とし，-180mVで40秒保持することでNi電極上にリチウムを析出させ，そのあと+180mVで40秒保つことによって析出したリチウムを溶解させた。速やかに定常状態となり，この測定から様々な過電圧に対し

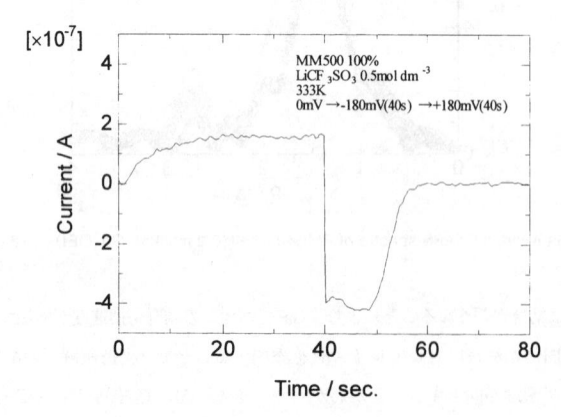

図10 Chronoamperometric response of MM500 electrolyte at 333K

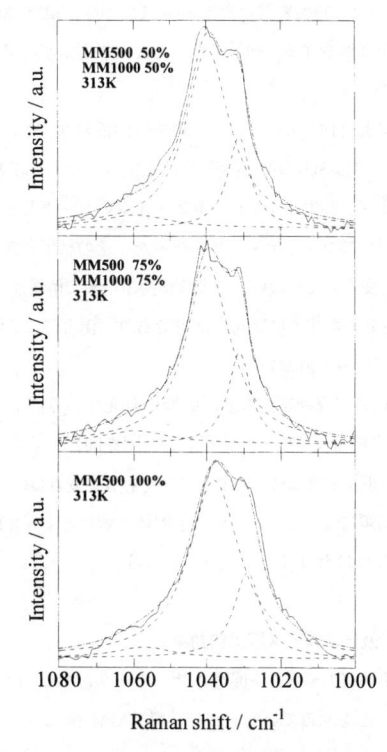

第4章　ポリマー電解質

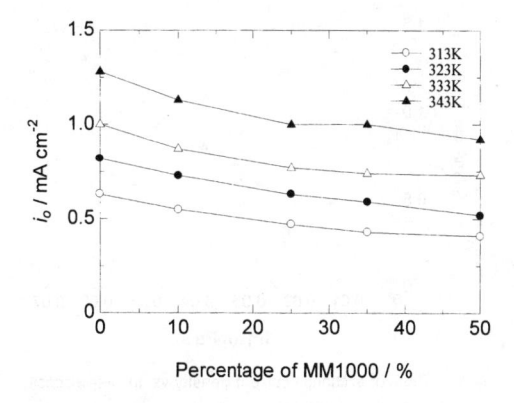

図11　Exchange current densities of the Li/Li$^+$ couple in LiCF$_3$SO$_3$ /MM500 ＋ MM1000 electrolytes at various temperatures

図12　Raman spectra of the ν (SO$_3$) mode in LiCF$_3$SO$_3$/MM500 ＋ MM1000 at 313K

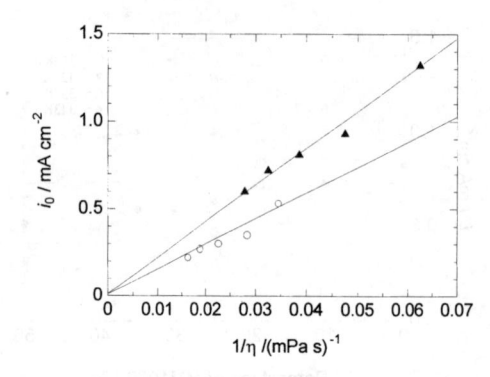

図13 Plots of exchange current density vs. inverse viscosity

て酸化電流および還元電流を測定した。サイクル効率は全ての試料で90％前後であった。MM1000の混合比に対する交換電流密度の変化を図11に示す。MM1000の割合が増加するにしたがって交換電流密度の値は減少する傾向が見られた。交換電流密度がどのような因子によって決定されるかを以下に考察する。

図12にMM1000の重量混合比が0％，25％，50％の溶液の313Kでのラマンスペクトルを示す。ここに現れているピークはSO_3の伸縮振動（$\nu(SO_3)$）のピークである。ラマンシフトの低い順にそれぞれフリーイオン，接触イオン対，凝集イオンのピークとされている。このピークに対してローレンツ関数を用いてフィッティングを行った。その結果をみると，どの混合比においてもピークの比はほとんど変化していない。つまり支持電解質の解離性に違いはみられなかった。同様に343Kにおいて測定した結果もほぼ同じ結果であり，温度による解離性の違いは交換電流密度を測定した温度範囲ではみられない。

リチウムイオンの活量以外に交換電流密度に影響を与えている因子が存在することがわかった。次に，$1/\eta$に対して交換電流密度をプロットした図を図13に示す。ηは溶液の粘度である。良い直線関係が得られ交換電流密度は粘度によって強く影響を受けていることが分かる。これは，通常の液体電解質系では問題にならないが，高分子固体電解質のような粘度の大きい電解質の使用を考えたときには考慮しなければならない因子である。

5.4 電荷移動反応速度に及ぼすルイス酸添加効果

ルイス酸を用いて支持電解質の解離性を促進させ，リチウムイオンの活量を上げることで，交換電流密度を増加させることを試みている。測定試料はMM500に対してホウ酸エステルの割合が重量比で0，5，10，25，35，50，100％である。ホウ酸エステルの混合比に対する交換電流密

第4章 ポリマー電解質

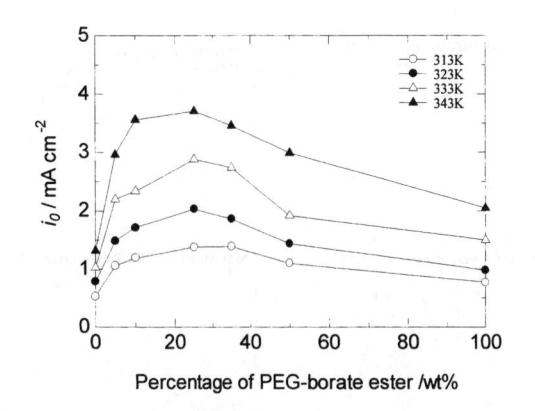

図14 Exchange current densities of the Li/Li$^+$ couple in LiCF$_3$SO$_3$/MM500 ＋PEG-Borate-esterelectrolytes at various temperatures

度の変化を図14に示す。ホウ酸エステルを加えることで交換電流密度の値は大幅に上昇し，混合量が10～25%加えたところで極大値をとった後，ホウ酸エステルの量とともに減少する傾向がみられた。

図15に混合比を変化させた溶液のSO$_3$の伸縮振動（ν(SO$_3$)）のピークを示す。ホウ酸エステルを10%および25%加えた場合にフリーイオンのピークが大きく上昇しているのが分かる。しかし，それ以上ホウ酸エステルの量が増加するとフリーイオンの割合は減少し，凝集イオンのピークが大きくなる。これは，ホウ酸エステル自身はリチウムイオンとの溶媒和がMM500と比較して弱いために，ホウ酸エステルの量が多くなると凝集イオンが増加すると考えられる。塩濃度が0.5mol dm^{-3}のときを考えるとホウ素原子の数とアニオンの数はホウ酸エステルが25%のときに1:1となり，リチウムイオンに対する最適な溶媒和が起こると考えられる。溶媒和の強さ，アニオンとの相互作用については後述の第一原理計算により検討を行った。

1/ηに対する交換電流密度の値を検討した結果，MM500/MM1000混合溶液のときと同様に交換電流密度は粘度によって強く影響を受けることが分かった。ホウ酸エステルはMM500より粘度が大きいため，粘度の面から考えるとホウ酸エステルを加えることは交換電流密度に不利に働くはずであるが交換電流密度は増加しており，ルイス酸によるリチウムイオンの活量の効果が大きいことが明らかとなった。

表2にリチウムイオンとの相互作用の計算結果を示す。MM500ではヘリックス構造をとり，その中にリチウムイオンが溶媒和することで安定化する。ホウ酸エステルではリチウムイオンはエーテル酸素に対して4配位であるのに対して，MM500では5配位である。それに伴って，結合エネルギーもMM500の方が高く，リチウムイオンに対して強く溶媒和していることが分かる。

167

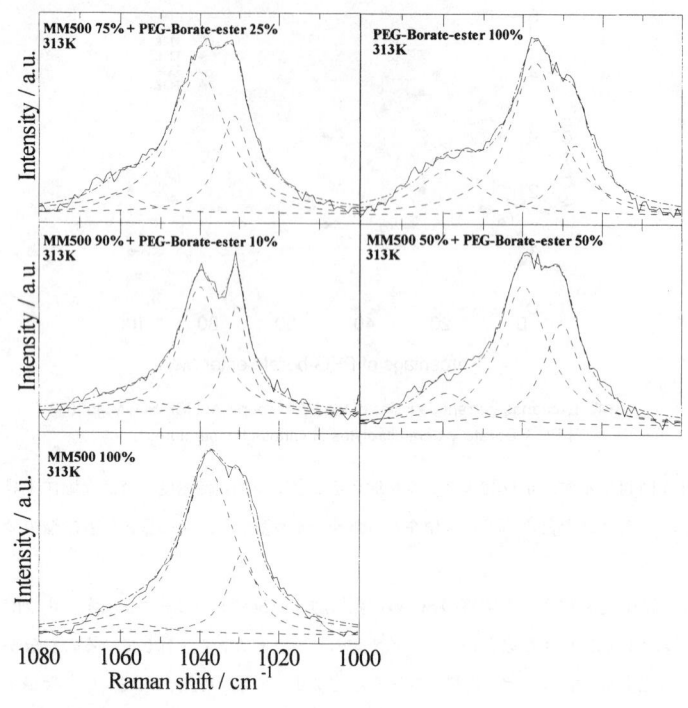

図15 Raman spectra of SO$_3$ symmetric stretching mode for LiCF$_3$SO$_3$/MM500+PEG-Borate-ester electrolytes at 313K

表2 Interaction between MM500, PEG-Borate-ester and lithium ion

	ΔE(KJ/mol)	Coordination Number
MM500	−464.5	5
PEG-Borate-ester	−415.4	4

表3 Interaction between PEGDME, PEG-Borate-ester and triflate anion

	ΔE(KJ/mol)
MM500	−37.0
PEG-Borate-ester	−44.6

第4章 ポリマー電解質

　表3にトリフレートアニオン（$CF_3SO_3^-$）との相互作用の計算結果を示す。この結果をみるとリチウムイオンのときとは逆に，アニオン分子はホウ酸エステルの方と強く相互作用していることが分かる。このことは，ホウ酸エステルがアニオンを引きつけて解離を促進しているという実験結果を支持するものである。
　以上をまとめると，電極/電解質界面でのLi/Li^+酸化還元反応の交換電流密度の測定により，界面での電荷移動反応は溶液の粘度によって大きく影響を受けることがわかった。また交換電流密度を向上させるために，ホウ酸エステルが非常に有効であることが分かった。これはホウ酸エステルがアニオンを引きつけて支持電解質の解離を促進させるとともに，リチウムイオンがMM500に選択的に溶媒和することによるものだと考えられる。

5.5　おわりに

　本稿では，ルイス酸というヘテロな場を高分子固体電解質中に導入することにより，アニオンと相互作用させ，リチウムイオン導電率，輸率というバルクの物性を向上させることができるとともに，デバイスとして用いる場合に必要な電極界面での反応速度の向上がはかれることを述べた。取りあげた例は均一なヘテロな場を導入する例についてであるが，例えばナノサイズの固体を導入するといった不均一な場を導入することによっても新しい機能の発現が期待できる。

文　献

1) D. E. Fenton, J. M. Parker, P. V. Wright, *Polymer*, **14**, 589 (1973)
2) M. B. Armand, J. M. Chabagno, M. Duclot, in：P. Vashishta et al. (Eds.), Fast Ion Transport in solids, Elsevier, New York (1979)
3) 緒方直哉編，導電性高分子，講談社 (1990)；植谷慶雄，高分子リチウム電池，シーエムシー出版 (1999)；大野弘幸，電子機能材料，第4章「イオン伝導材料」，高分子学会編，共立出版 (1992) 等
4) H. S. Lee, X. Q. Yang, C. L. Xiang, J. McBreen, *J. Electrochem. Soc.*, **145**, 2813 (1998)
5) X. Sun, H. S. Lee, X. Q. Yang, J. McBreen, *Electrochem. Solid-State Lett.*, **1**, 239 (1998)
6) X. Sun, H. S. Lee, X. Q. Yang, J. McBreen, *J. Electrochem. Soc.*, **146**, 3655 (1999)
7) H. S. Lee, X. Q. Yang, X. Sun, J. McBreen, *J. Power Sources*, **97-98**, 566 (2001)
8) X. Sun, H. S. Lee, X. Q. Yang, J. McBreen, *J. Electrochem. Soc.*, **149**, A355 (2002)
9) H. S. Lee, X. Q. Yang, J. McBreen, L. S. Choi, Y. Okamoto, *J. Electrochem. Soc.*,

143, 3825 (1996)
10) H. S. Lee, X. Q. Yang, C. Xiang, J. McBreen, J. H. Callahan, L. S. Choi, *J. Electrochem. Soc.*, **146**, 941 (1999)
11) H. S. Lee, X. Sun, X. Q. Yang, J. McBreen, J. H. Callahan, L. S. Choi, *J. Electrochem. Soc.*, **147**, 9 (2000)
12) S. S. Zang, C. A. Angell, *J. Electrochem. Soc.*, **143**, 4047 (1996)
13) X. Sun, C. A. Angell, *Electrochimi. Acta*, **46**, 1467 (2001)
14) T. Hirakimoto, M. Nishiura, M. Watanabe, *Electrochimi. Acta*, **46**, 1609 (2001)
15) M. A. Metha, T. Fujinami, *Chem. Lett.*, **9**, 915 (1997)
16) M. A. Metha, T. Fujinami, *Solid State Ionics*, **113-115**, 187 (1998)
17) M. A. Metha, T. Fujinami, T. Inoue, *J. Power Sources*, **81-82**, 724 (1999)
18) M. A. Metha, T. Fujinami, S. Inoue, K. Matsushita, T. Miwa, T. Inoue, *Electrochimi. Acta*, **45**, 1175 (2000)
19) Y. Yang, T. Inoue, T. Fujinami, M. A. Metha, *Solid State Ionics*, **140**, 353 (2001)
20) W. Wieczorek, D. Raducha, A. Zalewska, J. R. Stevens, *J. Phys. Chem. B*, **102**, 8725 (1998)
21) R. Borkowska, A. Reda, A. Zalewska, W. Wieczorek, *Electrochimi. Acta*, **46**, 1737 (2001)
22) M. Saito, H. Ikuta, Y. Uchimoto, M. Wakihara, S. Yokoyama, T. Yabe, M. Yamamoto, *J. Electrochem. Soc.*, **150**, A726-A731 (2003)
23) M. Saito, H. Ikuta, Y. Uchimoto, M. Wakihara, S. Yokoyama, T. Yabe, M. Yamamoto, *J. Electrochem. Soc.*, **150**, A477-A483 (2003)
24) K. Hasumi, H. Ikuta, Y. Uchimoto, M. Wakihara, *Electrochemistry*, in press
25) Y. Kato, K. Hasumi, S. Yokoyama, T. Yabe, H. Ikuta, Y. Uchimoto, M. Wakihara, *Solid State Ionics*, **150**, 355-361 (2002)
26) Y. Kato, K. Hasumi, S. Yokoyama, T. Yabe, H. Ikuta, Y. Uchimoto, M. Wakihara, *J. Thermal Analysis*, Calorimetry, **69**, 889-896 (2002)
27) Y. Kato, S. Yokoyama, H. Ikuta, Y. Uchimoto, M. Wakihara, *Electrochemistry Communication*, **3**, 128-130 (2001)
28) Y. Kato, K. Suwa, H. Ikuta, Y. Uchimoto, M. Wakihara, S. Yokoyama, T. Yabe, M. Yamamoto, *J. Mater. Chem.*, **13**, 280-285 (2003)
29) Y. Kato, K. Suwa, S. Yokoyama, T. Yabe, H. Ikuta, Y. Uchimoto, M. Wakihara, *Solid State Ionics*, **152**, 155-159 (2002)
30) M. Saito, H. Ikuta, Y. Uchimoto, M. Wakihara, S. Yokoyama, T. Yabe, M. Yamamoto, *J. Phys. Chem. B*, in press.

第5章 セパレーター

1 材料開発と製造プロセス

辻岡則夫*

1.1 はじめに

電池を、正極・負極の隔離層の構成で分類すると図1の様に分類できる[1]。液系の電解質を使用する電池では、紙、不織布、微多孔膜、ガラスマットなど多種多様な材料が隔離材(セパレーター)として使用されるが、一般的にポリマー電池では、ポリマー電解質(SPE；Solid Polymer Electrolyte)層がセパレーターの機能を有するため、特別のセパレーターを使用する必要はない。ポリマー電池用の電解質として当初、真性ポリマー電解質が精力的に研究された。しかし実用に供するレベルのイオン伝導性を有するものは得られなかった。一方、溶剤に塩を溶解した溶液をポリマーに含有させた、いわゆるゲル状ポリマー電解質が開発された。これらは液系並みのイオン伝導性を有すると同時に、液漏れ防止などの安全上好ましいことから、1990年代後半に「リチウムポリマー電池」(以下LIP)として登場し、近年市場を拡大している。

上記したように、ポリマー電池には必ずしもセパレーターを使用する必要性はないが、市販されているLIPには、リチウムイオン二次電池(以下LIB)のセパレーターと同じポリオレフィン微多孔フィルムがセパレーターとして使用されることが多い。そのため本稿ではまず、LIB, LIPのセパレーターとして使用されているポリオレフィン微多孔フィルムについて材料開発、製造プ

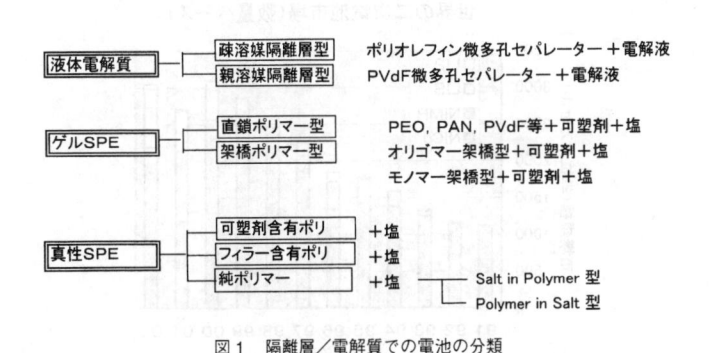

液体電解質	疎溶媒隔離層型	ポリオレフィン微多孔セパレーター＋電解液
	親溶媒隔離層型	PVdF微多孔セパレーター＋電解液
ゲルSPE	直鎖ポリマー型	PEO, PAN, PVdF等＋可塑剤＋塩
	架橋ポリマー型	オリゴマー架橋型＋可塑剤＋塩
		モノマー架橋型＋可塑剤＋塩
真性SPE	可塑剤含有ポリ	＋塩
	フィラー含有ポリ	＋塩
	純ポリマー	＋塩 ─ Salt in Polymer 型
		─ Polymer in Salt 型

図1 隔離層／電解質での電池の分類

* Norio Tsujioka 旭化成㈱ 応用製品開発研究所 主席研究員

ロセス，特性等を解説し，次いでLIPセパレーター固有の特性や製法などについて記す。

1.2 LIBおよびLIPの市場動向

図2に，世界の小型二次電池市場の推移を示す[2]。携帯機器の拡大にともない，1990年以降小型二次電池市場は急激に拡大してきた。2000年，2001年は一時停滞したが，2002年には再び成長トレンドに転換し，小型二次電池の市場は5,450億円，30.5億個，対前年比13%増となった。市場の伸びは主にLIBに起因するもので，ニッケルカドミウム二次電池（以下NiCd）やニッケル水素二次電池（以下NiMH）は数量，金額ともほとんど伸びていない。2003年度も特にLIBを中心に10%以上の成長は続き，小型二次電池市場は6,000億円を突破すると予想されている。日

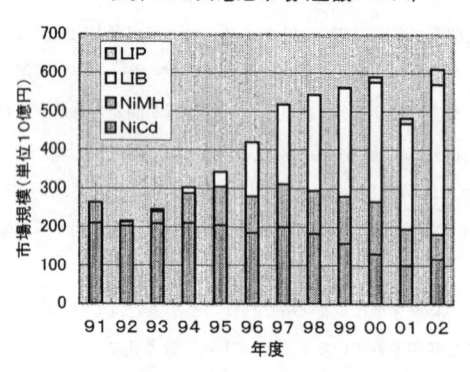

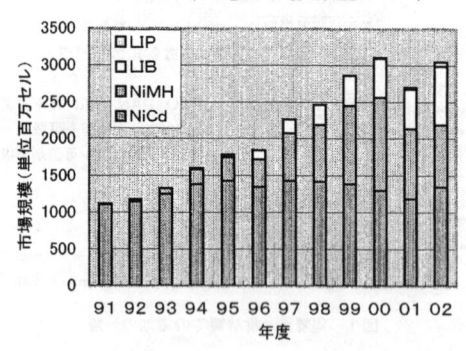

図2 世界の小型二次電池市場の推移
（出典：インフォメーションテクノロジー総合研究所）

第5章 セパレーター

表1 各種一次電池および二次電池とセパレーター

電池の種類		セパレーターの種類
一次電池	マンガン乾電池	クラフト紙
	アルカリ・マンガン乾電池	ビニロン繊維不織布，パルプ系繊維不織布
	リチウム電池	PE微多孔フィルム，PP不織布
	酸化銀電池	再生セルロースフィルム，グラフト化PEフィルム
二次電池	鉛電池	ガラス繊維マット，PE繊維混抄紙
	ニッケルカドミウム電池	PP不織布，ポリアミド不織布
	ニッケル水素電池	PP不織布，ポリアミド不織布
	リチウムイオン電池	PE微多孔フィルム，PE/PP三層微多孔フィルム

本の二次電池市場占有率は，金額で70％程度，数量で50％強と世界的に見ても競争力の高い製品である。とくに値段の高いLIB，LIPで比率が高いため金額ベースの占有率が高くなっているが，そのLIB分野でも韓国，中国等の追い上げが厳しく，金額数量とも年々低下してきている。

リチウムポリマー電池は1997年頃から市場に登場し，2002年の市場占有率は，金額で5.4％，数量で2.0％であった。全体に占める割合はまだ少ないが，伸び率は非常に高く，対前年比は金額で3倍増，数量で倍増であった。また2003年も金額で130％，数量で160％の伸びが予想されている。環境問題やエネルギー問題からとくに自動車の省エネ・炭酸ガス低減に対する取り組みが盛んであり，ハイブリッド自動車用電源用として，NiMHとともにLIBも搭載されはじめた[3]。2020年頃には燃料電池が主流になると予測されている自動車市場ではあるが，当面LIBにとって有望な市場になると期待されている。この分野にも近い将来，LIPが搭載されると思われる。

1.3 各種二次電池とセパレーター要求特性

表1に現在使用されている各種一次電池および二次電池とセパレーターの種類を示す。電池におけるセパレーターの基本的役割は，電極間の短絡防止と電解質保持にあるが，LIBでは異常反応発生時の安全素子としての機能が新たに付加された。一般的にセパレーターに要求される性能を下記に示す。

① 薄くて高信頼性。ピンホール等欠陥のないこと
② 均一性。目付斑，通気度斑，開繊斑のないこと
③ 機械的強度。組立工程性，電極間絶縁保持に支障ないこと
④ 化学的・電気的安定性。耐発生酸素ガス安定性など
⑤ 電解液濡れ性，電解液保液性。ドライアウトしないこと

水系電解液を使用するNiCdやNiMHのセパレーターには，ポリプロピレンやポリアミドの不織布が使用され，有機電解液を使用するLIBやLIPのセパレーターにはポリエチレンやポリプロピレンの微多孔フィルムが使用される。前者では電極間イオン導電性に留意する必要なく，いか

173

にセパレーターに電解液を保持させるかが課題であり、不織布は好ましい形状である。一方、後者では、有機溶剤あるいは溶剤含有ゲルが使用されるため電極間抵抗が大きいことから、いかに電極間距離を狭くして抵抗を小さくするかが重要であり、セパレーターには微多孔フィルムが使用される。

LIBは電解液に可燃性有機溶剤を使用するため、安全に対する種々の配慮[4]がなされているが、その1つとしてセパレーターにも安全素子機能を持たせた。すなわち、何らかの理由で電池温度が上昇したり暴走した場合、微多孔フィルムを溶融閉塞させて電極間のイオンの流れを遮断（シャットダウン）し、電池反応を停止させ、電池の安全を保持させる機能である。一方、ゲル電解質を使用した場合は、リチウムデンドライトによる電極間短絡の可能性が低くなること等から電池安全性は非常に高いが、それでも万全を期すために、LIBと同様なシャットダウン機能を有するセパレーターを使用している。LIB, LIPセパレーター固有の要求特性[5]を追記する。

⑥ 設定温度で迅速にシャットダウンし、リチウムイオンの流れを遮断できること

⑦ シャットダウンした後も、膜が収縮や破膜して正極と負極が直接短絡（ショート）するのを防止し、絶縁を維持すること

1.4 微多孔ポリオレフィンフィルムの物性と製法

1.4.1 微多孔ポリオレフィンフィルムの設計

LIBセパレーターに使用される微多孔フィルムには上記のような特性が要求される。これらを満足する微多孔フィルムを実現するために、物性設計、構造設計が重要である。電池特性、セパレーター特性と、原料、構造制御および製造工程の関係を図3に示す。

1.4.2 機械特性

セパレーターの薄膜化は、電池内部抵抗低減や電池容量向上のため、LIB, LIPにとって最も重要な課題である。LIBが実用化された当時は、25μm厚みの微多孔フィルムが使用されていたが、最近では20μm厚みが一般的となり、さらに薄いセパレーターも使用されている。またLIPでは10μm以下のセパレーターが使用されることもある。セパレーターが薄くなるほど工程でピンホール、皺、破れなど発生しやすく、収率低下の原因となる。また電極活物質等によって電極間短絡を発生させるなど、電池収率の低下や電池安全性低下の要因となる。したがって、極薄セパレーターになるほど、フィルムの引っ張り強度、引っ張り弾性率、ピン突き刺し強度、圧縮強度、表面摩擦係数等の物性向上が重要である。原料ポリマーの分子量や分子量分布、分岐構造などの一次構造、結晶サイズ、結晶構造、結晶配向、架橋構造などの高次構造、空孔率や孔の大きさ、屈曲構造などの多孔構造等と、フィルム物性の関係が精力的に研究され、現在では薄くて高強度の微多孔フィルムが生産されるようになってきた。

第 5 章 セパレーター

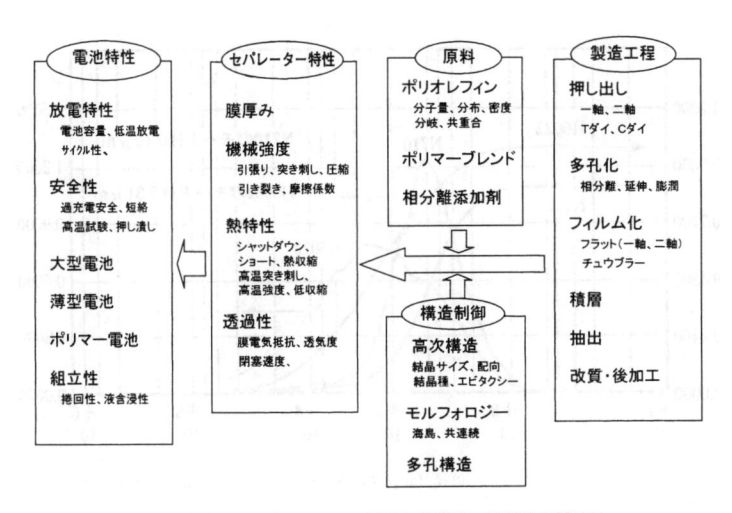

```
┌─────────────┐   ┌─────────────┐   ┌─────────────┐   ┌─────────────┐
│  電池特性    │   │セパレーター特性│   │   原料      │   │  製造工程   │
│             │   │             │   │             │   │             │
│ 放電特性    │   │ 膜厚み      │   │ ポリオレフィン│   │ 押し出し    │
│ 電池容量、低温放電│  │             │   │ 分子量、分布、密度│  │ 一軸、二軸  │
│ サイクル性、 │   │ 機械強度    │   │ 分岐、共重合 │   │ Tダイ、Cダイ │
│             │   │ 引張り、突き刺し、圧縮│ │           │   │             │
│ 安全性      │   │ 引き裂き、摩擦係数│ │ ポリマーブレンド│  │ 多孔化      │
│ 過充電安全、短絡│ │             │   │             │   │ 相分離、延伸、膨潤│
│ 高温試験、押し潰し│ │ 熱特性     │   │ 相分離添加剤 │   │             │
│             │ ← │ シャットダウン、│ ← │             │   │ フィルム化  │
│ 大型電池    │   │ ショート、熱収縮│   │             │   │ フラット（一軸、二軸）│
│             │   │ 高温突き刺し、│   │             │   │ チュブラー  │
│ 薄型電池    │   │ 高温強度、低収縮│  │             │   │             │
│             │   │             │   │             │   │ 積層        │
│ ポリマー電池 │   │ 透過性      │   ┌─────────────┐   │             │
│             │   │ 膜電気抵抗、透気度│ │ 構造制御    │   │ 抽出        │
│ 組立性      │   │ 閉塞速度、   │   │             │   │             │
│ 捲回性、液含浸性│  │             │   │ 高次構造    │   │ 改質・後加工 │
│             │   │             │   │ 結晶サイズ、配向│ │             │
│             │   │             │   │ 結晶品種、エピタクシー│ │         │
│             │   │             │   │             │   │             │
│             │   │             │   │ モルフォロジー│   │             │
│             │   │             │   │ 海島、共連続 │   │             │
│             │   │             │   │             │   │             │
│             │   │             │   │ 多孔構造    │   │             │
└─────────────┘   └─────────────┘   └─────────────┘   └─────────────┘
```

図 3　電池特性，セパレーター特性と膜構造，膜製法の関連性

1.4.3　透過性

電池の放電特性，低温特性，サイクル特性などはセパレーターの厚みや多孔構造と相関する。一般的には厚みが薄いほど，空孔率が高いほど，孔径が大きいほど，孔の曲路率が小さいほど良好となる。透気度（JIS P 8117）は空気の透過性を示す指標であるが，厚み，気孔率，孔径，曲路率の関数であることから，放電特性の代用パラメーターとして常用される。通常 LIB，LIP と

「ハイポア®N710」　　　　「ハイポア®6022」

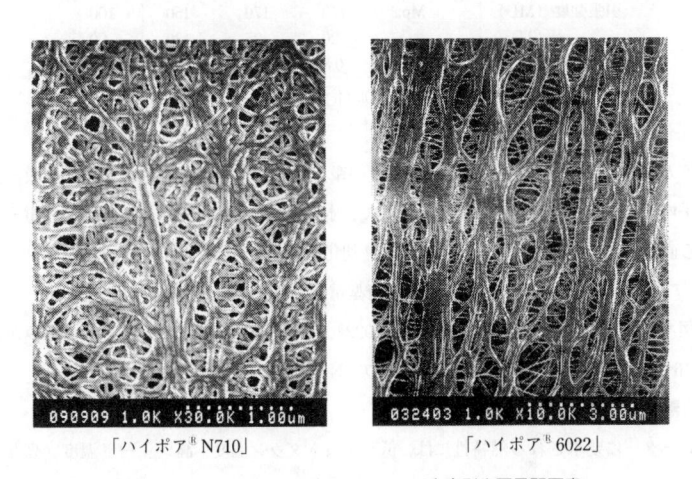

写真 1　ポリエチレン微多孔フィルムの走査型表面電顕写真

175

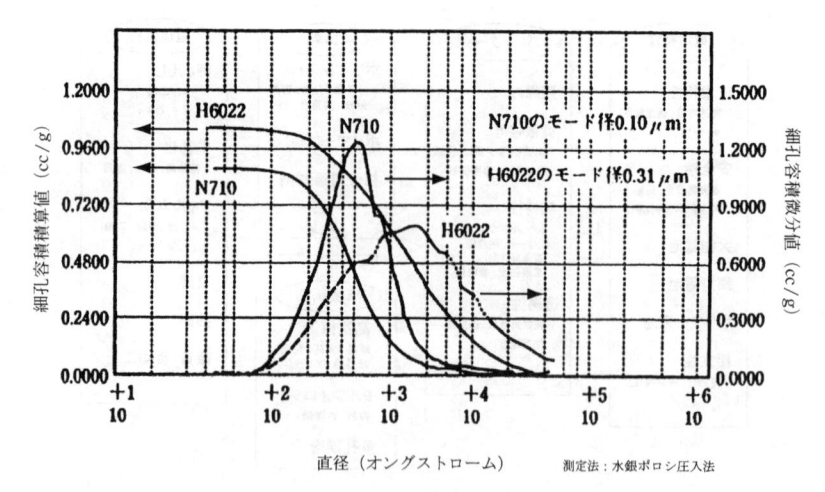

ポリマーバッテリーの最新技術Ⅱ

図4 「ハイポア®6022」,「ハイポア®N710」の孔径分布

表2 各種「ハイポア®」の物性一覧

物性項目	単位	H6022	H6722	N710	N8416
厚み	μm	27	22	25	16
平均孔径	nm	260	260	100	100
気孔率	%	50	48	42	41
透気度	秒/100cc	90	90	400	260
突刺強度	g	440	400	650	350
引張強度 (MD)	Mpa	140	170	150	100
(TD)	〃	20	26	130	90
抵抗率*	$\Omega \cdot cm^2$	0.8	0.8	1.0	0.8

＊溶媒 DMC/PC 中, 電解質 1 モル LiClO₄

も透気度が50秒/100 ccから750秒/100 cc程度の微多孔フィルムが使用されている。微多孔フィルムの平均孔径,孔径分布を求める方法として,水銀ポロシメーターによる方法や,電子顕微鏡写真から直接読みとる方法がある。写真1に,旭化成㈱が製造販売しているセパレーター2種類「ハイポア®6022」,「ハイポア®N 710」の走査型電顕写真,図4に水銀ポロシメーターによる孔径分布図を示す。また表2には「ハイポア®6022」,「ハイポア®N 710」とともに,厚みが22μmおよび16μmの「ハイポア®6722」,「ハイポア®N 8416」の物性を示す。

1.4.4 熱特性

セパレーターに要求される熱特性には,低シャットダウン温度,高ショート温度,高温高突き刺し強度,低熱収縮率等がある。シャットダウンは,温度が低いことおよび速度が迅速であるこ

第5章　セパレーター

とが重要である。速度が緩慢あるいは不完全な場合，たとえシャットダウンしても発熱原因となる。セパレーターがシャットダウンしても，暫く内部温度上昇するため，ショート（破膜）温度が高いことは重要である。シャットダウン温度とショート温度の差が大きいほどより安全性の高いセパレーターであり，これを実現するために技術的に様々な試みがなされている。たとえばポリエチレンを電子線等で三次元架橋させる方法[6]，ポリエチレンとポリプロピレンをブレンドする方法[7]，あるいは積層する方法[8]などがある。筆者らは，ポリエチレンとポリプロピレンブレンド物のモルフォロジーを制御して，一部相互連続構造を形成させるとともに，ポリエチレンに低融点結晶と高融点結晶の両方を生成し，高耐熱で低温シャットダウン特性を有する微多孔フィルムを開発した[9]。

1.5　微多孔フィルム製造技術
1.5.1　多孔化技術

　LIBおよびLIP用セパレーターに使用されるポリオレフィン微多孔フィルム製造技術は，溶融混練押し出し技術，フィルム化技術，多孔化技術，抽出技術等からなる。多孔形成技術は多種多様存在するが，現在LIBセパレーターとして実用化されているものの大部分は，相分離法，延伸開孔法で製造されている。

　相分離法とは，ポリマーと溶剤（可塑剤）を高温で均一に混合した後，冷却により相分離を誘起した後，溶剤を除去して多孔体を得る方法である。「ハイポア®N710，8416」はこの方法で得

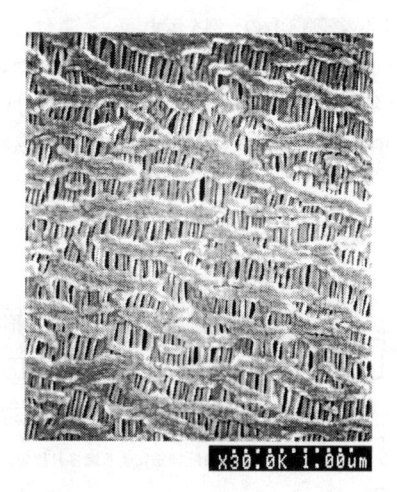

写真2　延伸開孔法ポリエチレン微多孔フィルムの走査型電顕写真

られた。またポリマーと溶剤に，さらに3成分として無機粉体等を混合し，最後に溶剤と同時に無機粉体も除去して多孔体を得る方法もある。「ハイポア®6022，6722」はこの方法で得られた。後者は前者に比較して孔径が大きくなること，空孔率を高くできることなどに特徴がある。

　延伸開孔法による多孔化とは，押し出しフィルムを低温で延伸することによって，内部に存在する亀裂誘因物質の界面にミクロクラックを発生させて多孔化する方法で，亀裂誘因物質として，結晶ラメラを使用する方法や，無機微粉末あるいは異種ポリマー微粒子を混合して使用する方法がある。LIB用セパレーターとしては，ラメラ開孔したポリオレフィン微多孔フィルムが使用されている。写真2に延伸開孔でつくられた微多孔フィルムの走査型電顕写真を示す。

1.5.2　フィルム化技術

　フィルム化技術は押し出しと延伸からなる。押し出しはほとんど二軸押し出し機が使用されているが，ポリマーブレンドやポリマーと溶剤混合の必要ない製法を採る場合は一軸押し出し機が用いられる。Tダイから押し出されたシート状物を，平面状にフィルム延伸する方法がフラット延伸であり，MD (Machine Direction，機械) 方向にのみ延伸する一軸延伸フィルムと，MDおよびTD (Transverse Direction，直角) 方向に延伸する二軸延伸フィルムがある。また二軸延伸にはMD，TDと順次延伸する逐次二軸延伸法と，同時に延伸される同時二軸延伸法がある。一軸延伸フィルムに比べて二軸延伸フィルムは高強度でかつ物性が等方性のためセパレーターとして好ましい特性を有する。サーキュラーダイで押し出した後チューブラー延伸する方法も利用される。チューブラー法は溶融延伸が可能で製造設備も比較的安価といった特徴を有するが，フラット法に比してやや厚み精度にかける。図5に二軸押し出し機で押し出した後，同時二軸延伸法を利用する微多孔フィルムの製造工程の一例を示す。

　LIB，LIPセパレーターとして積層フィルム[10, 11]も使用される。製法は，Tダイまたはサーキュラーダイで共押し出しして延伸微多孔化する方法，単層で別々に押し出した後重ね合わせて延伸微多孔化する方法，あるいは複数の微多孔フィルムを積層接着する製法等各種が提案されている。

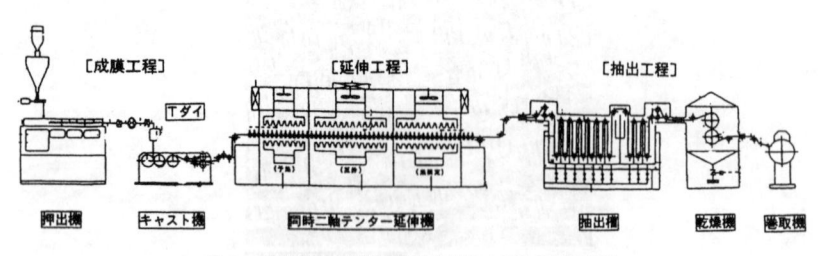

図5　相分離法，同時二軸延伸法による微多孔膜製造

第5章 セパレーター

1.6 LIPセパレーター

1.6.1 ゲルポリマー電解質とセパレーター

電池の安全性向上および小型軽量薄型化の流れの中で，ポリマー電解質(SPE＝Solid Polymer Electrolyte)を使用するLIPが注目を集めた。真性SPEではリチウムデンドライトの生成はなく，シャットダウン機能を有するポリオレフィン微多孔フィルムをセパレーターとして使用する必要はなく，安全性が高く，高容量の電池が可能なことから非常に注目を浴びたが，低温イオン伝導度などで実用的なレベルには達せず，開発は下火となった。これを打開するためポリマーに有機溶剤などを可塑剤として添加したゲルSPEが研究され，PVDF系，PAN系，PMMA系，PEO系などいろいろなゲルSPEが開発された。開発当初，ゲル状電解質を使用することにより，リチウムデンドライトによる電極間短絡の可能性が低いことから，セパレーターのシャットダウン機能はLIPには検討されなかった。しかしながら安全および電池製造工程の便利さなどの理由－即ちゲルSPEといえども万が一の備えとしてシャットダウン機能を具備させる方が安全上好ましいこと，およびゲルSPEは強度が低いためポリオレフィン微多孔フィルムをゲルSPEの芯材として使用することで高強度化して作業性を高めることができること－などから，現在ではLIBと同じようにポリエチレン微多孔膜がセパレーターとして使用されるようになった。

1.6.2 LIP用セパレーターの開発

シャットダウン機能を有さない複合系のゲルSPEとして，例えばアラミド繊維やポリプロピレン繊維等の不織布を使用する方法[12]，ポリ弗化ビニリデン系樹脂微多孔膜を使用する方法などが提案された[13]が，実用化には至らなかった。シャットダウン機能を有するLIP用セパレーターとして，筆者らは例えば，超高気孔率のポリオレフィンや，微小な直貫孔を有するポリエチレン微多孔フィルムなどを開発し提案[13]した。

写真3に空孔率85％の超高空孔率を有するポリオレフィン微多孔膜の走査型電顕写真を示す。LIP用セパレーターに対する基本的要求特性はLIBと同じで，より薄く，高強度，低収縮率，低温シャットダウン，良好な電解液親和性などがあげられる。LIPは厚さ4mm以下の極薄型電池が多いことから，セパレーターも可能な限り薄い物が好まれる。また通常LIPの外装にはアルミラミネートフィルムが使用されることが多いが，セパレーターの寸法変化(そり，ねじれ等)に起因して電池自体が変形しやすいことから，特に寸法安定性に優れる(そり，ねじれの少ない)微多孔フィルムが要望されている。こうした課題はあるものの実際に市販されるLIPは，電池ケースに金属箔ラミネートフィルム等が使用され金属缶に比べて破損しやすいこと，より安全性を重視する必要があることなどから，シャットダウン機能を有するポリオレフィン微多孔フィルムをセパレーターとして使用しているものが大半となっている。

ポリマーバッテリーの最新技術 II

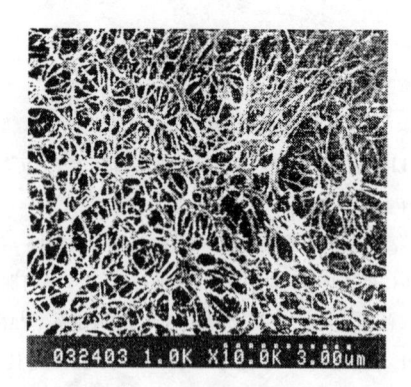

写真3 高空孔率ポリエチレン微多孔フィルムの走査型電顕写真

1.7 おわりに

以上, 主として二次電池セパレーター材料の市場動向, 技術動向を概説し, LIBおよびLIP用のセパレーターについて製法や特性を記した。携帯電話に搭載される二次電池はニッケル水素からLIBへ急激にシフトしており, LIBはますます主要二次電池として世界に拡大していくが, 微多孔フィルムセパレーターもそれに伴い量, 技術ともにますます発展していくと予想される。

文　　献

1) 植谷慶雄, ポリマーリチウム電池, p.95, シーエムシー出版 (1999)
2) インフォメーションテクノロジーセンター, 先端二次電池市場調査プログラム2002-2003 最終報告
3) 田之倉保雄, 日経エレクトロニクス, p.27, 2003年2月3日号
4) 永峰政幸, 電子材料, p.32, 11 (1993)
5) 辻岡則夫, WEB Journal, p.18, 15 (1997)
6) 特開平 10-306168
7) 特開平 10-7831
8) 特開平 5-331306
9) 特公表 2002-92677
10) 日本特許第1828177号
11) W. C. Yu, R. W. Callahan, C. F. Dwiggins, H. M. Fisher, M. W. Geiger, W. J. Schell, North America Membrane Society Conference, Breckenridge, Co. (1994)
12) 米国特許 5102752号

第5章　セパレーター

13) X. Anddrieu, C. Jehoulet, F. Boudin, 38th Power Sources Symposium, p. 266 (1998)
14) 特開平 10-189049

2 リチウムポリマーバッテリー用セパレーターの機能と特性

Lie Shi[*1], 足立　厚[*2], John Zhang[*3]

2.1　はじめに

ここ10年以上にわたり「リチウムポリマーバッテリー」という言葉は，ポリマー正極材料や伝導性ポリマー負極材料，ポリマー電解質から単にプラスチックケースに入れられた角型セルまで様々な電池技術に広く使われてきた。本稿では，ゲルポリマー電解質を用いたよく知られている2種類のリチウムポリマーバッテリーシステムのセパレーターに焦点を絞って述べる。

まず1つ目は，Bellcore Corporationによって1994年に紹介された技術で，ゲル電解質システムの基盤として，Polyvinylidene Fluoride (PVdF) を含む電極と接着されたPVdF単体膜が用いられている。この技術は，「Bellcoreテクノロジー」として最もよく知られており，リチウムポリマーの領域において，世界中で広範囲の開発と事業活動を促したが，原形での商業的成功には限度があった。本稿では，その技術の欠点を議論し，その短所を効果的に対処したPVdFをコートしたセパレーターシステムを紹介する。

もう1つのリチウムポリマーシステムでは，捲回セルが組み立てられた後，液状電解質とリチウム塩とポリマープレカーサーの混合物からゲル電解質がつくられる。この重合は，加熱やUV照射，その他硬化・架橋などの方法により促進される。高テンションでのセル捲回とポリマーバインダーでコーティングされた電極により，電極とセパレーターの良い密着性が得られる。このタイプの電池は，表面処理されていない微多孔質ポリオレフリンセパレーターを用いなければいけない点において，従来のリチウム2次角型セルと非常に良く似ており，同様の組立工程が用いられる。このタイプのゲルポリマーバッテリーの開発および商品化ではSony Corp.が先頭を走っているので，本稿では区別のため，このシステムを「Sonyリチウムポリマーシステム」と呼ぶこととする。

本稿では，これら2種類のリチウムイオンポリマーバッテリー用セパレーターの機能と特性に関し，下記概略に沿って述べる。

・Sonyタイプのリチウムポリマーバッテリーシステム用セパレーター

・Bellcoreタイプのリチウムポリマーバッテリーシステム用セパレーター

　　Bellcoreシステムとその欠点

　　PVdFコートセパレーター

[*1]　Lie Shi　Celgard Inc.　Technology　Vice President

[*2]　Atsushi Adachi　セルガード㈱　セルガードチーム　テクニカルサービスエンジニア

[*3]　John Zhang　Celgard Inc.　New Technology　Vice President

第 5 章 セパレーター

・総括

2.2 Sony タイプのリチウムポリマーバッテリーシステム用セパレーター

Sony タイプのリチウムポリマーシステムは，電解質系が最終的にゲル状であること以外にはそれほど従来の角型電池と変わりはない。セル構造と組立工程は，① バインダーの混合物で電極をコーティングする工程と，② 液状の電解質をゲル状にするために前駆体（プリカーサー）を重合する工程以外は全て同様である。その他，独自の特徴ではないが，この種のゲルポリマーバッテリーにはいつもプラスチックケースが用いられ，電池は非常に薄く，軽くなっている。

このゲルシステムでは，ポリオレフィンセパレーターを用いなければなならない。ゲルポリマーバッテリーシステム用のセパレーターは，従来のリチウムイオン二次電池系用と同じ機能を共有している。

セパレーターの最も基本的な機能は，イオンの移動を可能にしつつ，電極同士の接触を防ぐことである。また，セパレーターには電解液を保持する役割も持つ。適切な選択により，イオン移動を容易にさせるだけでなく，電池のサイクル特性も向上させることができる。

その他セパレーターの特異的な機能として，電池が熱暴走中，あるいは誤用された場合，電流を遮断するシャットダウン機能がある。約132℃で融解する微多孔質ポリエチレンを使用することにより，電池内部の温度が132℃に達したときに電流をシャットダウンするという重要な安全装置の役割を果たす。

これらの機能を果たすため，セパレーターは下記に示すようなしかるべき物理的特性を持たなければならない。このリチウムイオンゲルポリマーバッテリーシステムのセパレーターは全て，ポリオレフィン製の微多孔膜を用いている。

① 膜厚 (L)

リチウム二次電池系の材料の中で，セパレーターは，正極や負極とは違い，不活性な材料である。また，セパレーターの電気抵抗は，膜厚に比例している。それ故，電池の容量と放電レートを上げるために，セパレーターの膜厚を下げる要求が激しくなってきている。しかしながら，物理的に薄くなるに従い強度が弱くなり，非常に薄い膜はスペーサーとしてのセパレーターの基本的な役割すら果たさない可能性がある。加えて，薄膜は電解液を十分に保持しきれず，サイクル特性を悪化させうる。

Sony タイプのゲルポリマーバッテリーシステムでは，セパレーターの膜厚は，10～20 μm の範囲のものが使用される。これに対し，従来のリチウム二次電池系では，これまで17～25 μm のものが使用されてきている。ゲルポリマーは，薄膜と一緒に使用することにより，電解質とゲル化するポリマーのプリカーサーの混合物が，電極間で補助的なクッション材の役割を果たし，

また，その大きな表面積ゆえに電池内部の熱を分散しやすくすることができる。この系では，サイクル特性を維持するために必要な電解質量が少なくてすむ。

② 空孔率 (ε)

空孔率は，膜の空間の割合で，膜厚同様重要な特性である。膜の電気抵抗 R と空孔率との間には，$R \propto L/\varepsilon$ の関係がある。空孔率が高い膜は，膜抵抗値が低くなる。また，空孔率が高いほど，電解質を保持する部分が大きくなるという利点があり，この結果通常サイクル特性が良くなる。ポリオレフィン製セパレーターの空孔率の典型値は，30～50%である。

③ 屈曲度（トーチオスティ）(τ)

トーチオスティは空気が膜を通過する際の真の経路長を膜厚で割った値として定義される。膜厚と空孔率が適切な膜製造条件を用いることで十分コントロールできるのに対し，トーチオスティは使用される原料にある程度固有の値であり，調整が難しい。商品化されているセパレーターのトーチオスティは，1.5～3.5程度の範囲である。

④ 透気度またはガーレー値 (t_{Gur})

ガーレー値とは，ある一定量の空気がセパレーターの単位面積あたりを通過する時間である。その測定は直接的で容易であるため，セパレーターの透気度測定およびセパレーターの抵抗予測に広く用いられている。

⑤ 孔径 (d)

ポリオレフィン製セパレーターの孔径は，従来のリチウム二次電池系に対し，特徴的な役割を持つ。電極材およびその他電池構成材料の選択に応じて，孔径の調整をしなければならない。ゲルポリマー系においては，表面のポアがゲル電解質で満たされるため，孔径はそれほど重要ではなくなる。下記の式[1] は，上述の全5特性の関係を示している。

$$t_{Gur} \propto L\tau^2/(\varepsilon d)$$

$$R \propto t_{Gur} \rho d$$

ここで ρ は電解液の抵抗である。

ゲルポリマー系の典型的なセパレーターのガーレー値は12～26 [sec] 程度で，孔径は0.04～0.20 [μm] 程度である。

⑥ シャットダウン温度

先にセパレーターの機能について述べたように，微多孔質ポリエチレンセパレーターは，電池内部の温度が132℃に達すると，電流を遮断することができる。このシャットダウン特性は，ゲルポリマー系を用いている電池メーカーを含め，ほとんどの電池メーカーで要求項目となっている。

⑦ その他特性

その他重要な特性としては，膜強度，高温での収縮率などがある。参考までに，20μm 3層品

第5章 セパレーター

「Celgard® 2320」の代表値を表1に示す。また,「Celgard® 2320」の表面および断面構造のSEMイメージを写真1および写真2に示す。

表1　「Celgard® 2320」の代表値

特　　性	単位	代表値
構成		PP/PE/PP
膜厚	μm	19.8
空孔率	%	40.0
トーチオスティ		2.0
孔径（孔幅×孔長）	μm	0.04 × 0.08
ガーレー値（ASTM）	sec	21.5
電気抵抗（マクミラン数）		6.5
電気抵抗	$\Omega\text{-cm}^2$	1.48
引張強度（MD / TD）	kg/cm^2	2,000/140
引張伸び率（MD / TD）	%	45/800
突刺強度	g	415
シャットダウン温度	℃	130
収縮率（90 ℃）(MD/TD)	%	3.7/0.0

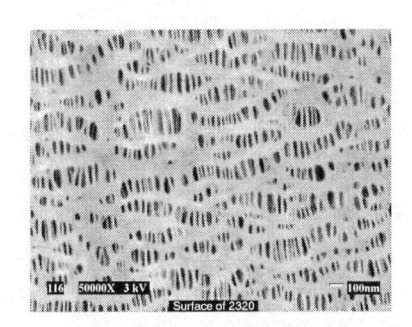

写真1　「Celgard® 2320」(20μm 3層品)の表面SEM写真

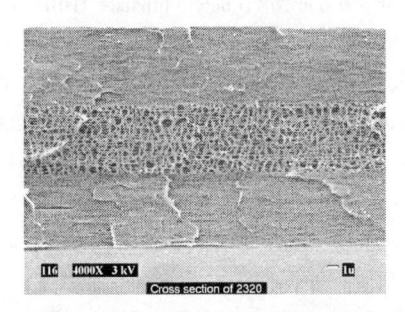

写真2　「Celgard® 2320」の断面SEM写真

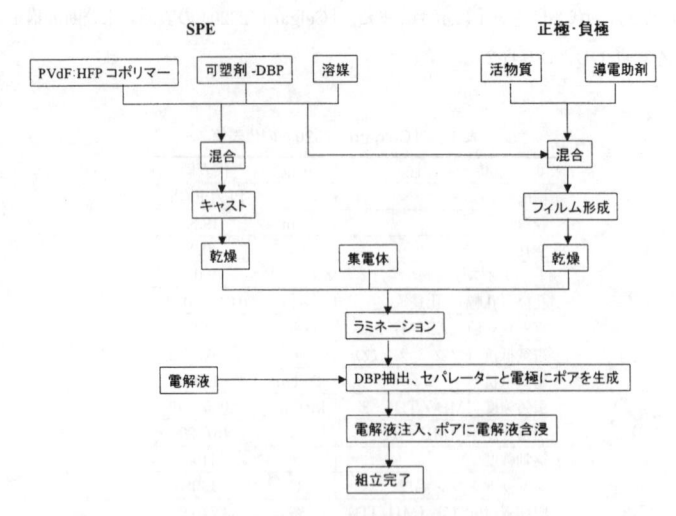

図1 PVdF膜の形成と電池組立工程[4]の図式[3]

2.3 Bellcoreタイプのリチウムポリマーバッテリーシステム用セパレーター

2.3.1 Bellcoreシステムとその欠点

Bellcoreシステムの本質は，PVdF電解質膜と，その固体ポリマー電解質を基にした電池組立工程全体にある。この概念から，PVdF膜単独のセパレーター[2]を連続製造するために，結果的に数年間の開発が進められた。図1[3]にPVdF膜の形成と電池組立工程[4]を示す。

PVdF：HFPは，PVdF Hexafluoropropylene（HFP）コポリマーのことで，電気化学的・熱的に非常に安定で，化学的に不活性[5]であるため，電池製造メーカーでは活物質を電極につけるのに好んで使われている。

Bellcoreシステムで使用される可塑剤 Dibutyl Phthalate（DBP）には，2つの役目がある。まず，DBPは100℃近辺で可塑化するため，ラミネート工程でPVdF膜をPVdFコートした電極に接着し易くする。また，DBPは，ポアのないPVdFコート層[6]から抽出可能なフィラーとしての役割を果たす。特定の溶媒でDBPを抽出することにより，微小空洞が相互に繋がった微多孔構造ができる。リチウム塩電解液をラミネートシステムに注入すると，液が空洞に染み込み，ゲル形成PVdFと組み合わさり"ゲル電解質"混合物が形成される。"ゲル電解質"混合物は，電解液よりも伝導率が低いが，一旦電解液で空洞またはポアが満たされるとイオン伝導性の膜になる。

Bellcoreシステムは，構想段階においては電気化学分野および電池技術の中で主要な技術的突

第5章 セパレーター

破口であった。固体状態の電池が簡単に製造され，さらに，従来のリチウ二次電池よりも安全なものができるという大きな期待が生まれた。技術上，固有の安全性上の優位点があるにもかかわらず，このシステムは今のところ一部でしか商業的に成功していない。この理由は，下記に示したいくつかの致命的な欠点に起因するものと考えている。

まず，シャットダウン特性がないため，過充電試験に対して弱くなる。次に，周囲温度あるいは高温でサイクル中，膜固有の伸びによる変形が起こり，内部短絡を防ぐことができない。電極の体積変化に伴う外圧も，膜の変形の原因となりうる。さらに，ラミネーション工程およびDBP抽出工程において，膜体積が大幅に変化し，内部短絡が生じるため，この技術の製造収率は非常に低い。

これら短絡の問題は，PVdF単体膜に構造的硬直性および機械的遮断性が欠けているという事実を浮き彫りにしている。強度不足を補い，短絡を防止するため，PVdF膜の膜厚を40 μm以上にすると，単位容積あたりのエネルギー密度（Wh/L）が低くなってしまう。

2.3.2 PVdFコートセパレーター

Celgardは，Bellcoreシステム[6]の問題を解決するため，PVdFをコートしたセパレーターを開発した。基本コンセプトは非常に簡単で，PVdF：HFPコポリマーを微多孔質ポリオレフィンセパレーターの両側にコートされている。コートしたセパレーターは，電池メーカーにおいて電極とラミネートされる。従来のBellcoreシステムと，Celgardのアプローチの違いを単純に図解して示した（図2）。

この技術は技術上の問題[6,7]を広くカバーしているが，本項では要点だけを議論する。

(1) 微多孔質ポリオレフィンセパレーターの組み込み

微多孔質ポリオレフィンセパレーターの組み込み技術により，低温から高温まで，このシステムに機械的強度および遮断性を持たせることができる。この高強度セパレーターにより，製造工程および通常のサイクル中の内部短絡を防止できる。また，その他この微多孔質ポリオレフィンセパレーターを用いたときの安全上の優位点は，PEまたはPP/PE/PP3層品をベース膜に使用した場合，シャットダウンすることである（図3）。この特性は，とりわけ電池の過充電試験における安全性を確保するのに重要となる。コートされた電池用セパレーターの熱的応答は，温度の関数として膜の抵抗値［Ω-cm^2］を測定することにより確認される。図3は，昇温速度を60［℃/min］にした時のコートされたセパレーターの抵抗値を示している。熱的シャットダウン特性は，130［℃］で抵抗値が急激に上昇することで定義される。この温度でPE層が溶けることにより，膜のポアが閉じ，膜中のイオン透過を効率的にシャットダウンすることができる。

このように，微多孔質ポリオレフィンセパレーターを用いることにより，Bellcoreシステムに従来の電池システムの利点を全て授けることができるのは明らかである。

ポリマーバッテリーの最新技術II

図の各部ラベル：PVdF:HFPコポリマー、微多孔質セパレーター、負極、正極、負極、正極

Bellcoreシステム　　　　　Celgardアプローチ

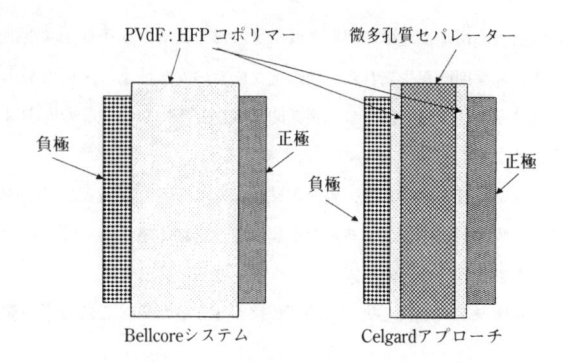

図2　Bellcore システム と Celgard アプローチの比較

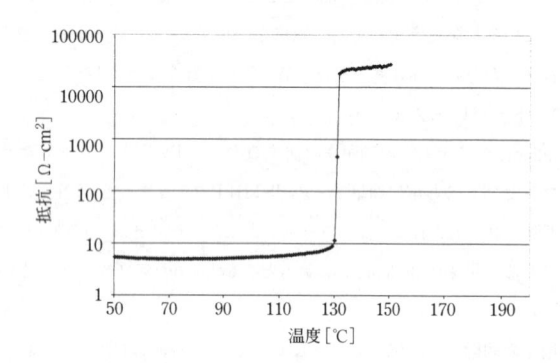

図3　PVdF コートセパレーターのホット ER 特性

(2) PVdF：HFP，溶媒および DBP 以外の可塑剤の混合物のコーティング

　このコーティングシステム用に選ばれたゲル形成ポリマーは，PVdFコポリマー（PVdF：HFP），溶媒および（できればDBP以外の）可塑剤の混合溶媒で構成される。この混合物は，ディップ法（液浸法）により微多孔質セパレーターの表面にコートされる。DBP以外の可塑剤を選ぶというのは意図的で，これにより電池メーカーで従来のBellcore電池組立工程からDBPを抽出する工程を省くことができる。このDBP以外の可塑剤は，コーティング工程中に蒸発してPVdF：HFPコーティング層（写真3）に理想的な微小空洞が相互に繋がった微多孔構造をつくるため，ごく低温で揮発性でなければならない。

　膜厚，空孔率およびPVdF:HFPコーティング材のセパレーターへの浸透度は，電気抵抗が十分に低く，かつ，電極への圧着力が十分に得られるようにコントロールされる。例えば，Celgardは，高イオン伝導率の微多孔膜を製造するためにコーティングシステムを開発したが，コーティ

188

第5章　セパレーター

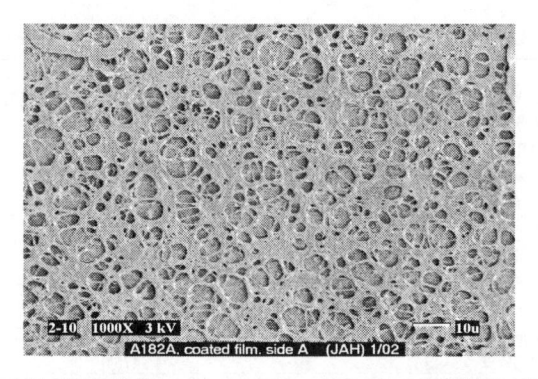

写真3　DBP以外の可塑剤蒸発後のPVdF：HFPコート層に固有の微多孔構造の表面SEM写真

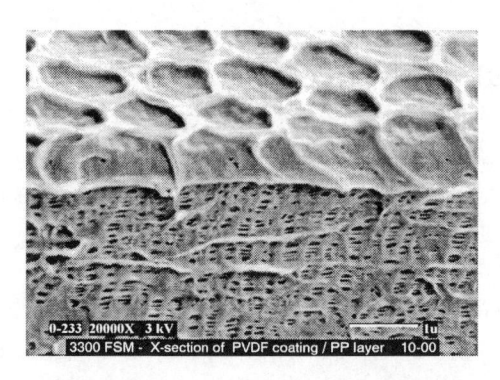

写真4　PVdFコートセパレーターの断面SEM写真

ングは，部分的にポアを貫通しているだけである（写真4）。電池に電解液が注入され活性化されると，ポアが電解液で満たされる。その結果，ゲル電解質でポアが満たされているセパレーターよりも伝導率が高いコートセパレーターが得られる。「ゲルを形成する」PVdF：HFPリチウム塩電極とのコンビネーションからつくられるゲル電解質コーティング部は，セパレーター表面に残っており，電解液をポアに保持する役割を果たしている。さらに，ポアに付着した微量のPVdF：HFPは，ラミネーション段階で熱をかけることにより，膜と電極の界面を移動する。このようにして，電極とセパレーターの接着度を強くすることができる。セパレーターの膜厚および膜の柔軟性は，コーティングによって大きくは変化しない。加えて，コーティングによるポアのブロッキングがないことは，微多孔質ポリエチレンセパレーターのシャットダウン特性を生かすための必須条件である。

189

表2 PVdF:HFPコートセパレーター:「Celgard® A113」の代表値

特　性	単位	代　表　値
構成		PVdF:HFPコートしたPP/PE/PP
膜厚	μm	30.0
空孔率	%	40.0
トーチオスティ		2.0
孔径（孔幅×孔長）	μm	0.04×0.09
ガーレー値（ASTM）	sec	非常に高い
電気抵抗（マクミラン数）		10.0
電気抵抗	Ω-cm^2	2.0
引張強度（MD/TD）	kg/cm^2	1750/150
引張伸び率（MD/TD）	%	50/800
突刺強度	g	475.0
シャットダウン温度	℃	130
収縮率（90℃）（MD/TD）	%	2.9/0.2

(3) 薄くてすぐ使用できるセパレーター

　PVdFコーティングと微多孔質セパレーターの組み合わせにより，15～30μmあるいはPVdF単体膜よりもずっと薄い範囲で，そのまま使用できるコートセパレーターが開発された。これにより，さらに製造工程を簡素化（DBP抽出工程を省略）し，電池系をより高エネルギー密度（とりわけ単位容積あたりのエネルギー密度）化することができる。

(4) コートセパレーターの特性

　現在市販されているPVdF:HFPコートセパレーター「Celgard® A113」の代表値を表2に示す。コートされたセパレーターは，空気透過性でないため，ガーレー値が非常に高くなることに注意しなければならない。しかしながら，一旦電解液に浸されると，非常に良好なイオン伝導率を示し，低い電気抵抗値をとる。

2.4 おわりに

　本稿では，ゲルポリマー電解質を用いた2種類の良く知られたリチウムポリマーバッテリーシステム用の微多孔質セパレーターについて議論した。Sonyタイプのゲルポリマーバッテリーでは，従来の角型セルとほぼ同じようにポリオレフィン製セパレーターが用いられている。有名なBellcoreシステムでは，PVdF:HFPでコートした微多孔質セパレーターにより，製造工程がより簡素化され確実なものとなり，製造収率を向上することができる。また，サイクル特性および容量の点において，電池の高安全性，高性能化が図れるようになった。

第5章　セパレーター

文　献

1) R. Callahan et al., 10th International Seminar on Primary and Secondary Battery Technology and Applications, March 2 (1993)
2) WO 93/22034
3) 植谷慶雄, ポリマーバッテリーの最新技術, シーエムシー出版, 140 (1998)
4) A. Gozdz, et al., Method of Making an Electrolyte Activatable Lithium-ion Rechargeable Battery Cell, US Patent 5456000
5) Structure Property Relationships of PVdF Polymeric Binders and Their Effects on Anode and Cathode Films in Lithium Ion Batteries, M. Burchill, M. Despotopoulou, The 17th International Seminar & Exhibit on Primary & Secondary Batteries, Florida, March 6-9 (2000)
6) R. Spotnitz, G. Wensley, Separator for Gel Electrolyte Battery, US Patent 6322923
7) US Patent Application 2002-0168564

第6章 リチウムイオン電池用ポリマーバインダー

永井愛作*

1 バインダー樹脂の持つべき役割と特性

　従来の水系の電解液を使用する電池と比較して、リチウムイオン電池に使用される非水系の電解液のイオン伝導度は1桁以上も低い。従って、出力を大きくするためには、より大面積でかつ正極と負極の距離をできる限り小さくするためにより薄い電極にしなければならない。このため、従来水系の電解液ではあまり重要視されてこなかったバインダーが、リチウムイオン電池においてはその電池特性や量産性から無視し得ないものとなっている。

　表1にこうした電池に使用されるバインダーの持つべき役割について、基本的な特性と生産性から見た特性についてまとめた。限られた体積にできる限り多くの活物質を詰め込むことが大事であるので、金属電極やバインダーなどの直接容量に関係のない部材はできる限りその使用量は少ない方が好ましい。よって少量の使用量でできる限り多くの活物質を結着させなくてはならない。また、活物質間や活物質と導電助剤間だけではなく、それらと金属電極との接着も重要である。また、広い電位窓で安定であって電気化学的に非常に厳しい環境である電池内部でも酸化還元されないことも重要である。またバインダーが電解液に溶融する温度が高く、安全とされる動

表1　バインダーの役割

［基本特性］
・活物質保持力が大きい
・金属電極との接着力が大きい
・広い電位領域で酸化還元されにくい
・融点が高い
・電解液に膨潤しにくい
・リチウムイオン伝導性がある
・電子伝導性がある

［生産性］
・塗工に適正な粘度を長時間にわたって維持する
・蒸発潜熱の小さい溶媒に高濃度に溶解する
・ホットプレスで容易に変形する
・電極スリット時に端面剥離がない

---

*　Aisaku Nagai　呉羽化学工業㈱　錦総合研究所　電材研究室長

第6章　リチウムイオン電池用ポリマーバインダー

作温度内で比較的高温に曝されてもその構造を維持していることも重要である。もし電解液中で容易に膨潤したり、溶解してしまったりすると活物質間の電子的な導通が確保されなくなり、サイクル特性が悪化してしまう。バインダーが本質的に抱えている問題点として活物質を被覆してしまうことがある。このこと自体は電池の安全性の面では有利な点もあるが、リチウムイオンの拡散を阻害してしまっては電池の内部インピーダンス上昇の原因となり好ましくない。最後に望ましくは電子伝導性があればよいがこれを単体で実現するものは現在なく、ポリマーと導電助剤の複合体として実現している。

以上の基本的な特性以外にも生産性から見た特性も非常に重要である。厚さ$100\mu m$以下で連続的に塗工するためには、活物質、導電助剤とバインダーを水や有機溶媒に練り込んだスラリー（俗にインク）を作成し塗工装置と合った粘度にしなければならない。また一度調整したその粘度を数日間にわたって安定に維持することも工場の安定操業のためには必要である。また塗工された電極は乾燥機の中で溶媒を蒸発させるが、生産性を上げるためにはなるべく低温でかつ少ない熱量で蒸発する溶媒が望ましい。よってバインダーとしてはそうした溶媒に高濃度で溶解するか、または分散することが求められる。さらに乾燥した電極をホットロールプレスで電極の圧密化を行うが、この時なるべく低温で変形し、かつ一度変形した後の戻り（スプリングバック）が少ないものが、高エネルギー密度の電池を製造する見地から好ましい。次に電極は必要な幅に裁断されるが、この時に端面の一部の活物質が剥離（チッピング）して電極上に付着してしまうと、セパレーターを重ねて巻回する時に付着物がセパレーターを貫通して正極と負極間が短絡する原因となり、電池製造の歩留まりを大きく悪化させてしまう。巻回時に正極と負極の抵抗を測定してそのような不良品を除くことは可能であるが、充電時に正極も負極も膨張するため充電後に初めて短絡が生じる場合もあるので、このチッピングの問題は安全な製品を製造するためにも大変重要である。

以上のような特性の全てを満たしている材料は現実的には存在しないが、それぞれの欠点を他の手段で補いながら以下のポリマーが使用されている。現在実際にバインダーとして使用されているのは、負極側ではフッ化ビニリデン樹脂（PVdF）とスチレンブタジエンラテックス（SBR）、正極側では PVdF とポリテトラフルオロエチレン（PTFE）である。

2　各種のポリマーの電気化学的特性

どうしてこのような僅かな種類のポリマーだけが使用されているのかを理解するには、高々1V程度の動作電圧しか有しない水系の電解液を使用する電池に比較し、非水系の電解液を使用するリチウムイオン電池が何故4Vを超える高い動作電圧を有しているのかから先ず理解する必

193

要がある。水を電解液として使用する限り水分子の理論電気分解電圧,1.23V以上の電圧を引加すると水が電気分解し水素ガスと酸素ガスを電池内部で発生してしまい,腐食性の電解液が漏れるなどの故障の原因となる。一方,リチウムイオン電池では,水とは異なるカーボネート系の有機分子からなる溶媒を用いることにより4Vを超える高い動作電圧を実現したが,これらの有機溶媒が必ずしも4Vもの広い電位窓において全く酸化還元されず安定であるからではない。

実のところ充電中負極側の電位は金属リチウムとほぼ同じ電位になるが,このように低い電位で安定な有機溶媒はなかなか見あたらない。電解液のイオン伝導度を上げるために高濃度のリチウム塩(LiPF$_6$等)を溶解しなければならないため,溶媒として使用される有機物は豊富に酸素基を有するカーボネート系の材料が使用されている。こうした酸素基を有する有機分子は,このように低い電位では一般に還元されリチウムイオンと結合した有機リチウム化合物となって,負極の表面を被覆している。この被膜(SEI ; Solid Electrolyte Interface)が形成されることによって新たな溶媒分子が負極活物質と接触することができなくなり,その後の連続的な還元反応が防止されているだけなのであって,リチウムと同じ電位で電気化学的に安定であるわけではない。従って,高温におかれたりしてSEIが電解液中に溶出していくと,新たに負極表面で溶媒分子の還元反応が再開して,電池が発熱したり不可逆容量が増大したりする現象が観察される。一方,正極側においても常温で4.5Vを超えると連続的な電解液の酸化分解反応が検出されることから理解されるように,リチウムイオン電池というのは正極側でも負極側でも有機物に対しては大変厳しい環境であって,開発の当初はその実現性そのものを危ぶむ声すら大変強かった。

電解液の溶媒として用いられる有機分子がどれだけ広い電位窓で安定であるかを,実際に電気化学的な装置を用いて測定することは,回転電極などを用いて反応物を速やかに電極から除けるため容易である。しかし,バインダーとして使用されるポリマーは,電解液中でも固体であるためその電位窓を電気化学的に測定することは容易ではない。そこで筆者らは,先ず低分子の有機物の電位窓を分子軌道計算から推定する手法を開発し,次にそれを用いてポリマーの電位窓を推定する試みを行い,1998年の電池討論会にて報告した[1]。

先ず分子軌道計算を行って,HOMO(最高占有分子軌道)とLUMO(最低非占有分子軌道)を求めて,それぞれの値から酸化され易さと還元され易さを推定することにする。即ち,HOMOとはその分子を構成する電子の内最も高いエネルギーを有するものであるので,このエネルギーが高ければ高いほど電子が引き抜かれやすい,即ち酸化され易いと考えられる。逆にLUMOとはその分子を構成する電子が励起されたときに最も低いエネルギーを有するものであるので,そのエネルギーが低ければ低いほど他から電子をもらい易い,即ち還元されやすいと仮定する。HOMOに関する前者の仮説は科学的に正しいが,厳密に考えるとLUMOに関する仮説は科学的に正しくない。即ち,分子軌道計算を可能にする量子化学的計算において電荷を過剰に有する状

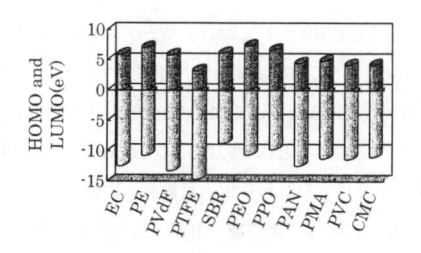

第6章　リチウムイオン電池用ポリマーバインダー

図1　Calucurated Redox Windows of various Polymers

態，即ち還元状態を取り扱うことはできない。しかし，経験論的にいえば還元電圧とLUMOとの間には一定の相関が認められるので，ここではこの仮説も正しいとして以下の議論を行った。

HOMOとLUMOをもって理論的な酸化還元窓とする。計算そのものは分子軌道計算に非経験的分子軌道法（ab initio法）を用いて行った。代表的な有機溶媒としてエチレンカーボネート（EC）を選び，ポリマーとしては既にバインダーとして実際に使用されているものに加えて，セパレーターとして使用されているもの（PE：ポリエチレン），高分子固体電解質に使用されているもの（PEO：ポリエチレンオキサイド，PPO：ポリプロピレンオキサイド，PAN：ポリアクリルニトリル，PMA：ポリメチルアクリレート，PVC：ポリビニールクロライド）や増粘材として用いられているもの（CMC：カルボキシセルロース）を用いて行った。図1の下部に計算で得られたHOMOを，上部にLUMOを表示する。

この図から分かるように，PTFEはHOMOが最も低くて電子を引き抜き難い，即ち非常に酸化され難く正極のバインダーとして使用可能であるが，LUMOも低いため還元され易く負極での安定性が疑われる。実際PTFEとLiを張り合わせるとPTFEが還元され表面に黒色のポリアセチレン状の物質が形成されることが知られており，負極側では安定な物質とは言えない。一方，セパレーターに使用されるPEは逆にLUMOが高く負極側では比較的安定であるものの，HOMOも高く正極で酸化され易いことが理解される。即ち，PEは負極では安定であるが，正極側では安定とは言えない。SBRもPEと同じくLUMOが高いため負極で安定に使用可能であるが，HOMOがPEよりさらに高いため正極で容易に酸化され使用することが困難であることが理解できる。

一方，PVdFは，PEとPTFEとの中間のHOMO–LUMOを有しており，負極側にも正極側にも使用できる可能性があると考えられる。実際，PVdFフィルムとLiメタルとを貼り合わせておいても，PTFEのような黒色化は観察されることはなく，充放電後の正極から抽出したPVdFが殆ど変質していないことからも，PVdFがリチウムイオン電池内で安定であることが理解できる。また活物質と直接接触するバインダーとしてだけでなく，PVdFと他のモノマーとの共重合体が

固体電解質用のゲル材料としても実用化されており，リチウムイオン電池の非常に厳しい電気化学的雰囲気で安定に使用可能であることが実績として示されている。

1970年代から固体電解質として知られているPEOやPPOは，負極では安定であるにもかかわらず正極ではあまり安定とはいえないことはそのHOMO-LOMOの計算結果から理解される。逆にPANは正極側では安定であるにもかかわらず，負極側で比較的安定ではないと推定される。SBRの増粘材として用いられるCMCは，電位窓が非常に狭く正極側でも負極側でも安定ではなく，その使用量はなるべく少ない方がよいと考えられる。

3 バインダーの接着メカニズム

次にPVdFを例にとって，バインダーの接着のメカニズムについて説明する。接着力には物理的な接着力と化学的な接着力がある。物理的な接着力とはファンデアワールス力によるものであり，化学的接着力とは水素結合やその他の化学結合力によるものである。一般に化学的接着力の方が物理的接着力よりも大きいことが知られている。しかし，物理的な接着力でも効果的に利用すれば非常に大きな接着力を得ることができる。例えば，被接着物質の表面に凹凸があると，バインダー樹脂が滲入し予想外に大きな接着力が得られる。これはアンカー効果と呼ばれるものであり，リチウムイオン電池においてもその効果を利用していることは写真1からも明らかである。合剤スラリーが金属電極箔に塗布され乾燥機内で溶媒が蒸発していく過程でPVdFが析出し，さらにポリマー中の溶媒分子が揮散すると共にPVdFが収縮し活物質間を強く引きつけている様子がこの写真より理解できる。

またアンカー効果を期待できない金属箔のような平坦なものとの接着には物理的接着力だけでは不足で，化学的な接着力が必要となる。PVdFは本来，他のフッ素系ポリマーと同じく表面エ

写真1　Particles of hard carbon bonded by PVdF binder observed by SEM

第6章　リチウムイオン電池用ポリマーバインダー

ネルギーが小さく，化学的な接着力が期待できないと考えられる。しかし実用上は何の問題もなくリチウムイオン電池に使用されてきたのは，実は電極合剤調整時にPVdF中に官能基が導入され，化学的接着力を持つように変性されているからである。

　PVdFは極性溶媒であるn-メチル-2-ピロリドン(NMP)に溶解され，さらに活物質や導電助剤が添加されて合剤スラリーとなる。この時PVdFがNMPに溶解しただけで褐色に着色する現象が観察される。ただし，蒸留して低沸物および高沸物を完全に除去したNMPに溶解すると全く着色は観測されない。このことより，NMP中の何らかの不純物によりPVdFが変質することにより着色が生じていることが分かる。原因物質としては，NMP製造時にGBLとメチルアミンを反応させるが，この時の未反応物であるメチルアミンや，メチルアミン中の不純物であるジメチルアミンやトリメチルアミンなどの高級アミン，またNMPが開環し重縮合した二量体や三量体などの重合物などのアルカリ物質が想定される。PVdFは他のPVC（塩化ビニール）やPVdC（塩化ビニリデン）等のハロゲン化水素含有ポリマーと同じく，アルカリ物質と接触すると容易に脱ハロゲン化水素反応が連鎖的に進行し，長鎖の共役鎖が生成する。

$$-(CH_2-CF_2)_{n+m}- \longrightarrow -(CH=CF)_n-(CH_2-CF_2)_m- +nHF\uparrow$$

　長鎖の共役鎖が生成すると，その共役鎖長に対応した波長の光吸収を伴う。これは共役鎖上に非局在化したπ電子が存在し，これが光によりπ^*電子軌道に励起されるために生じる。一般に共役鎖長が長くなればなるほど$\pi-\pi^*$間のエネルギー差が減少するので，吸収波長は長波長側にシフトする。連鎖的な脱HF反応は，PVdF分子鎖中のHead to Head等の異種結合のところで停止する。従って，異種結合が少なくて優れた結晶性を有するPVdFの方がより長い共役鎖が生成しやすく，共役鎖が長いほど吸光度も大きく結果的に激しい着色を示す。

　この長鎖共役鎖は化学的に非常に活性で酸素等を取り込み，親水性の官能基を分子鎖に導入する。従って，互いに官能基を持った分子鎖が水素結合したり架橋することにより，強く着色したバインダー溶液ほど粘度が高くなる。また着色の強いものほどそれを用いて電極を作成したときの接着力が大きいことになる。着色しやすいPVdFこそ接着性がよいことの証明なのである。

　NMP中にアルカリ物質がなくてもアルカリ度の高い正極材料とPVDFバインダー溶液を混練すると上記の連鎖的脱HF反応が進行し，生成した長鎖共役鎖に酸素が付加し，結果的に官能基が導入される。ただし，PVdFバインダー溶液中に残留水分が多いとこの反応が急速に進む恐れがあるので，残留水分が少ないことが望ましい。このように正極合剤の調製作業は単に活物質とポリマー溶液を物理的に均一混合しているのではなく，化学的な反応によりPVdFバインダーに接着性を付与しているのである。

4 官能基導入型バインダーおよび高重合度バインダー[2]

PVdF系バインダーは正極に対しては効果的に脱HF反応によって接着力を有するようになるが、そのようなアルカリ分を全く有しない黒鉛などの負極材料に対しては充分な接着力が得られないことがある。この欠点を改良するために、VdFの重合時にカルボキシル基を有する第二成分を若干量添加することにより、官能基を導入したカルボン酸変性PVdFを開発した。重合時に付加した官能基のために、化学的に不活性な負極材料に対しても従来品より1桁以上も高い接着力が得られるようになった。ただし、官能基を導入しすぎると有機電荷液に膨潤しやすくなるため、官能基量は適度な値に抑える必要がある。

官能基を導入すると電解液に対して膨潤しやすくなるだけでなく、導入された官能基周辺の水素やフッ素が引き抜かれやすくなり連鎖的な脱HF反応がPVdFホモポリマーよりも進行しやすくなる。特に一部の残留アルカリの強い正極材や、有機溶媒に対する触媒活性の強い正極材、例えばLiNiO$_2$系正極材においてはその傾向が顕著に出て、合剤スラリーがゲル化することが知られている。しかし、モノクロロトリフルオロエチレン（CTFE）との共重合を行うと、こうした連鎖的な脱HF反応を効果的に抑制し合剤スラリーのゲル化を長時間防止することができる[3]。

さらにアンカー効果が期待できるような凹凸のない鱗片状黒鉛にあっては、官能基導入型でも接着力が不足することがある。またポリマー電池においては、通常の電解液を使用する電池よりもさらにイオン伝導度が低温で低くなるため、活物質を被覆するバインダーの使用量をできる限り減らしたいという要望もある。

このような見地から、従来よりも高重合度のバインダーが開発された。バインダーに使用されるポリマーの重合度が高ければ高いほど分子鎖の絡まり合いによる架橋点が増大し、合剤スラリー中の溶媒が蒸発する過程でより早くゲル化が進行するため、乾燥工程でのバインダー樹脂の偏在が防止でき、より少ない量で必要な接着力を得ることができる。図2はそのようにして開発

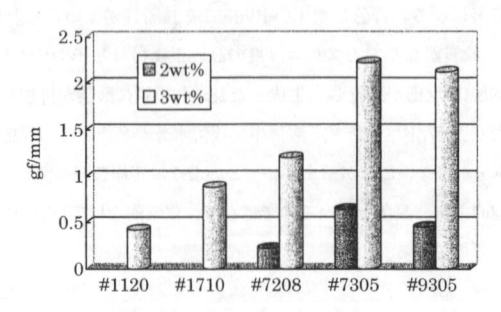

図2　Peeling Strength of various PVdF Binders

第6章 リチウムイオン電池用ポリマーバインダー

されたバインダーの接着力の測定例である。従来の#1120に比較し,#1710,#7208,#7305と重合度を上げていくほど接着力が増大していることが分かる。バインダーの使用量も3 wt%から2 wt%に減少させても必要十分の接着力が維持されている。#9305は高重合度で,かつカルボン酸変成を行い,その接着力を極限まで上昇させたもので,正極材料だけでなく鱗片状黒鉛などの従来のPVdF系バインダーで接着が困難であったものにも使用可能である。

5 バインダー開発の今後

　ポリマー電池は従来の電解液を使用した電池に比較し,万一容器が破損しても電解液が流れ出さないという特徴を有している。そのため安価で軽いアルミ箔ラミネートフィルムを容器に用いることができ設計の自由度が増し,重量当たりのエネルギー密度が増大した。しかし,分子運動性が悪いポリマーを電解液中に導入したことによって,イオン伝導度が低温において低下してしまうという欠点がある。この欠点を改良していくためには,固体電解質に使用されるゲルポリマーの改良に止まらず,活物質の界面に存在するバインダーやSEI膜についても見直していく必要があると考える。例えば,従来単なるリチウムイオンの伝導性のみが関心の的であった電解液が,僅かな添加物によって活物質表面のSEI膜の安定性を改良してサイクル寿命特性やガス発生量などを改善した機能性電解液となったように,バインダーについても単なる接着力向上やスラリーの安定化だけではなく機能性の付与が期待される。本来電解液よりも先に活物質表面に存在するバインダーこそが活物質表面のイオンの伝導性や安全性に寄与すべきである。こうした観点から,今後もバインダー開発の課題は多く,リチウムイオン電池の一層の性能向上に寄与していけると考えられる。

文　　献

1) 栗原あづさ,永井愛作,第39回電池討論会,3C09,p.309 (1998)
2) 特開昭51-32330,特開昭51-110658,他
3) 葛尾巧,永井愛作,第39回電池討論会,3C18,p.327 (1998)

第7章 キャパシタ用ポリマー

白石壮志*

1 炭素系材料

1.1 はじめに

電気化学キャパシタ[1~3]，すなわち大容量キャパシタは主に，非ファラデー型と，電気化学酸化還元反応を利用したファラデー型に分かれる。非ファラデー型は電極表面に形成される電気二重層の充放電を利用するので，「電気二重層キャパシタ」とよばれる。ファラデー型には酸化物や導電性ポリマーが電極に使われる。電気二重層キャパシタの電極は活性炭などの多孔質炭素である。また，カーボンブラックなどの炭素微粒子はファラデー型のキャパシタの導電補助材として用いられるので，炭素材料は電気化学キャパシタにおいて大きな役割を担っている。

炭素材料は，本来は無機物質として取り扱われるが，その基本構成単位は積層した炭素六角網面構造であり，これは縮合芳香族高分子の究極の形とみなすこともできる。また，実用に供されている炭素材料の多くは，高分子ポリマーやピッチなどの縮合芳香族化合物の高温処理によって製造されるので，炭素材料と高分子とは関係が深い。このような背景により，本稿では筆者の最近の研究成果を中心に，電気二重層キャパシタ電極用炭素材料について解説する。

1.2 電気二重層キャパシタとは？
1.2.1 電気二重層キャパシタのエネルギー密度

電気二重層キャパシタ（EDLC：Electric Double Layer Capacitor）はコンデンサの一種であり，多孔質炭素電極の電気二重層に電荷を蓄える（図1）。電気二重層とは電極界面を挟んで電極表面の過剰電荷と吸着イオンとが対峙する層のことである。EDLCの容量は1g当たり数F（ファラッド）以上であるので，他のコンデンサと比べると格段に容量が大きい。これは，電気二重層が非常に薄いのと，電極の比表面積が非常に高い（1,000 m^2g^{-1}以上）ためである。類似の蓄電デバイスである二次電池と比べるとEDCLは，①高速充放電が可能，②充放電サイクルの可逆性（効率）が高い，③サイクル寿命が長い，④電極や電解質に重金属を用いないので環境に優しい，といった点で優れている。

---

* Soshi Shiraishi 群馬大学 大学院工学研究科 ナノ材料システム工学専攻 助手

第7章 キャパシタ用ポリマー

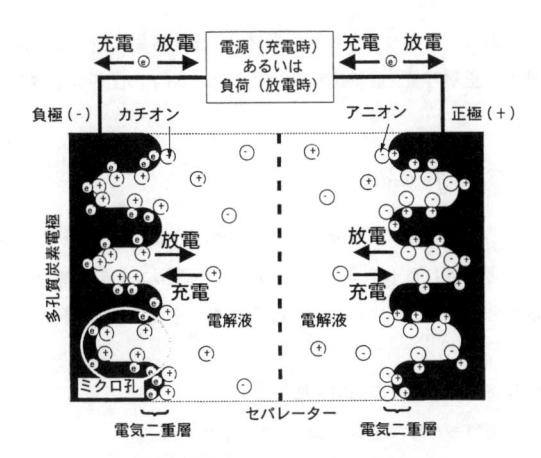

図1 電気二重層キャパシタ（EDLC）の概念
充電時は電解質イオンが2枚の活性炭電極の細孔表面に吸着し，放電時には吸着していたカチオンならびにアニオンがそれぞれの電極から脱着する。

EDLCは，こうした特徴を生かして既にICやLSIのメモリーバックアップ電源として実用化されている。また最近では，夜間電力の貯蔵システムあるいはハイブリッド電気自動車（HEV）用の大容量EDLCの研究開発が盛んである。既に一部のメーカーによりEDLCを搭載したHEVトラックが実用化された[4]。電力貯蔵システムやHEVでは一定体積当たりの蓄積エネルギー量，すなわちエネルギー密度が重要である。しかし，EDLCのエネルギー密度は，競合相手である二次電池と比較すると格段に小さい。EDLCのエネルギー密度は現状では4 WhL^{-1}程度であり，これは鉛蓄電池の20分の1程度である。このため，EDLCはエネルギー密度のさらなる改善が求められている[5]。

1.2.2 多孔質炭素電極の二重層容量

EDLCのエネルギー密度（E）は，多孔質炭素の二重層容量（C）ならびに印加電圧（V）に支配される（式(1)）。

$$E = \frac{CV^2}{2} \tag{1}$$

このことから，EDLCのエネルギー密度を上げるには，「多孔質炭素電極の容量を上げる」，あるいは「電解液の耐電圧を上げる」の2つの方向がある。後者については，有機溶媒を用いた非水電解液を使うことで耐電圧の向上がなされている。硫酸などの水溶液系電解液の耐電圧は約1Vであるが，EDLC用の有機電解液の耐電圧は約3Vである。現在，耐電圧をさらに向上させるため，新規な支持塩や溶媒の開発研究が盛んであるが，本稿の範囲を超えているのでここでは

割愛する。本項では前者，すなわち多孔質炭素材の二重層容量について注目する。

多孔質炭素電極の二重層容量（重量比容量：C）には，以下の関係式が成り立つと考えられている（式(2)）[6]。

$$C = \int \frac{\varepsilon_0 \varepsilon_r}{\delta} dS = \int C_s dS \tag{2}$$

ε_0 は真空の誘電率，ε_r は二重層の比誘電率，δ は二重層の厚み，S は多孔質炭素の細孔比表面積である。式(2)は，基本的にはセラミックコンデンサや電解コンデンサの静電容量の関係式と同じであり，容量は比表面積に比例する。このことから，多孔質炭素電極の二重層容量を上げるためには，

① イオンが吸脱着できる細孔表面積を増やす

② 比例定数（表面積あたりの比容量：C_s）を向上させる

のいずれかを行えばよいことが分かる。

また，エネルギー貯蔵を目的としたEDLCの場合は，EDLCの体積（容量）あたりのエネルギー密度が重要となるので，炭素電極の二重層容量は電極体積あたりの容量（体積比容量：C_v）が高いことが望まれる。電極嵩密度をdとすればC_vは，

$$C_v = dC \tag{3}$$

と表される。このため電極嵩密度は高いことが望まれる。この他にもEDLC用の多孔質炭素材には導電性，化学的安定性，価格などの点が考慮される。

こうした観点から，現在のEDLC用の多孔質炭素材には活性炭が用いられている。これは，活性炭にはミクロ孔と呼ばれる微細な孔[7~9]（図2参照）が大量にあり比表面積が大きく，高い二重層容量が取り出せるためである。しかし，電解質イオンの大きさは約0.5 nmから1 nmであるのでミクロ孔の大きさに近く（表1参照）[10]，分子篩効果に似たミクロ孔の"イオン篩効果[11~13]"によって，電解質イオンが吸脱着できない細孔表面が炭素電極中に存在する。しかし，活性炭の細孔径のコントロールは困難である。このことから，EDLCの高容量化には，電解質イオンの吸脱着に関する細孔表面利用率を改善する必要があると言われ，EDLCに適した細孔構造がこれまでに探索されてきた。これは先述の①に注目した研究の流れである。

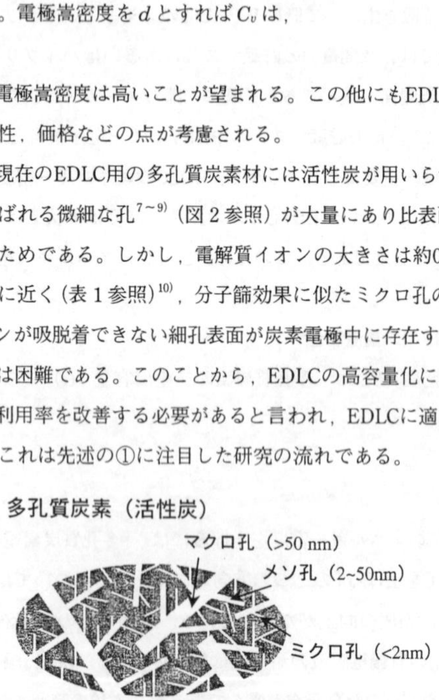

多孔質炭素（活性炭）

マクロ孔（>50 nm）

メソ孔（2~50nm）

ミクロ孔（<2nm）

図2　多孔質炭素の細孔の分類
細孔の大きさはIUPACによって定義されている。

第7章　キャパシタ用ポリマー

表1　多孔質炭素の二重層容量測定に使われる有機電解液の電解質イオンの大きさ
(溶媒にプロピレンカーボネート*を用いた場合)

カチオン	イオン径** [nm]
トリエチルメチルアンモニウム：$(C_2H_5)_3CH_3N^+$	0.66
テトラエチルアンモニウム：$(C_2H_5)_4N^+$	0.68
テトラブチルアンモニウム：$(C_4H_9)_4N^+$	0.86
テトラヘキシルアンモニウム：$(C_6H_{13})_4N^+$	0.96
リチウム：Li^+	0.82

アニオン	イオン径** [nm]
テトラフルオロホウ酸：BF_4^-	0.48
過塩素酸：ClO_4^-	0.52
トリフロロメタンスルホン酸：$CF_3SO_3^-$	0.58
ヘキサフルオロリン酸：PF_6^-	0.51

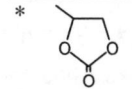

** 溶媒和圏を考慮したイオンサイズ
(ストークス半径[10]の2倍の値)

1.3. 活性炭電極の電気二重層容量

1.3.1 活性炭の製造方法

EDLC用の電極材料として活性炭は長年実績があり，各種メーカーからEDLC用の活性炭が製造されている[3, 7]。活性炭の原料(炭素前駆体)には，ヤシ殻・綿花などの天然物系と合成樹脂(フェノール樹脂，ポリアクリロニトリル・レーヨン)・ピッチ・コークスなどの人工物系に大別される。これらの炭素前駆体を炭素化して賦活することで活性炭が製造される。繊維状の炭素前駆体から得られる活性炭は活性炭素繊維(Activated Carbon Fiber；ACF)と呼ばれる。賦活とは，別名で活性化と呼ばれることもある。炭素のガス化反応を利用して炭素マトリクスに細孔を賦与するプロセスのことである。EDLC用の活性炭では，水蒸気を用いたガス賦活が主に使われている。その反応は，以下のように説明されている。

$$C + H_2O \longrightarrow CO + H_2 \tag{4}$$

$$C + 2H_2O \longrightarrow 2H_2 + CO_2 \tag{5}$$

賦活は，炭素のガス化反応によって炭素マトリクスの一部を消失させ，その結果としてマトリクスが多孔質化するプロセスだと理解できる。水蒸気以外にもCO_2によっても賦活はできるが，ガス化反応速度は遅く，形成される細孔幅も小さいようである。また，工業的にはCO_2の価格が高く，コストの問題もある。

ガス賦活の他に最近ではKOHなどのアルカリ試薬を用いた薬品賦活法が開発され，一部工業

化されている。反応メカニズムはまだ完全に解明されたわけではないが一般的には以下の反応式で説明されている[14]。

$$2KOH \longrightarrow K_2O + H_2O \tag{6}$$

$$C + H_2O \longrightarrow H_2 + C \tag{7}$$

$$CO + H_2O \longrightarrow H_2 + CO_2 \tag{8}$$

$$K_2O + CO_2 \longrightarrow K_2CO_3 \tag{9}$$

$$K_2O + H_2 \longrightarrow 2K + H_2O \tag{10}$$

$$K_2O + C \longrightarrow 2K + CO \tag{11}$$

式(7)と式(11)の反応は、炭素のガス化反応である。この他にも式(11)の反応で生成した金属カリウムが炭素六角網面の面間にインターカレーションし網面を押し広げ細孔が生成する機構も考えられている。しかし、金属カリウムが副生成物として生成することは危険であるだけでなく炉材を痛めるので、KOH賦活の工業化には障害が多い。

図3に各種炭素前駆体からの活性炭の製造工程をまとめた。もちろんこれはかなり簡略化しているので、実際のプロセスには粉砕や洗浄などのプロセスが含まれ複雑である。詳しくは専門書[3, 7, 8]を参考にして欲しい。ここで注目すべきなのは、KOHはほとんどの炭素前駆体に対して有効なのであるが、水蒸気賦活はメソフェーズピッチやメソカーボンマイクロビーズ(MCMB)のような易黒鉛化性の前駆体には効果的ではないということである。これは先述の賦

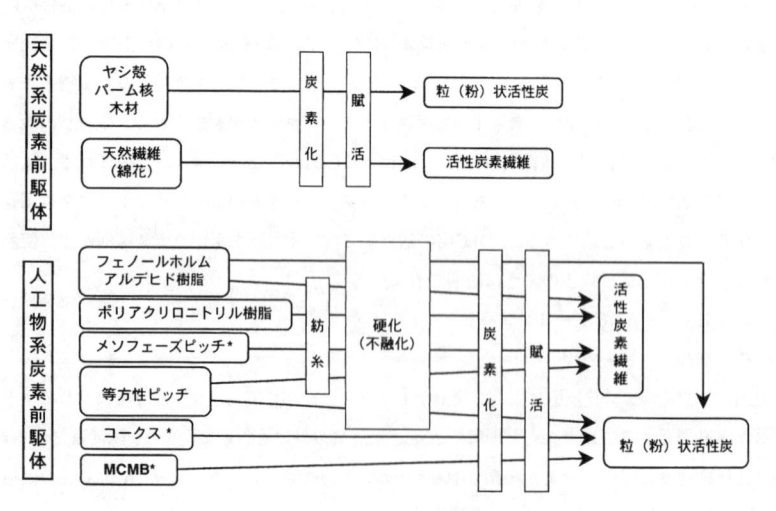

図3 活性炭の原料と製造プロセス
＊の原料の場合、水蒸気賦活は余り有効ではない。

第7章 キャパシタ用ポリマー

活機構の違いによるものである。ガス化は炭素六角網面のエッジにおいて選択的に進行するために,結晶性の高い易黒鉛化性炭素では細孔空間が生成しにくいためであろう。

1.3.2 水蒸気賦活ACF

ここでは,水蒸気賦活によって調製されたフェノール樹脂系ACFを例に取り,活性炭の細孔構造と二重層容量の関係を説明する。表2に,フェノール樹脂系ACFの細孔構造パラメーターをまとめた。ミクロ孔の大きさを径ではなく幅と表現するのは,活性炭のミクロ孔がスリット状構造をしているためである。賦活度(賦活時間)が上昇すれば比表面積は増加し,細孔幅が広がるのが分かる。これは,賦活によって炭素マトリクスの多孔質化が進むと,外部に露出される表面は増加するが,同時に細孔側壁もエッチングされることを示している。しかも発達するのは基本的にはミクロ孔であり,メソ孔は選択的に発達させることは通常の賦活ではできない。このように現在の賦活技術では必要とする細孔径(幅)と比表面積を指定して活性炭を製造するのは難しい。しかし,温度等の賦活の条件や炭素前駆体を変えることで,経験的ではあるが,ある程度

表2 各種フェノール樹脂系活性炭素繊維(ACF:水蒸気賦活品,KOH-ACF:KOH賦活品,meso-ACF:水蒸気賦活-Ni担持品)の細孔構造パラメーター(77K,窒素吸脱着測定)

試料*	S_{BET} [m^2·g^{-1}]	V_{meso} [ml·g^{-1}]	w_{meso} [nm]	V_{micro} [ml·g^{-1}]	w_{micro} [nm]	Yield [%]	d [g·cm^{-3}]
ACF-10	650	0.06	3.4	0.28	0.64	93	1.00
ACF-60	930	0.03	4.0	0.37	0.73	80	0.87
ACF-120	1,150	0.08	3.2	0.47	0.85	73	0.85
ACF-240	1,480	0.09	2.6	0.60	0.94	63	0.74
ACF-480	1,780	0.16	2.6	0.73	1.07	41	0.68
ACF-720	2,090	0.41	2.2	0.87	1.19	37	0.58
KOH-ACF-1:1	1,740	0.09	2.5	0.73	0.89	80	0.81
KOH-ACF-3:1	1,830	0.10	2.5	0.75	0.90	72	0.74
KOH-ACF-6:1	2,170	0.17	2.2	0.85	0.97	53	0.63
KOH-ACF-8:1	2,520	0.59	2.1	1.01	1.10	41	0.57
meso-ACF-10	710	0.10	5.0	0.28	0.69	83	0.85
meso-ACF-60	960	0.21	6.0	0.38	0.74	51	0.62
meso-ACF-120	1,050	0.30	6.3	0.42	0.83	29	0.54
meso-ACF-140	1,290	0.35	6.1	0.52	0.88	26	0.43
meso-ACF-180	1,660	0.86	6.0	0.69	1.06	9	0.38

＊各試料の名称の末尾には賦活時間(min)あるいはKOHと原料炭素繊維の重量比を示した。
S_{BET} : 相対圧0〜0.05のBETプロットから求めたBET比表面積[15]。
V_{meso} : 吸着等温線にDH法を適応して求めたメソ孔容積[15]。
w_{meso} : 吸着等温線にDH法を適応して求めた平均メソ孔径(シリンダー状細孔を仮定)[15]。
V_{micro} : 吸着等温線にDR法を適応して求めたミクロ孔容積[15]。
w_{micro} : 吸着等温線にDR法を適応して求めた平均ミクロ孔幅[15]。
Yield : 賦活収率(賦活前の炭素繊維の重量基準)。
d : 電極嵩密度(活性炭/アセチレンブラック/PTFE系バインダー(86:10:4)のシート状電極)。

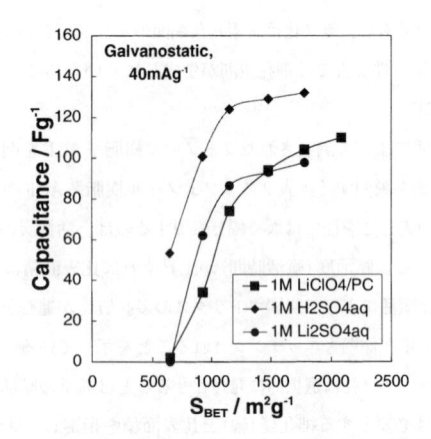

ポリマーバッテリーの最新技術Ⅱ

図4 フェノール樹脂系水蒸気賦活ACFのBET比表面積と二重層容量の関係
二重層容量は三極式セルを用いて定電流法（40mAg^{-1}）によって求めた。
ここでの二重層容量はカチオン脱着とアニオン吸着の平均容量である。
測定電位範囲は，電解液が1MのH$_2$SO$_4$水溶液ならびに1MのLi$_2$SO$_4$
水溶液の場合は0～0.4V vs.Ag/AgCl，1MのLiClO$_4$のプロピレンカーボ
ネート溶液の時は，2～4 Vvs.Li/Li$^+$である。

の細孔構造制御は可能である。

　図4は，フェノール樹脂系ACFのBET比表面積と二重層容量の関係をまとめたものである。測定は，三極式セルを用いて電極1枚当たりの容量を評価した[6]。比表面積の低い試料は容量が極端に小さい。これは，細孔幅がイオンサイズよりも小さいためであり，ミクロ孔のイオン篩効果[11～13]として説明される。一方，比表面積がある程度大きくなると容量は頭打ちの傾向を見せる。これは水蒸気賦活活性炭によく観察される現象であるが，まだ完全には解明されていない。一般的には，この現象はBET比表面積の過大評価[15]や細孔表面を構成する炭素六角網面の配向状態[13]によるものと説明されているが，まだ研究段階である。表3には，水蒸気賦活ピッチ系活性炭素繊維ならびに水蒸気賦活PAN系活性炭素繊維の細孔構造をまとめた。図5には，その二重層容量とBET比表面積の関係を示す。基本的な傾向は，フェノール樹脂系ACFと変わらない。PAN系ACFの容量が高いのは，細孔幅がやや広いのと残留窒素成分によるものと思われる。また，充放電スピード，すなわち測定時の電流密度が変化すれば，電極の内部抵抗やわずかな細孔構造の違いによるイオン吸脱着の追従性が変わり，これらのACFの容量特性の優越は変化することもある。

1.3.3 KOH賦活ACF

　KOH賦活による活性炭は，比表面積が3,000m^2·g^{-1}にも達するものがあり[14]，収率も高く[16]，

第7章　キャパシタ用ポリマー

表3　各種水蒸気賦活ACF（Pitch：等方性ピッチ系，PAN：ポリアクリロニトリル系）の細孔構造パラメーター（77K，窒素吸脱着測定）

試料	S_{BET} [$m^2 \cdot g^{-1}$]	V_{meso} [$ml \cdot g^{-1}$]	w_{meso} [nm]	V_{micro} [$ml \cdot g^{-1}$]	w_{micro} [nm]
Pitch-ACF-1	1,017	0.08	2.9	0.40	0.88
Pitch-ACF-2	1,263	0.15	2.6	0.53	1.06
Pitch-ACF-3	1,446	0.26	2.2	0.59	1.11
Pitch-ACF-4	1,720	0.75	2.3	0.68	1.17
PAN-ACF	1,003	0.30	2.3	0.40	1.04

S_{BET}　：相対圧 0～0.05 の BET プロットから求めた BET 比表面積[15]
V_{meso}　：吸着等温線に DH 法を適応して求めたメソ孔容積[15]
w_{meso}　：吸着等温線に DH 法を適応して求めた平均メソ孔径（シリンダー状細孔を仮定）[15]
V_{micro}　：吸着等温線に DR 法を適応して求めたミクロ孔容積[15]
w_{micro}　：吸着等温線に DR 法を適応して求めた平均ミクロ孔幅[15]

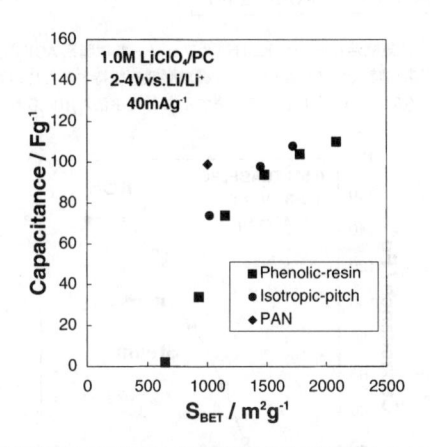

図5　各種水蒸気賦活ACFのBET比表面積と二重層容量（カチオン脱着容量とアニオン吸着容量の平均値）の関係
　　電解液は1MのLiClO$_4$のプロピレンカーボネート溶液である。
　　測定電位範囲は，2～4 Vvs.Li/Li$^+$である。

EDLC用電極材料として魅力的である[17,18]。実際に容量特性が評価され，KOH賦活品は，水蒸気賦活品よりも高いと言われている。しかし，多くの場合，KOH賦活活性炭と水蒸気賦活活性炭の炭素前駆体が異なり，また細孔構造も異なることが多く，KOH賦活活性炭の高い容量特性についてはよく分かっていない。筆者は，同一の炭素前駆体を使って，賦活方法の違いによる容量特性の違いについて注目した。

　フェノール樹脂系炭素繊維は，KOH賦活することで活性化（多孔質化）できる。調製手順は図6に示した。表2にはKOH賦活によって調製したフェノール樹脂系ACFの細孔構造をまとめ

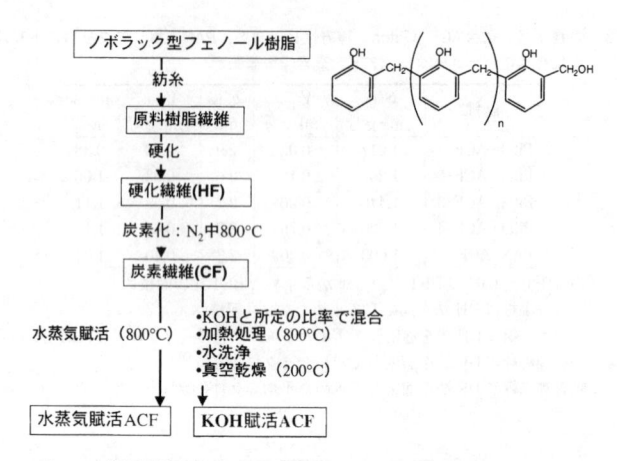

ポリマーバッテリーの最新技術 II

図6 水蒸気賦活ならびに KOH 賦活フェノール樹脂系 ACF の調製手順
硬化とは炭素化時に溶融しないように繊維形態を維持するための処理である。
酸性のホルムアルデヒド水溶液に浸漬するなどの手法が用いられている。

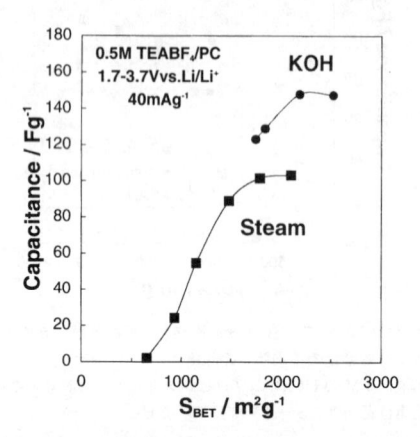

図7 水蒸気(Steam)賦活ならびに KOH 賦活フェノール樹脂系 ACF の
BET 比表面積と二重層容量の関係
電解液は 0.5M の $(C_2H_5)_4NBF_4$ のプロピレンカーボネート溶液である。
容量は三極式セルを用いた定電流法（40mAg^{-1}）によって求め，測定電位
範囲は 1.7～3.7Vvs.Li/Li$^+$ である。

た。高い収率で水蒸気賦活よりも大きな比表面積が得られている。これは KOH 賦活の一般的な
傾向のようである。図7に，これら KOH 賦活 ACF の BET 比表面積と二重層容量の関係をまと
めた。比較のため，先述の水蒸気賦活 ACF のデータも併記した。これから，KOH 賦活 ACF の方

第7章 キャパシタ用ポリマー

が，ほぼ同じ比表面積の水蒸気賦活ACFと比較して高容量であるのが分かる。表2から，両試料の細孔構造は類似しているのが確認できるので，二重層容量の差は細孔構造以外の因子の影響，すなわち先述の②の因子が関わっている。KOH賦活活性炭は一般的に酸素含有表面官能基が多いことが知られている[7]。このため細孔側壁への電解液の濡れ性が上がり，容量が向上したとも考えられる。この他にも酸素含有表面官能基が電気化学的に酸化還元（レドックス）することで擬似容量が発生し，これが見かけ上，二重層容量を増加させている可能性もある[1]。例えば，キノン型とカルボニル型の表面官能基は以下の電気化学的酸化還元反応を起こす。

$$>C=O + e^- \rightleftarrows \geq C-O^- \qquad (12)$$

実際に，ACF-720とKOH-ACF-6:1の試料を昇温脱離（TPD）法[19,20]によって表面官能基の分析を行うと，KOH賦活試料は水蒸気賦活試料に比べ，表面酸素濃度が高い。しかし，このような表面酸素濃度の差はX線光電子分光法では検出できないこともあるので注意が必要である。伝統的な滴定法（Boehm法[21]）による同定も有効である。

しかし，KOH賦活活性炭の高い容量については表面官能基だけでは説明できない場合もある。細孔側壁を構成する炭素六角網面の状態についても注目する必要がある。また，含酸素表面官能基が多く存在すると，漏れ電流の増加[22]やサイクル寿命を縮ませる原因となるので，単に含酸素表面官能基を増加させるだけでは真の高性能化は計れない。

1.4 メソポーラスカーボン電極の電気二重層容量特性

活性炭は，メソ孔やマクロ孔を含むことがあるが，基本的にはミクロ孔を主体とした炭素細孔体である。このことから，活性炭電極ではミクロ孔のイオン篩効果によって容量発現が抑制されているのではないかと考えられてきた。しかし，単なる賦活ではミクロ孔しか主に生成されないので，電解質の浸透に有効と思われるメソ孔がリッチな炭素細孔体を調製するには工夫がいる。以下にメソ孔がリッチな炭素細孔体：メソポーラスカーボンの調製法とその容量特性について説明する。

1.4.1 賦活触媒によって調製したメソポーラスカーボン

特定の金属種は炭素のガス化触媒になることが知られており，炭素前駆体あるいは炭素にガス化触媒を担持することで，メソ孔を発達させることができる。このような効果を持つ金属は，鉄・コバルト・ニッケルといった鉄族[13,23]，イットリウムなどの希土類[24]，ルテニウムなどである。筆者は，ニッケルの有機錯体をフェノール樹脂にブレンドすることでメソポーラスACFを調製し，その容量特性について評価した[13]。調製手順を図8に示す。フェノール樹脂にニッケルアセチルアセトナートを添加することでブレンド樹脂を調製し，その後は従来のACFと同様の調製手順である。表2に調製されたメソポーラスACFの細孔構造パラメーターを，図9にメソ孔の

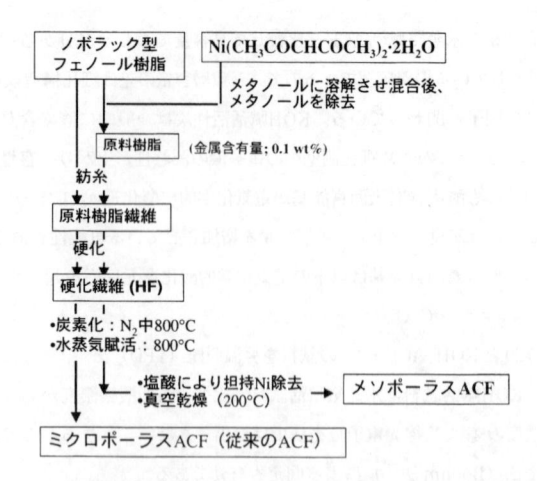

ポリマーバッテリーの最新技術 II

図8 賦活触媒前駆体を用いた練込法によってフェノール樹脂系水蒸気賦活メソポーラス ACF を調製する手順

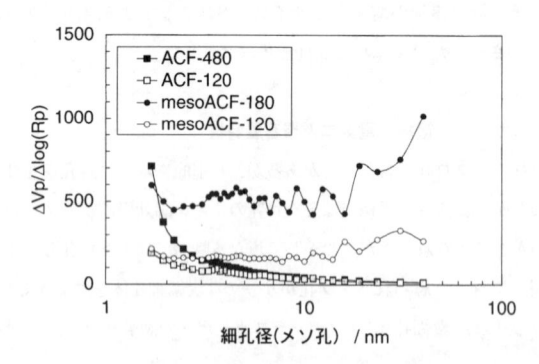

図9 フェノール樹脂系メソポーラス ACF とミクロポーラス ACF の細孔径分布曲線
細孔径分布は DH 法により求めた。

細孔径分布曲線を示す。ミクロポーラスなフェノール樹脂系ACFと比較すると，メソ孔が発達していることが分かる。また添加されたニッケルは，金属ニッケル微粒子の状態で炭素マトリクスに担持されており，細孔表面に露出されているので酸洗いよって容易に除去できる。

図10にミクロポーラスACFとメソポーラスACFについてのBET比表面積と二重層容量との相関を示す。メソポーラスACFはミクロポーラスACFに比べて高い容量を示し，低い比表面積の時にはメソポーラスACFの優位性は顕著である。メソポーラスACFとミクロポーラスACFは，

第7章 キャパシタ用ポリマー

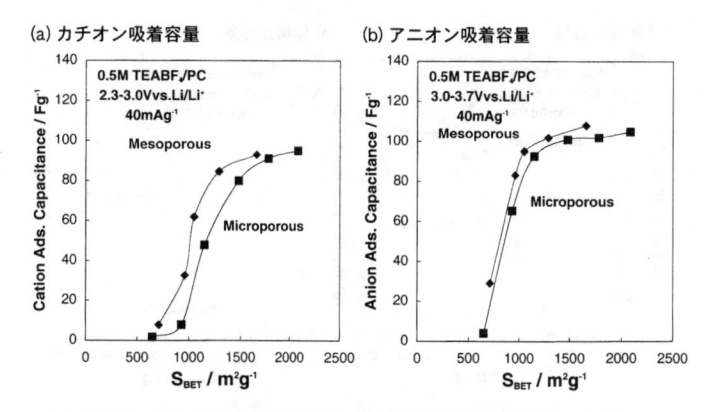

図10 フェノール樹脂系メソポーラスACFとミクロポーラスACFの
BET比表面積と二重層容量の関係

電解液は0.5Mの$(C_2H_5)_4NBF_4$のプロピレンカーボネート溶液である。容量は三極式セルを用いた定電流法（40mAg^{-1}）によって評価し、(a)カチオン吸着容量は3.0→2.3V vs.Li/Li$^+$、(b)アニオン吸着容量は3.0→3.7V vs.Li/Li$^+$の電位範囲からそれぞれ求めた。

ミクロ孔容積や平均ミクロ孔幅には差がほとんどなく、ミクロ孔の構造はほぼ同じとみなしてよい。このことから、メソポーラスACFの高容量はメソ孔によってイオン篩効果が緩和されたためと説明できる。特にカチオン（TEA$^+$）の方がアニオン（BF$_4^-$）に比べてメソ孔によるイオン篩の緩和効果も大きい。これは、カチオンはアニオンより大きく、カチオンのイオン篩が非常に強いためである。電解液中のカチオンとアニオンの大きさは溶媒和の効果を考慮せねばならず、導電率測定[10]やコンピューターシミュレーション[17]などの手法によって評価されている。表1にはモル極限導電率から計算されるストークス半径[10]を元に計算した溶媒和イオン径をまとめた。これから、二重層容量の評価に使われる電解質イオンでは、カチオンの方がアニオンよりもイオン径が大きいことが確認できる。細孔内とバルク電解液中でイオンの大きさが同じかどうか議論されるべきであるが、ストークス半径と細孔幅に相関がある事実は注目に値する。最近、NMR測定によって、活性炭細孔内のイオンの状態について分析されるようになった[25]。細孔内のイオンの状態の詳細が分かりつつある。

一方、十分に高比表面積になるとメソポーラスACFとミクロポーラスACFには容量の差は小さくなる。これは、高比表面積を有するミクロポーラスACFではミクロ孔幅がイオンに対して十分に大きく、イオン篩効果が現れないためであろう。これを支持する結果が、KOH賦活活性炭でも観測されている。2,000 m^2·g^{-1}もの比表面積を持つメソポーラス活性炭の容量は同比表面積のミクロポーラス活性炭と比較してむしろ小さかった[19]。これらの結果から、メソ孔効果には

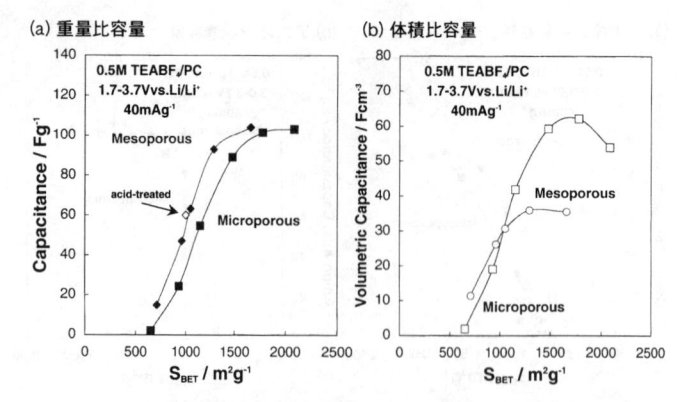

図11 フェノール樹脂系メソポーラスACFとミクロポーラスACFのBET比表面積と(a)重量比容量ならびに(b)体積比容量の関係
電解液は0.5Mの $(C_2H_5)_4NBF_4$ のプロピレンカーボネート溶液である。容量は三極式セルを用いた定電流法($40mAg^{-1}$)によって評価し,測定電位範囲は $1.7→3.7V$ vs.Li/Li^+ である。

限界があることが分かる。また,表2や図11を見ても分かるように,メソポーラス活性炭は嵩密度が低く,どうしても体積比容量は小さくなってしまう。EDLC用の多孔質炭素材においては密度も考慮した厳密な細孔構造制御が求められる。

1.4.2 ゾルゲル法によって調製したメソポーラスカーボン

メソポーラスカーボンとして,カーボンエアロゲルが有名である。レゾルシノールとホルムアルデヒドの水溶液のゾルゲル反応による調製法が代表例である。調製法の概念も図12に示す。レゾルシノールとホルムアルデヒドの組み合わせ以外でもカーボンエアロゲルは調製可能であり,ポリビニルクロライド(PVC)由来のカーボンエアロゲルも報告されている[26]。

湿潤有機ゲルを超臨界乾燥して,その後に炭素化したものがカーボンエアロゲルである。超臨界乾燥の代わりに凍結乾燥したものはカーボンクライオゲル,単に熱乾燥させたものをカーボンキセロゲルと呼ばれる。湿潤ゲル乾燥時の細孔収縮は大きく,細孔構造は湿潤ゲルの乾燥条件によって変化する。超臨界乾燥が細孔構造の維持に適している。カーボンエアロゲルのメソ孔は,凝集したカーボン微粒子(粒径約10nm)の間隙に由来する。カーボンエアロゲルは活性炭と比較すると比表面積が小さいので,賦活を行うことでミクロ孔も発達させ高比表面積化する場合もある。

カーボンエアロゲルのEDLC用電極への応用は既になされている[27, 28]。Pekalaらは,カーボンエアロゲルを用いたEDLCを作製し,$7.5Wkg^{-1}$ もの高い出力密度を得たと報告した[27]。最近

第7章 キャパシタ用ポリマー

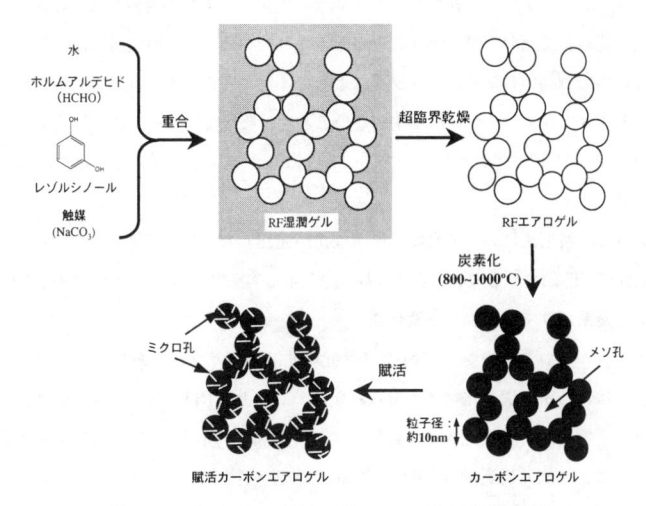

図12 レゾルシノール系カーボンエアロゲルの調製手順

では，CO_2賦活カーボンキセロゲル[29]やクレゾール／レゾルシノール系カーボンエアロゲル[30]の二重層容量特性ついても報告されている。いずれにしてもメソ孔の容量への寄与について注目しているが，メソ孔が存在しない試料との比較がないためにメソ孔効果を相対的に議論できていない。また，用いられている電解液も硫酸電解液であるので，有機電解液中での容量特性の報告が待たれるところである。

1.4.3 鋳型（テンプレート）法

近年，セラミックを鋳型した炭素多孔体の調製の報告が相次いでいる[31]。調製概念を図13に示す。基本的には，セラミック多孔体の細孔内に炭素を生成させ，その後，セラミック部分を溶解除去すると，セラミック多孔体の細孔構造を反映した炭素細孔体が生成する。例えば，メソ

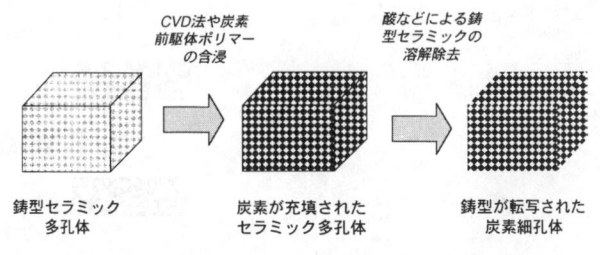

図13 鋳型（テンプレート）を用いた多孔質炭素の調製手順

ポーラスアルミノシリケートを鋳型としたメソポーラスカーボンが調製され，ミクロ孔を主体とした活性炭と比較して高い容量を示すことが報告されている[32]。この試料はほとんどミクロ孔を有していないので，高い容量特性はメソ孔によってミクロ孔のイオン篩効果が抑制されたというより，そもそもメソ孔ではイオン篩が生じないことを示唆している。その他にもメソポーラスシリカ[33]や柱状／球状ナノシリカをテンプレート[34]にしたメソポーラスカーボンの容量特性が報告されている。

また，最近では鋳型法によって高度にミクロ孔が発達した試料も調製されており[31]，中には比表面積が活性炭に匹敵するものもある。これらの二重層容量特性は現在評価の段階に入っている。

1.4.4 フッ素系ポリマーの脱フッ素化法

ポリテトラフルオロエチレン（PTFE）は熱分解性消失ポリマーであり，単に加熱処理しただけでは細孔体はおろか，炭素化物さえ得られない。しかし，PTFEをアルカリ金属などで脱フッ素化すると炭素細孔体が調製できる。調製プロセスを図14に示す。PTFEのアルカリ金属による脱フッ化物は，一次元炭素鎖（カルビン構造）と副生成物であるアルカリフッ化物のミクロドメイン構造体である。このミクロドメイン構造は非常に不安定であり，ただちに架橋反応による一次元炭素鎖の非晶質化とアルカリフッ化物クラスターの凝集が始まる。さらに，アルカリフッ化物を希塩酸等でミクロドメイン構造から取り除いてしまうと，一次元炭素鎖はほぼ完全に非晶質化してしまうが，同時にアルカリフッ化物の占めていた空間が細孔になり多孔質炭素が得られ

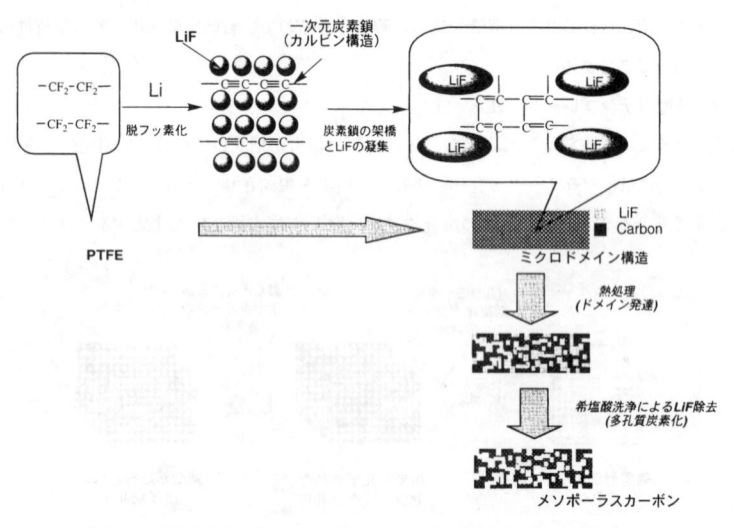

図14 ポリテトラフルオロエチレン（PTFE）系多孔質炭素の調製手順

第7章 キャパシタ用ポリマー

る。この多孔質炭素材の調製法については，一次元炭素鎖の合成ならびに物性評価の先駆的研究を行っているチェコ共和国のグループが最初に見出した[35]。PTFEの他にもPTFEの変性体（フルオロエチレンプロピレン共重合体：FEP，クロロトリフルオロエチレン：CTFE）でも同様な多孔質炭素が調製できる。

PTFE系多孔質炭素は，比表面積が2,000 $m^2 \cdot g^{-1}$以上になるものもあり，活性炭の比表面積に匹敵する[36〜39]。また，ミクロドメイン構造に熱処理を加えるとアルカリフッ化物のドメインの大きさを成長させることができる。このため，ミクロドメイン構造に熱処理を加えないでアルカリフッ化物の除去を行えばミクロポーラスな多孔質炭素が生成する。一方，800℃の熱処理を加えればメソポーラスな多孔質炭素が調製される。熱処理によって細孔径分布のコントロールができるのがPTFE系多孔質炭素の特徴の1つである[36〜39]。PTFE系メソポーラスカーボンは，イオン篩効果の緩和能力が高く[36, 37, 40]，かさ高いイオンを用いた電解液中で高速の充放電条件下でも高い二重層容量を示すことが明らかになっている。

1.4.5 その他の多孔質炭素材の電気二重層容量特性

賦活を行うことなく調製される多孔質炭素としてPVDC炭が知られている。これはポリビニリデンクロライド（PVDC）を単に不活性雰囲気下で加熱炭素化するだけで得られる。PVDC炭はミクロポーラスであり，しかも硫酸電解液中で高い体積比容量を示すので注目されている[41, 42]。残念ながら有機電解液中では容量は小さいようであるが，適切な電解液組成と細孔構造設計によって，大きな容量が取り出されることが期待されている。

また，カーボンナノチューブは，炭素六角網面の筒状物質であるので，チューブ内空間をシリンダー状細孔とみなせば炭素細孔体のモデル物質である。二重層容量特性については既に報告例はあるが，初期の報告には測定条件や純度の問題があった。最近は高純度な試料が入手できるようになり，カーボンナノチューブのEDLC用電極としてのポテンシャルが明らかになりつつある[43, 44]。特に筆者らは，単層カーボンナノチューブが高い面積比容量C_sを示すことを明らかにしており，カーボンナノチューブは非常に興味深い材料である。

1.5 おわりに

多孔質炭素材料は奥が深く，その製法ならびに二重層容量特性についてはまだ明らかになっていないことも多い。ただし，最近の研究成果によって，これまでの方向性だけではEDLC用多孔質炭素電極の容量向上は難しいことが分かってきた。今後は，細孔構造だけなく炭素細孔体の細孔側壁の化学状態・電子構造が注目されると思われる。ますます炭素前駆体ポリマーの構造設計が重要になることは間違いない。本稿がその手助けになれば幸いである。

ポリマーバッテリーの最新技術 II

文　献

1) B. E. Conway, 電気化学キャパシタ, 基礎・材料・応用 (直井勝彦, 西野敦, 森本剛監訳), エヌ・ティー・エス (2001)
2) 大容量電気二重層キャパシタの最前線 (田村英雄　監修), エヌ・ティー・エス (2002)
3) 大容量キャパシタ技術と材料 II, 電気二重層キャパシタとスーパーキャパシタの最新動向 (西野敦, 直井勝彦監修), シーエムシー出版 (2003)
4) 白石壮志, 日本エネルギー学会誌, **81**, 788 (2002)
3) 松井冨士雄, キャパシタ技術, **6**, 53 (1999)
6) 白石壮志, 表面, **40**, 13 (2002)
7) 活性炭の応用技術 (立本英機, 安部郁夫監修), テクノシステム (2000)
8) 新版活性炭－基礎と応用 (真田雄三, 鈴木基行)
9) S. J. Gregg, K. S. W. Sing, Adsorption, Surface Area and Porosity, Academic Press, London (1982)
10) M. Ue, *J. Electrochem. Soc.*, **141**, 3336 (1994)
11) G. Salitra, A. Soffer, L. Eliad, Y. Cohen, D. Aurbach, *J. Electrochem. Soc.*, **147**, 2486 (2000)
12) S. Shiraishi, H. Kurihara, A. Oya, *Electrochemistry*, **69**, 297 (2001)
13) S. Shiraishi, H. Kurihara, L. Shi, T. Nakayama, A. Oya, *J. Electrochem. Soc.*, **149**, A855 (2002)
14) 音羽利郎, 表面, **34**, 130 (1996)
15) 金子克美, コロイド科学 IV コロイド科学実験法, 東京化学同人, 第11章 (1996)
16) 前田崇志, 金龍中, 小柴健二, 石井聖啓, 笠井利幸, 遠藤守信, 西村嘉介, 河淵祐二, 炭素, Vol.2002, No.201, 7-11 (2002)
17) M. Endo, Y. J. Kim, H. Ohta, K. Ishii, T. Inoue, T. Hayashi, Y. Nishimura, T. Maeda, M. S. Dresselhaus, *Carbon*, **40**, 2613-2626 (2002)
18) T.-C. Weng, H. Teng, *J. Electrochem. Soc.*, **148**, A368-373 (2001)
19) D. Lozano-Castello, D. Cazorla-Amoros, A. Linares-Solano, S. Shiraishi, H. Kurihara, A. Oya, *Carbon*, **41**, 1765 (2003)
20) C.-T. Hsieh, H. Teng, *Carbon*, **40**, 667 (2002)
21) H. P. Boehm, *Advances in Catalysis*, **16**, 179 (1966)
22) 吉田昭彦, 電気化学, **66**, 884-891 (1998)
23) 吉澤徳子, 羽鳥浩章, 山田能生, 表面, **35**, No.12, 652 (1997)
24) M. Morita, S. Watanabe, M. Ishikawa, H. Tamai, H. Yasuda, *Electrochemistry*, **69**, 462 (2001)
25) 平塚和也, 電気化学会創立70周年記念大会予稿集, p.187 (2003)
26) J. Yamashita, T. Ojima, M. Shioya, H. Hatori, Y. Yamada, *Carbon*, **41**, 285-294 (2003)
27) S. T. Mayer, R. W. Pekala, J. L. Kaschmitter, *J. Electrochem. Soc.*, **140**, 446 (1993)
28) R. W. Pekala, J. C. Farmer, C. T. Alviso, T. D. Tran, S. T. Mayer, J. M. Miller, B. Dunn, *J. Non-Cryst. Solids*, **225**, 74-80 (1998)

第7章 キャパシタ用ポリマー

29) C. Lin, J. A. Ritter, B. N. Popov, *J. Electrochem. Soc.*, **146**, 3639 (1999)
30) W. Li, G. Reichenauer, J. Fricke, *Carbon*, **40**, 2955-2959 (2002)
31) 京谷隆, 炭素, Vol.2001, No.199, 176-186 (2001)
32) S. Yoon, J. Lee, T. Hyeon, S. M. Oh, *J. Electrochem. Soc.*, **147**, 2507 (2000)
33) H. Zhou, S. Zhu, M. Hibino, I. Honma, *J. Power Sources*, **122**, 219-223 (2003)
34) S. Han, K. T. Lee, S. M. Oh, T. Hyeon, *Carbon*, **41**, 1049-1056 (2003)
35) L. Kavan, *Chem. Rev.*, **97**, 3061-3082 (1997)
36) 白石壮志, 化学と工業, **56**, No. 2, 129 (2003)
37) S. Shiraishi, K. Kurihara, H. Tsubota, A. Oya, S. Soneda, Y. Yamada, *Electrochem. Solid-State Lett.*, **4**, A5-A8 (2001)
38) T. Liang, Y. Yamada, N. Yoshizawa, S. Shiraishi, A. Oya, *Chem. Mat.*, **13**, 2933-2939 (2001)
39) O. Tanaike, N. Yoshizawa, H. Hatori, Y. Yamada, S. Shiraishi, A. Oya, *Carbon*, **40**, 445-467 (2002)
40) S. Shiraishi, Y. Aoyama, H. Kurihara, A. Oya, Y. Yamada, *Mol. Crys. Liq. Crys.*, **388**, 543 (2002)
41) M. Endo, Y. J., Kim, T. Takeda, T. Maeda, T. Hayashi, K. Koshiba, H. Hara, M. S. Dresselhaus, *J. Electrochem. Soc.*, **148**, A1135 (2001)
42) M. Endo, Y. J. Kim, T. Inoue, T. Nomura, N. Miyashita, M. S. Dresselhaus, *J. Mater. Res.*, **18**, No.3, 693-701 (2003)
43) S. Shiraishi, H. Kurihara, K. Okabe, D. Hulicova, A. Oya, *Electrochem. Commun.*, **4**, 593-598 (2002)
44) 白石壮志, 大谷朝男, カーボンナノテクノロジーの基礎と応用 (小林和夫企画・編集), サイペック, 4章1節, p.143 (2002)

第8章　ポリマー電池の用途と開発

中根育朗*

1　はじめに

携帯電話をはじめとするモバイル端末の急速な進展と新規端末機器などの開発により，電池の高エネルギー密度化・薄型化・軽量化の要望が高まっている。これらの要望に対し，リチウムイオン電池には様々な新技術が投入され，これらの要求に応えてきた。図1には，リチウムイオン電池の開発から現在までに導入された代表的な技術について記載した。特に黒鉛負極を用いたリチウムイオン電池の実用化（1994年）や，アルミニウム製の外装缶を使用した角形リチウムイオン電池の開発実用化[1]（1995年）は，リチウムイオン電池のエネルギー密度の向上に大きく貢献し，これらの技術はリチウムイオン電池のデファクトスタンダードとなった。

さらに，携帯機器においては薄型化・多様化・高機能化が進み，電池に対して容量，形状面で多様な要望がなされるようになり，これらに対応するため，外装がそれまでの金属製ケースの代わりに薄くて柔軟なラミネートフィルムを用いたポリマー電解質リチウムイオン電池（ポリマーリチウムイオン電池）が開発され[2,3]（1999年），携帯電話，ノートPCなどの電源に使用された。開発当初，ポリマーリチウムイオン電池は薄型の角形リチウムイオン電池の一機種という位置づ

基礎技術
- $LiCoO_2$ または $LiNiO_2$ を正極に用いた電池の発明
- 黒鉛を負極に用いた電池の発明

実用化技術
- リチウムイオン電池($C/LiCoO_2$系)の開発
- 黒鉛負極を用いたリチウムイオン電池の開発
- アルミ缶を用いた角型リチウムイオン電池の開発
- ゲルタイプのポリマーリチウムイオン電池の開発

図1　リチウムイオン電池関連の技術開発

＊Ikuro　Nakane　三洋電機㈱　コンポーネント企業グループ　モバイルエナジーカンパニー　R&Dビジネスユニット　第一開発部　チーフ

第8章 ポリマー電池の用途と開発

けであったが、最近ではその形状面での特長を活かした展開がなされている。
　本章では、三洋電機にて開発したポリマーリチウムイオン電池に関して、導入された技術とその性能、並びに展開について紹介する。

2 ポリマー電池技術

　ポリマー電池には、電極にポリマー材料を使用した電池と、電解質にポリマー材料を使用した電池とがある。電極としてのポリマー材料に関しては、本書第2章、第3章を参照されたい。電解質にポリマー材料を用いた電池には、電解質に電解液を用いた電池と同じく一次電池、二次電池があり、いずれも実用化されているが、本章では特に近年生産量が増加傾向にある電解質が電解液を含んだポリマーからなる、ゲル状ポリマー電解質を用いた「ポリマーリチウムイオン電池」の技術について述べる。

2.1 ポリマーリチウムイオン電池とゲル状ポリマー電解質

　ポリマーリチウムイオン電池の充放電反応は、図2に示す通りリチウムイオン電池のそれと全く同じであり、電極の構成もリチウムイオン電池とほぼ同じである。そのため、電池性能としてもリチウムイオン電池の性能とほぼ同等である。一方、電解質、外装ケースについてはリチウムイオン電池と大きく異なっており、これがポリマーリチウムイオン電池の特徴や、用途面での展開の差異となっている。表1にリチウムイオン電池と、ポリマーリチウムイオン電池の構成材料

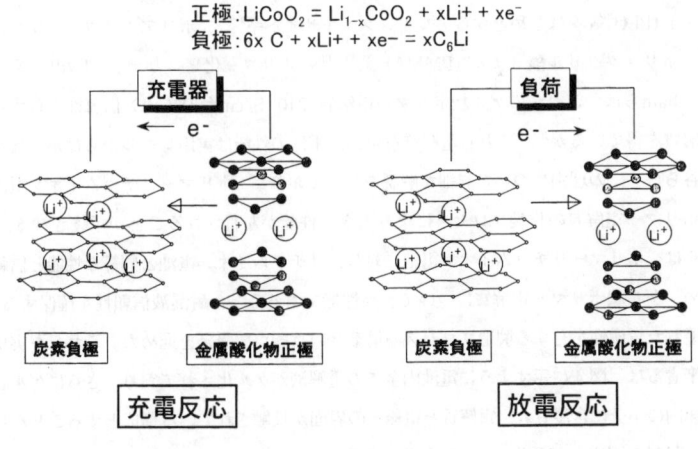

正極：$LiCoO_2 = Li_{1-x}CoO_2 + xLi^+ + xe^-$
負極：$6x\ C + xLi^+ + xe^- = xC_6Li$

図2　ポリマーリチウムイオン電池の反応メカニズム

表1 リチウムイオン電池とポリマーリチウムイオン電池の構成の違い

		ポリマーリチウムイオン電池	リチウムイオン電池
正極	電極材料	$LiCoO_2$, $LiMn_2O_4$等	$LiCoO_2$, $LiMn_2O_4$等
	集電体	アルミ箔	アルミ箔
負極	電極材料	炭素(黒鉛)	炭素(黒鉛)
	集電体	銅箔	銅箔
電解液	溶媒等	有機溶媒+ポリマー材料	有機溶媒
	リチウム塩	$LiPF_6$等	$LiPF_6$等
	状態	ゲル状(固体)	液状
セパレーター		樹脂製微多孔膜	樹脂製微多孔膜
電池ケース		ラミネートフィルム(アルミ+樹脂)	金属ケース(ステンレス,アルミ等)
端子		リード端子を有する。	電池ケースが端子を兼ねる。

等の違いについて記載した。

　ポリマーリチウムイオン電池では,外装ケースにアルミ箔の両面に樹脂フィルムを貼り合わせたラミネートフィルムが使用されるが,このラミネートフィルムは金属ケースに比べ薄くて軽く,しかも加工性に優れており,さらに電池の封止が簡便な熱溶着で実施可能等の利点を有する。一方,このフィルムはケース強度の点では,金属缶に劣っている。そのため電池ケースが破損した場合にも,電解液が漏れ出さない固体状の電解質が求められる。

　図3に種々電解質のイオン伝導度の概略を示すが,電解液を含まない固体状ポリマー電解質は一般的なリチウムイオン電池に使用されている電解質(電解液)のイオン伝導度に比べ1桁以上低い。そのため,リチウムイオン電池に採用されている電解液を可塑剤として含むゲル状ポリマー電解質が実用的な電解質が提案・開発された。これら電解質の代表例としてはポリエチレンオキサイド(PEO)等をはじめとするアルキレンオキサイド系[4~7],ポリアクリロニトリル(PAN)系[8~10],ポリメタクリル酸メチル(PMMA)系[11,12],ポリフッ化ビニリデン(PVdF)系等がある。Abrahamらは,これらのゲル状ポリマー電解質で10^{-3}S/cm台のイオン伝導性を有するポリマー電解質を得ているが[10],これら電解質を用いた電池の性能は実用レベルからはかけ離れていた。植谷らは,この理由について詳細な解説を行っており[13],ポリマーリチウムイオン電池の性能は,ポリマー電解質の作製プロセスにより大きく性能が左右されることが示唆される。

　筆者らは,ポリマーリチウムイオン電池に対し,リチウムイオン電池と同等な性能と信頼性を得るため,ゲル状ポリマー電解質について,高性能であること,耐漏液信頼性を確保すること,並びに優れた量産性を有する製造プロセスの構築という観点で開発を進めた。これらを実現するために筆者らは,図4に示すように電池内全ての電解液がゲル化されており,さらにゲル状電解質が電極内に十分に含浸され,電解質と電極との界面が接触されている構成とすることを目標にポリマー材料の選定とゲル化プロセス技術の開発を行った。

第8章 ポリマー電池の用途と開発

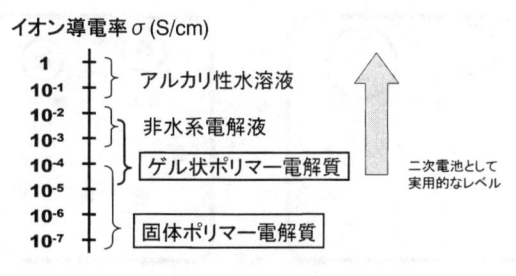

図3 種々の電解質のイオン導電率

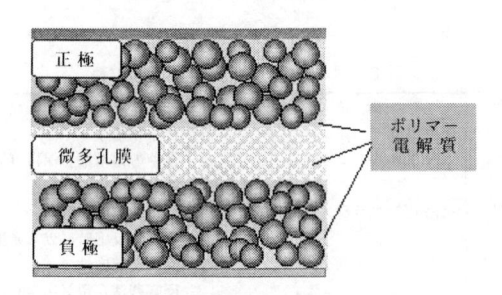

図4 全ゲル型ポリマー電池の模式図

2.2 ゲル状ポリマー電解質

　ゲルを形成するポリマー材料には，物理架橋ポリマーと化学架橋ポリマーがある（図5）。物理架橋ポリマーは物理的なポリマー鎖の絡み合いのみで結合しており，ポリフッ化ビリニデンや鎖状ポリエチレンオキシド（PEO）に代表される。これに対して化学架橋ポリマーは，物理的なポリマー鎖の絡み合いでだけでなく，化学結合でポリマーの網目構造が形成されており，①低温でのポリマー鎖の結晶化を抑制できる，②高温でも溶融しにくい，③機械的強度が高いなどの特長があり，ゲル状ポリマー電解質のホスト材料として優れていると考えられる。

　高イオン導電性のポリマー電解質を得るには，多くの電解液を保持でき，かつ電池の充放電に耐え得る耐酸化性，耐還元性を有する材料が必要である。筆者らは，電解液の主成分であるカーボネート系溶媒と相溶性が高く，しかも電池作動電位範囲内で安定な電位窓を有するアルキレンオキシド骨格を持つ化学架橋ポリマーを採用した。

　ゲル状ポリマー電解質を構成する材料について，概略を表2に示す。

　プレポリマー材料の開発にはアルキレンオキシド骨格の，分子構造，分子量，重合性官能基数の決定が重要である。化学架橋を有するポリマーを形成するには多官能のプレポリマーが必要で

221

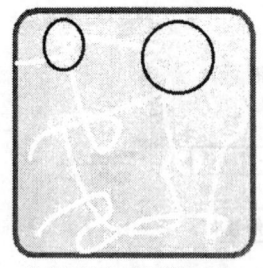

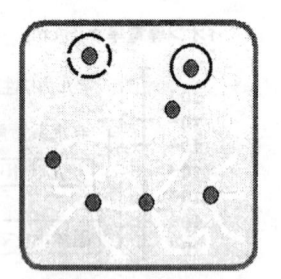

物理架橋ゲル電解質モデル　　　化学架橋ゲル電解質モデル

図5　種々ゲルポリマー電解質

表2　ゲル状ポリマー電解質の構成材料

種別	構成材料	開発の観点
プレポリマー	アクリレート系 ポリアルキレンオキシド	化学架橋する 多くの電解液を保持可能 低粘度である
重合開始剤	過酸化物系ラジカル開始剤	反応の開始が容易 重合化反応時にガス発生が少ない 適度な反応性 反応残渣が電気化学的に安定
重合調整剤	ラジカルトラップ剤	電気化学的に安定
電解液	リチウム塩＋カーボネート系溶媒	イオン伝導性が高い ポリマー材料と相溶性が良い

あり，またアルキレンオキシド骨格の分子構造は，電解液の保持性や耐酸化還元性と関わりが深い。さらにプレポリマーの粘度は低い方が電極中に均一分散させる観点から好ましいと考えられるが，プレポリマーの分子量や官能基数はこの粘度に影響を与える。

重合開始剤，重合調整剤については，ゲル状電解質の性能だけでなく，重合方法，重合時間，重合雰囲気，プレポリマーと電解液からなる「プレゲル溶液」のポットライフ等のポリマー重合プロセスとも密接に関係するため，その選定は極めて重要である。重合調整剤においてはその物自体の電気化学的安定性，重合開始剤については反応残渣の種類や安定性についても注意が必要である。特に重合開始剤の反応によりガスが発生する場合は，ゲル電解質中の気泡とならないような注意が必要である。

これらの材料，条件について多くの検討を重ねた結果，プレポリマー材料と電解液との比率が1：15以上（電解液含有率として93％）のような電解液比率の高い組成においても，電解液を完全にゲル化させることが可能であることが判った。プレポリマー材料と電解液との比率を1：10

第8章 ポリマー電池の用途と開発

として得られたゲル状ポリマー電解質を写真1に示す。このゲル状ポリマー電解質は透明で，気泡や電解液分離等のない均質性を持ち，さらに機械的自立性と弾性を有している。図6には，架橋型ポリアルキレンオキサイド系ゲルポリマー電解質のイオン導電率の温度依存性を示す。ポリマーと電解液比率が1：10のゲルポリマー電解質は，低温でも電解液に匹敵する高いイオン導電率を示した。

次に架橋型ポリアルキレンオキサイド系ゲルポリマー電解質の電気化学的安定性を調べるた

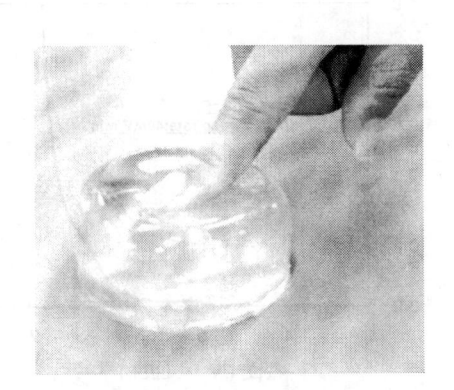

写真1　ゲル状ポリマー電解質

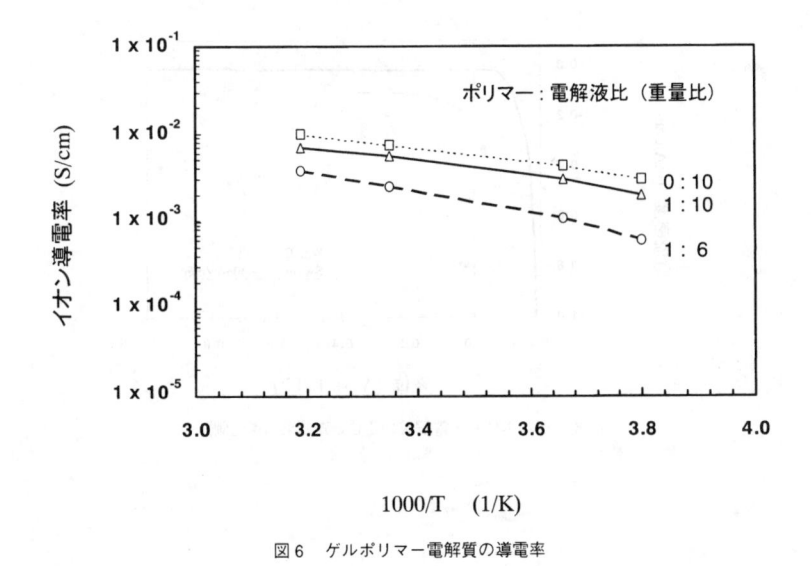

図6　ゲルポリマー電解質の導電率

223

め,酸化還元の限界電位を測定した。測定は作用極として還元側の測定にはCu,酸化側の測定にはPt,対極と参照極にLiを用い,電解質として1M LiPF$_6$を溶解したEC/DEC溶液から調製した架橋型ポリアルキレンオキサイド系ゲルポリマー電解質の電位走査を図7および図8に示す。その結果,約0～4.8V vs Li/Li$^+$の間では安定であり,このゲル電解質材料はポリマーリチウムイオン電池に適用可能であることが判った。

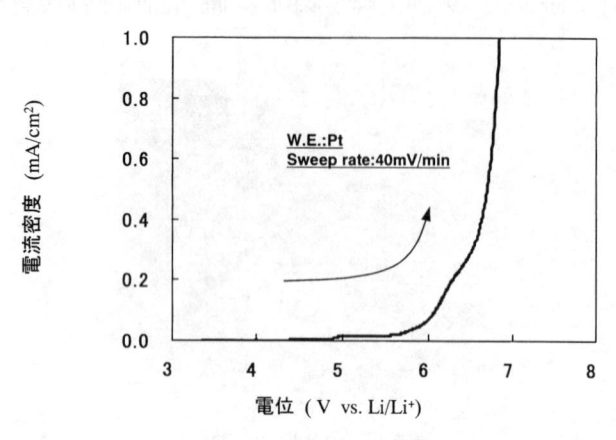

図7 ゲルポリマー電解質の電位走査結果(酸化側)

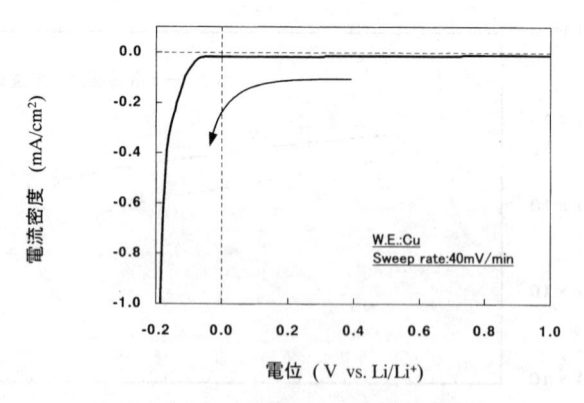

図8 ゲルポリマー電解質の電位走査結果(還元側)

第8章 ポリマー電池の用途と開発

10μm

写真2　正極断面のFIB-SIM像

2.3　ゲル状ポリマー形成プロセス

　電池製造におけるゲル状ポリマー電解質の形成プロセスは，電池性能に大きく影響し，またゲル状電解質材料と密接に関係するため極めて重要となる。それはゲル状ポリマー電解質の特徴である「流動性がない」ことに起因する。ポリマーリチウムイオン電池に使用される電極は，他の多くの電池と同じく，活物質粉末の成型体を使用しており，これらの中には空隙が存在する。イオン電池においては，この空隙は，電極体積の数十％の割合で存在し，しかも電極に使用する粉末が数ミクロン程度であるため，空隙サイズもミクロンオーダーの寸法であると考えられる。例として写真2には，一般的なイオン電池の電極である$LiCoO_2$電極の収束イオンビーム-走査イオン顕微鏡(FIB-SIM)による断面写真を示す。この写真の中で，黒く写っている部分が電極の空隙である。電解質が液体，即ち十分な流動性があれば，これらの空隙に電解質を充填することは比較的容易である。しかしながらゲル状ポリマー電解質電池においては，電解質がゲル状(固体)であり流動性がないため，その充填には工夫が必要である。Tarasconらは，PVdF系のゲル状電解質を用いる電池の製造方法について提案している[14, 15]。この方法はBellcoreプロセスと呼ばれている。

　筆者らは，電解液の保持性が高く高イオン導電率のゲル状ポリマー電解質を極板内の空隙に完全にゲル状ポリマー電解質で充填が可能で，しかも量産化がより容易に達成できるゲル状ポリマー電解質形成プロセスとして，「電池内重合法」を開発した[2, 3]。このプロセスの概略イメージ図を図9に示す。これによればコバルト酸リチウム等の正極，黒鉛負極およびポリエチレン微多孔質セパレーターで構成される電極巻回体を挿入したアルミラミネートケースにポリマー前駆体と電解液の所定比混合液(プレゲル溶液)を注液する。アルミラミネートケースを封止後，加熱

225

ポリマーバッテリーの最新技術 II

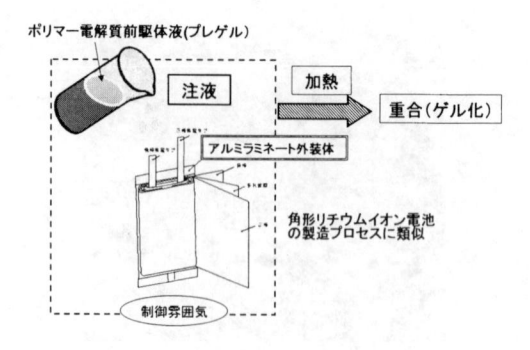

図9　電池内重合プロセス

処理により重合させる。重合方式については，紫外線（UV）重合，電子線重合等も検討したが，これらの手法は処理時間が短いという利点があるが，電極内部，即ちUV等の活性光線が到達しない部分をゲル化することが困難であるため，電池ケース内に収納した状態のプレゲル溶液をゲル化することはできないという欠点がある。一方熱重合方式は，処理時間はUV重合，電子線重合に比べ長いが，電池内部まで確実に重合可能となるためこの方式を採用した。本法を採用することにより，電極内やセパレーターの空隙に存在する電解質の全てが均一にゲル化され，さらに正極／セパレーター／負極の界面は全てゲル状ポリマー電解質で連続形成されるため，内部抵抗が低く放電特性に優れるポリマーリチウムイオン電池が構成できる。さらに，重合プロセスは密閉系で行われるので，電解液成分としてリチウムイオン電池などで一般的に用いられているジメチルカーボネート（DMC）やジエチルカーボネート（DEC）等の低沸点溶媒を含む高性能な電解液を使用できるという特長がある。製造工程上では，巻回体製造，注液工程などリチウムイオン電池の製造技術と製造プロセスを活用でき，量産性に優れた製法になっている。

ところで正極／セパレーター／負極の電極巻回体の内部にプレゲル溶液を均一に含浸させるためには，その粘度を最適化する必要がある。また，プレゲル溶液はポリマーがゲル状態で電解液を安定に保持できる組成比の範囲内でなければならない。プレゲル組成比と粘度の関係を調べた結果，図10に示すように，ポリマー前駆体と電解液の比率が質量比で1：6以下では溶液の粘度が電解液粘度（約3.5cP）の3倍以上と高く，含浸が困難であった。しかし，1：8以上では溶液の粘度が約7cPまで低下し，電極群への含浸がスムーズになった。この時，質量比1：12でも安定したゲルポリマーが得られている。このように工程設計上から要求される特性を持ったプレゲル溶液を調製できる。

この手法により作製した電池で，電解質のゲル化を確認するために，耐漏液性の試験を実施した。試験法の概略を図11に示すとおり，電池内重合法を用いて作製した電池のラミネートケー

第8章　ポリマー電池の用途と開発

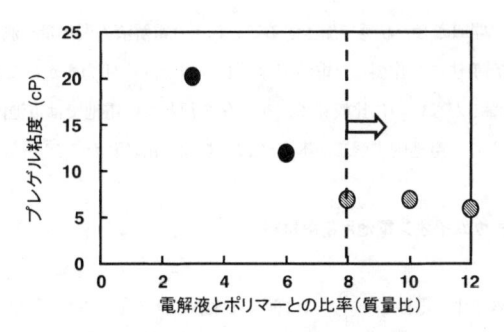

図10　電解液／ポリマー比と粘度の関係

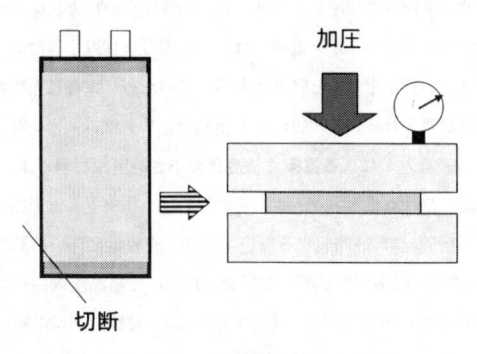

図11　漏液試験方法

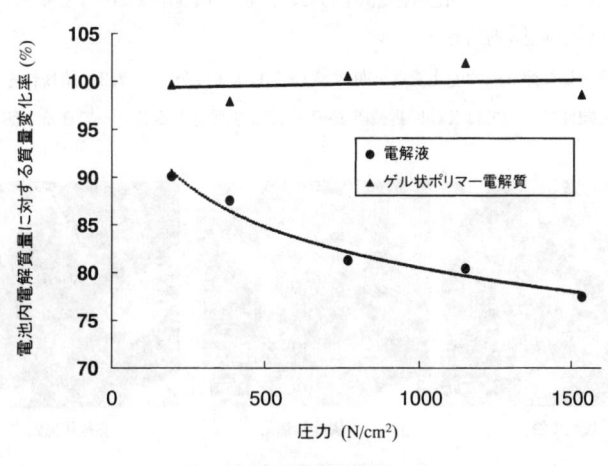

図12　漏液試験結果

スの一部を切断し、開口させた状態で加圧することにより電解液の漏出量を測定した。結果は図12に示す。開発した手法にて作製した電池では、1,500N/cm^{2}の圧力をかけてもほとんど質量変化、即ち電解液の漏出がないのに比較して、ゲル化を行わない電池では電池内20%以上の漏出があった。これにより、電池内電解質が本方法により固定化されたことが確認された。

2.4 ポリマーリチウムイオン電池用電極材料

2.4.1 負極材料

ポリマーリチウムイオン電池のケースには薄くて柔軟なラミネートフィルム材が用いられることは先にも述べたが、このラミネートフィルムによる電池ケースは一般的な電池に使用される金属ケースのように電池の電極体を加圧した状態、即ち構成圧をかけた状態に保持することができない。従って、ポリマーリチウムイオン電池では、充放電の繰り返し等により電極の膨張等が生じると、直接電池厚みに影響が生じると懸念される。このため、電極は充放電の繰り返しによる膨張がより少ない材料が望まれる。この観点からポリマーリチウムイオン電池に適した負極として、充放電サイクルの繰り返しによる電極寸法変化の小さい黒鉛材料が求められる。

リチウムイオン電池における炭素とリチウムとの反応は、リチウムと黒鉛が層間化合物をつくり、リチウムが黒鉛の層間に挿入・離脱する反応であり、充放電に伴い結晶的には黒鉛の結晶軸のうちC軸方向のみに膨張・収縮が生じる。電極製造において結晶配向性が強い黒鉛材料を用いると、炭素の塗布から圧縮に至る工程で炭素(黒鉛)結晶のC軸方向が電極の厚み方向に整列する。黒鉛負極の密度が高くなるとより一層この配向性が高まり、充放電反応による電極の厚み変化が大きくなる。そこで、この配向を低減するため、黒鉛の結晶状態が異なる種々の粒子形態の黒鉛材料について検討を行った。

写真3に検討した種々黒鉛の走査電子顕微鏡(SEM)写真を示し、表3に諸物性を示す。また黒鉛材料の配向性についてはX線回折装置(XRD)により測定することができる。黒鉛のC軸の

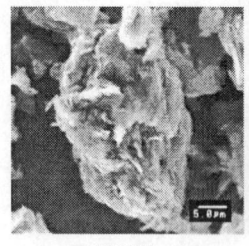

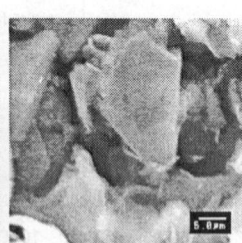

塊状黒鉛　　　　　鱗片状黒鉛　　　　　繊維状黒鉛

写真3　種々黒鉛材料のSEM像

第8章 ポリマー電池の用途と開発

表3 種々黒鉛材料の諸物性

	塊状黒鉛	鱗片状黒鉛	繊維状黒鉛
初期放電容量 (mAh/g)	360	365	325
初期充放電効率 (%)	94	92	94
B.E.T. 表面積 (m²/g)	4.0	5.0	1.0

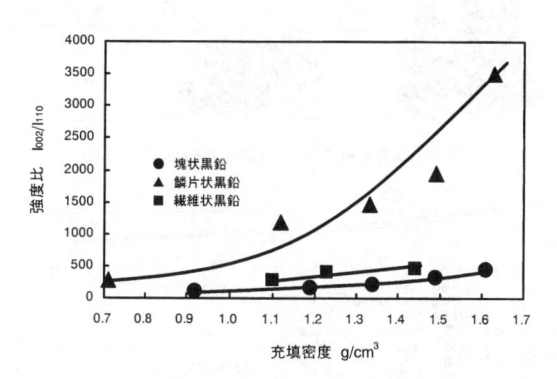

図13 種々黒鉛材料の充填密度と配向性の関係

極板平面に対して垂直な方向への配向性が高いと、黒鉛のXRDパターンにおける002面のピーク強度が高くなり、逆に配向性が低いと黒鉛の002面のピークは低くなり、002面に垂直な110面のピーク強度が高くなる。即ち、002面と110面との相対強度比 (I_{002}/I_{110}) により黒鉛材料の配向性を評価できる。図13に種々黒鉛材料を用いた黒鉛電極について、その充填密度と002面と110面との相対強度比 (I_{002}/I_{110}) との関係を示す。

鱗片状黒鉛では充填密度が高くなるに従い、I_{002}/I_{110} 比が高くなり、充填密度が1.1g/cm³を超えると配向性が著しく高くなるのに対して、塊状黒鉛や繊維状黒鉛では充填密度の上昇による配向性への影響は小さかった。これは鱗片状黒鉛では黒鉛粒子内の黒鉛結晶の向きが揃っているため、圧縮時に配向性が高くなるのに対し、塊状黒鉛ではそれぞれの粒子がランダムな結晶方向を有する黒鉛結晶の凝集体構造であるため、結晶方向のランダムさが保たれる。従って、充填密度による配向性への変化も小さいものと考えられる（図14）。また本検討では繊維状黒鉛として、断面での黒鉛結晶配列がラジアル型の炭素繊維を使用したが、この黒鉛材料においても結晶の配向性が繊維自体の配向性が保たれるため、充填密度による配向性への影響は小さくなったと考えられる。なお、繊維状黒鉛は配向性が高くなることは抑制されているが、電極圧縮後の"スプリングバック"により、1.5g/cm³以上の密度の極板が得られなかった。このように炭素繊維では、充填密度を高くすることが他の炭素材料に比較して困難であるため、高エネルギー密度化の観点

229

ポリマーバッテリーの最新技術 II

塗布 圧延後

結晶配向性大
充放電に伴い厚み増

結晶配向性小
充放電に伴い厚み変化小

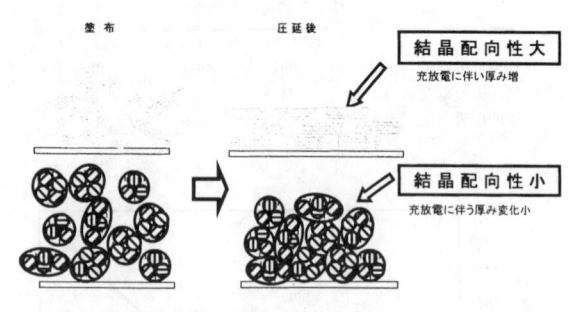

図14　黒鉛負極における圧延による配向性の変化

試験電池
初期厚み：約3.0mm
初期容量：約500mAh
試験条件
充電：1C-CC/CV　4.10V 終止
放電：1C-CC　2.75V 終止
室温

鱗片状黒鉛
塊状黒鉛
繊維状黒鉛

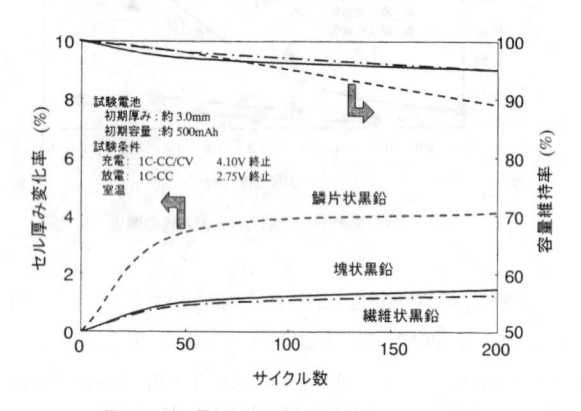

図15　種々黒鉛負極を用いた電池のサイクル特性

からは不利になることが予測される。

　図15には，種々黒鉛材料を用いた電池のサイクル経過に伴う電池の厚み変化を示す。なお，この評価試験においては，黒鉛負極の充填密度が$1.4g/cm^3$となるように電極の圧縮を行った。鱗片状黒鉛を用いた時は充放電サイクルの繰り返しにより電池の厚みが増大し，100サイクル後には電池として約4％の厚み増加が観察されたのに対し，塊状黒鉛，繊維状黒鉛を使用した電池の場合は1.5％程度の厚み増加であった。またサイクルの繰り返しによる容量維持率についても塊状黒鉛，繊維状黒鉛を用いた電池は，鱗片状黒鉛を用いた電池に比較し優れていた。これらのことより黒鉛結晶の配向性が低い黒鉛材料が，ポリマーリチウムイオン電池等のように外装体がラミネートフィルムで構成される電池の負極として適していると考えられる。特に塊状黒鉛はその放電容量が360mAh/gと天然黒鉛である鱗片状黒鉛に匹敵した容量を有し，さらに充填性についても$1.6g/cm^3$以上の密度を有する電極が得られる等，高エネルギー密度の観点からは，繊維状

第8章 ポリマー電池の用途と開発

黒鉛に対して優位であり、この点からもポリマーリチウムイオン電池用負極として優れていると考えられる。

2.4.2 正極材料

ポリマーリチウムイオン電池は当初「軽薄短小」の機器用途向けに開発されていたが、近年では後述するように、ポリマー電池ではセル形状の多様化が比較的容易という特長を活かし、大容量、薄型、大面積の電池用途が開けつつある。筆者らは近年、この大容量、薄型、大面積の電池に対応したポリマーリチウムイオン電池用正極材料として、スピネル型$LiMn_2O_4$と$LiCoO_2$との混合正極並びに、その電極を使用したポリマーリチウムイオン電池を開発、実用化を行ったので、その技術内容について記す。

スピネル型$LiMn_2O_4$は、充電状態における熱安定性が高いため安全性に優れ、かつ廉価な正極材料であるため、大容量・大面積のポリマーリチウムイオン電池用の正極材料として適していると考えられる。しかし、放電容量が100～130mAh/gと低く[17]、また高温条件下における結晶構造の安定性が低いため、高温での特性劣化が生じることが課題であった[18,19]。特に外装体がラミネートフィルムで構成されるポリマーリチウムイオン電池では、高温でスピネル型$LiMn_2O_4$と電解液との反応によるガス発生が顕著なため[20,21]、このガス発生抑制技術の確立が重要である。図16にイオン電池用として代表的な正極材料について、高温保存より発生したガスに起因するセルの膨れを示す。この図から、スピネル型$LiMn_2O_4$や$LiNiO_2$では、充電状態での保存における電池膨れ（ガス発生による）が$LiCoO_2$に比較して多いこと、特にスピネル型$LiMn_2O_4$に関しては放電状態での保存において電池膨れが大きいことが判る[22]。

筆者らは、スピネル型$LiMn_2O_4$の高温保存時の挙動・ガス発生メカニズムについて検討し、充

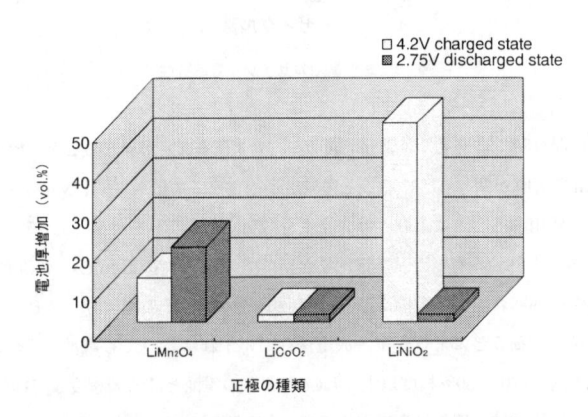

図16 種々正極材料を用いた電池の高温保存時の厚み変化

ポリマーバッテリーの最新技術 II

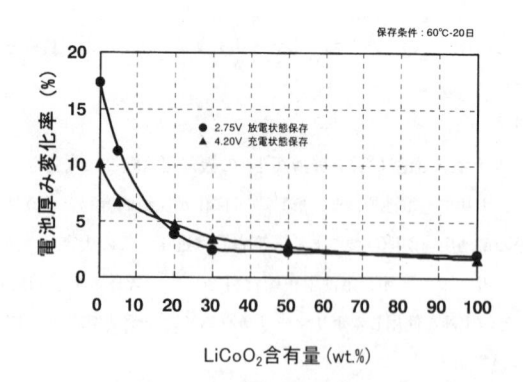

図17　電極の混合組成による電池厚み増加への影響

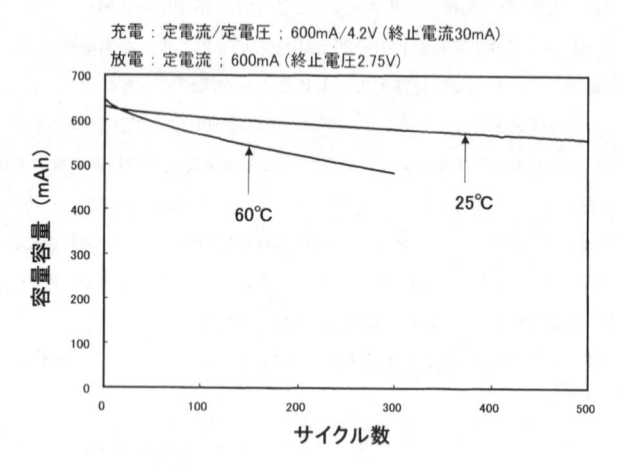

図18　試作電池のサイクル寿命特性

電保存時と放電保存時では発生ガス成分が異なり，ガス発生反応が異なること，放電保存でのガス発生にはMnの溶解が関与していることを見出し，さらにスピネル型 $LiMn_2O_4$ と $LiCoO_2$ の混合電極を正極に使用することにより，ガス発生を抑制できることを見出した[21〜23]。

図17にラミネート外装を有した試験電池において，スピネル型 $LiMn_2O_4$ と $LiCoO_2$ との混合比率と，保存時の電池膨れ（ガス発生による）との関係を示す。この図より，スピネル型 $LiMn_2O_4$ に $LiCoO_2$ を混合することにより充電，放電保存のいずれにおいても電池の膨れが抑制され，$LiCoO_2$ の混合比率が20〜30％程度以上で $LiCoO_2$ 単独の電池とほぼ同程度まで抑制された。また元素添加や，粉体物性の適正化等により，スピネル型 $LiMn_2O_4$ 自体の改良も行い，図18に示

第8章 ポリマー電池の用途と開発

表4 試作電池の安全性試験結果（Mn/Co混合正極）

試験項目	条件	結果 通常充電状態[1]	結果 過充電状態[2]
オーブンテスト	150℃	No fire No explosion	No fire No explosion
釘刺し		No fire No explosion	No fire No explosion
圧壊		No fire No explosion	No fire No explosion
過充電	3C 12V MAX	No fire	No explosion

1) CC-CV充電 4.2V
2) CC-CV充電 4.6V

すように混合電極を用いた電池において500サイクル後の容量維持率が，室温では80％以上，60℃においても300サイクル後に70％以上のサイクル特性を得た。さらにこの電極を用いたポリマーリチウムイオン電池の安全性試験の結果を表4に示す。なお，試験は通常の充電状態（4.2V充電状態）と，過充電状態（4.6V充電状態）の2種の状態で実施した。いずれの試験でも発火，燃焼，破裂等は認められず，これらの電極技術を使用したポリマーリチウムイオン電池が，安全性にも優れていることが判る。

3 電池性能と仕様

表5に三洋電機におけるポリマーリチウムイオン電池のスペックを，写真4には代表的なポリマーリチウムイオン電池の外観写真を示す。三洋電機のポリマーリチウムイオン電池には，小型でより高いエネルギー密度を目指し，正極材料にLiCoO$_2$単独を用いたCoシステムと，大型化，高安全性化を目指し，正極にLiCoO$_2$とスピネル型LiMn$_2$O$_4$の混合正極を用いたMn/Coシステムの2つのシリーズがある。これらの電池の内，小形の電池は主に携帯電話に，また大容量の電池はノートPCに使用されている。特にノートPCへの適用については，ポリマーリチウムイオン電池がパソコンの液晶パネルの裏面に並べて配置される機種や，ベイに内蔵されて使用される機種等その特徴を活かした機種も実用化された。

正極にLiCoO$_2$とスピネル型LiMn$_2$O$_4$の混合正極を用いた代表的なポリマーリチウムイオン電池の，低温放電特性（図19），充放電サイクル特性（図20）等の基本特性についても角形リチウ

ポリマーバッテリーの最新技術 II

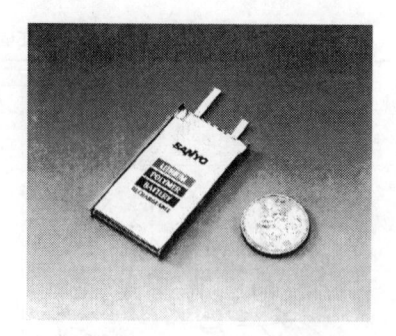

写真4　ポリマーリチウムイオン電池

表5　三洋電機のポリマーリチウムイオン電池

(2003年7月時点)

型番	寸法 (mm)	重量 (g)	容量 (mAh)	エネルギー密度		備考
				(Wh/l)	(Wh/kg)	
UPF323450L	3.6×34×50	10.9	510	308	173	Co＋Mn系
UPF323456L	3.6×34×56	12.3	520	381	156	Co＋Mn系
UPF383456L	3.8×34×56	14.5	670	353	171	Co＋Mn系
UPF383562	3.8×35×62	15.7	780	350	184	Co系
UPF385269	3.8×52×69	27.0	1,200	326	164	Co＋Mn系
UPF386369	3.8×63×69	33.5	1,570	352	173	Co＋Mn系
UPF574199	5.7×41×99	46.0	2,250	360	181	Co＋Mn系

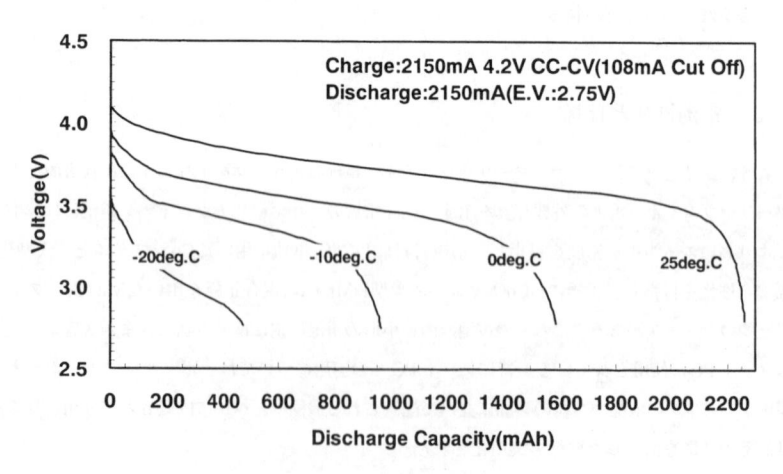

図19　UPF574199の温度特性

第8章 ポリマー電池の用途と開発

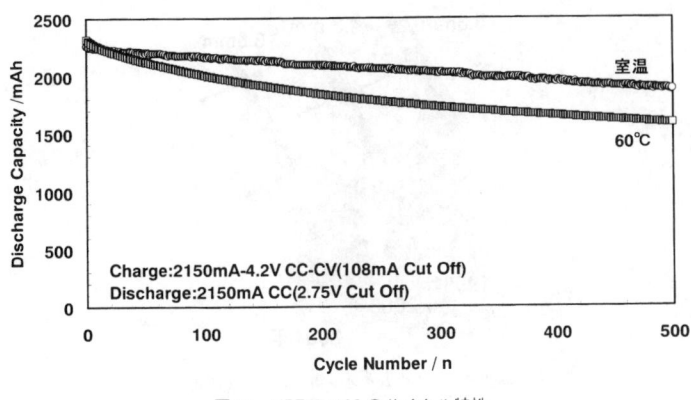

図20 UPF574199のサイクル特性

ムイオン電池とほぼ同等であり,種々の携帯機器に使用可能である。

4 用途と今後の展望

　現在ポリマーリチウムイオン電池は携帯電話,ノートPC,PDAなどの電源として使用されている。開発当初,ポリマーリチウムイオン電池は携帯機器の薄型化に対応して開発が進んだ。写真5に主に携帯電話に使用される角形リチウムイオン電池の薄型化の変遷を示す。一般的な金属製のケースを用いたリチウムイオン電池においても,2001年には3.6mmの厚みのものが開発・上市されているが,ポリマーリチウムイオン電池では金属ケースに比べ,より薄型化が可能であり,実際に3.2mmの厚みの電池も上市され,さらに薄い電池を得ることも可能である。
　さらに近年では,ポリマーリチウムイオン電池に対し,薄型で大容量というカテゴリーからの要望も高まっている。図21には,リチウムイオン電池とポリマーリチウムイオン電池の電池厚みと電池の容量との関係を示す。この図からも判るように,現状の角形リチウムイオン電池は,図の左上にあたる「大容量で薄型」というカテゴリーに相当する電池がラインアップされていないのに対し,ポリマーリチウムイオン電池では,そのカテゴリーに位置する電池が既に上市されている。一例としてUPF574199型のポリマーリチウムイオン電池では,ノート型パソコンの超薄型ベイに装着するタイプのバッテリーパックとして使用され,本体のバッテリーパックとの併用により最長で約10時間の長時間動作が可能になっている。
　このように今後のモバイル機器の利便性の向上や多様化が進み,しかもそれら機器が無線などでネットワーク化される「ユビキタス・コンピューティング」の世界では,機器に適した多様な

235

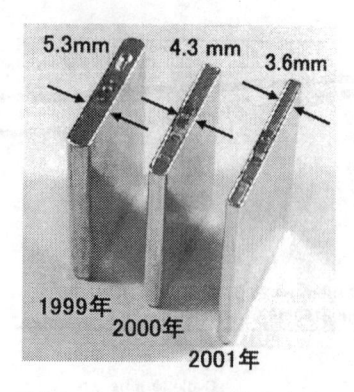

ポリマーバッテリーの最新技術Ⅱ

写真5　リチウムイオン電池の薄型化傾向

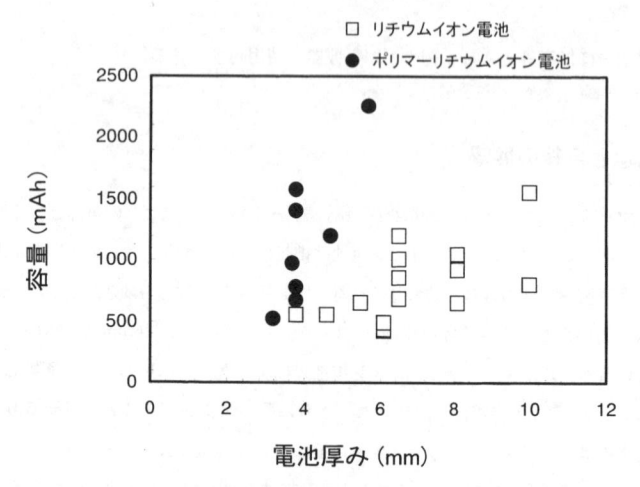

図21　リチウムイオン電池とポリマーリチウムイオン電池の容量と厚みの関係

形状の二次電池技術が必要不可欠になるものと考えられる。ポリマーリチウムイオン電池では，大容量で薄型の電池を製造することが容易であり，さらにフットプリント(電池の縦と横の寸法)の多様化も比較的容易であるため，今後さらに発展が予想されるユビキタス・コンピューティングにおける機器に適した電源になると考えられる。

第8章 ポリマー電池の用途と開発

5 おわりに

体積および質量エネルギー密度の両面で優位性のあるリチウムイオン電池並びにポリマーリチウムイオン電池の技術は，高エネルギー密度化を最重要課題とする二次電池の技術開発の最先端に位置づけられる。

エネルギー密度を飛躍的に向上させる新しいリチウム系の二次電池系は未だ模索の段階であるが，正極ではLi (Ni, Co, Mn) O_x 系複合酸化物など，負極ではLi合金負極などで実用化を狙える可能性がある。特に高エネルギー密度化が可能となると考えられるLi合金負極などでは，性状や性能が現在リチウムイオン電池，ポリマーリチウムイオン電池の負極である炭素材料負極と大きく異なるため，ポリマー電解質と併用することでより高性能な電池を構成できる可能性も秘めている。また電解液を含まない，いわゆる「ドライポリマー電解質」を用いた電池では，電解質の不燃化・難燃化や，電解質膜の超薄膜化等による高エネルギー密度化の可能性もあり，これら技術についても期待されている。

このように電極材料や電解質の多様性を考えると，リチウム系二次電池の分野は未知の大きな飛躍の可能性を秘めている。

文　献

1) S. Narukawa, T. Amazutsumi, H. Fukuda, K. Itou, H. Tamaki, Y. Yamauchi, *J. Power Sources*, Vol.76, p.186 (1998)
2) 中溝，山崎，神野，渡辺，中根，生川, SANYO TECHNICAL REVIEW, Vol.31, No.2, (1999)
3) S. Narukawa, I. Nakane, Abstract of 10th International Meeting on Lithium Batteries, No.38 (2000)
4) P. V. Wright, *Brit. Polym. J.*, **7**, 319 (1975)
5) D. R. Payne, P. V. Wright, *Polymer*, **23**, 690 (1982)
6) J. F. Le Nest, S. Callens, A. Gandini, M. Armand, *Electrochim. Acta.*, **37**, 1585 (1992)
7) T. Fujii, I. Nakane, K. Teraji, S. Narukawa, International Conference on Applications of Conducting Polymer : Batteries, Electrochromics, Supercapacitors and other devices, p.146 (1997)
8) G. Feuillade, P. H. Perche, *J. Appl. Electrrochem.*, **5**, 63 (1975)
9) F. Groce *et al.*, *Electrochim. Acta*, **39** (14) 2187 (1994)
10) K. M. Abraham, M. Alamgir, *J. Electrochem. Soc.*, Vol.137, p.1657 (1990)

11) T. Iijima, Y. Toyoguchi, N. Eda, *Denki Kagaku*, **53**, 619 (1985)
12) G. B. Appetecchi, F. Croce, and B. Scrosati, *Electrochim. Acta*, **40**. 991 (1995)
13) 小山昇 監修, ポリマーバッテリーの最新技術, p.133-142, シーエムシー出版 (1998)
14) J. M. Tarascon, A. S. Gozdz, C. Scmutz, F. Shokoohi, P. C. Warren, Solid State Ionics, **86-88**, 49 (1996)
15) F. K. Shokoohi *et al.*, *The Electrochemical Society Proceedings*, Vol.94-28, p.330 (1994)
16) 小久見善八 監修, 最新二次電池材料の技術, p.31-39, シーエムシー出版 (1997)
17) T. Ohzuku, M. Kitagawa, T. Hirai, *J. Electrochem. Soc.*, Vol.137, p.769 (1990)
18) L. Guohua, H. Ikuta, T. Uchida, M. Wakihara, *J. Electrochem. Soc.*, Vol.143, p.178 (1996)
19) R. J. Gummow, A. de Kock, M. M. Thackeray, *Solid State Ionics*, Vol.69, p.59 (1994)
20) 井町直希, 最相圭司, 中溝紫織, 渡辺浩志, 生川 訓, 第40回電池討論会講演要旨集, p.297 (1999)
21) 井町, 中根, 生川, SANYO TECHNICAL REVIEW, Vol.34, No.1 (2002)
22) S. Narukawa, I. Nakane, N, Imachi, The 11th International Meeting on Lithium Batteries, Abstract No. 2 (2002)
23) 田村英雄 監修, 次世代型リチウム二次電池, エヌ・ティー・エス (2003)

《CMCテクニカルライブラリー》発行にあたって

　弊社は、1961年創立以来、多くの技術レポートを発行してまいりました。これらの多くは、その時代の最先端情報を企業や研究機関などの法人に提供することを目的としたもので、価格も一般の理工書に比べて遙かに高価なものでした。
　一方、ある時代に最先端であった技術も、実用化され、応用展開されるにあたって普及期、成熟期を迎えていきます。ところが、最先端の時代に一流の研究者によって書かれたレポートの内容は、時代を経ても当該技術を学ぶ技術書、理工書としていささかも遜色のないことを、多くの方々が指摘されています。
　弊社では過去に発行した技術レポートを個人向けの廉価な普及版《CMCテクニカルライブラリー》として発行することとしました。このシリーズが、21世紀の科学技術の発展にいささかでも貢献できれば幸いです。
　2000年12月

株式会社　シーエムシー出版

ポリマーバッテリーⅡ　　　　　　　　　　　　　　　　　(B0881)

2003年 9月30日　初　版　第1刷発行
2009年 7月23日　普及版　第1刷発行

監　修　金村　聖志　　　　　　　　　　Printed in Japan
発行者　辻　　賢司
発行所　株式会社　シーエムシー出版
　　　　東京都千代田区内神田1-13-1　豊島屋ビル
　　　　電話03(3293)2061
　　　　http://www.cmcbooks.co.jp

〔印刷　倉敷印刷株式会社〕　　　　　　© K. Kanamura, 2009

定価はカバーに表示してあります。
落丁・乱丁本はお取替えいたします。

ISBN978-4-7813-0101-3 C3054 ¥3600E

本書の内容の一部あるいは全部を無断で複写（コピー）することは、法律で認められた場合を除き、著作者および出版社の権利の侵害になります。

CMCテクニカルライブラリーのご案内

バイオエネルギーの技術と応用
監修／柳下立夫
ISBN978-4-7813-0079-5　　　　B873
A5判・285頁　本体4,000円＋税（〒380円）
初版2003年10月　普及版2009年4月

構成および内容：【熱化学的変換技術】ガス化技術／バイオディーゼル【生物化学的変換技術】メタン発酵／エタノール発酵【応用】石炭・木質バイオマス混焼技術／廃材を使った熱電供給の発電所／コージェネレーションシステム／木質バイオマス―ペレット製造／焼酎副産物リサイクル設備／自動車用燃料製造装置／バイオマス発電の海外展開
執筆者：田中忠良／松村幸彦／美濃輪智朗　他35名

キチン・キトサン開発技術
監修／平野茂博
ISBN978-4-7813-0065-8　　　　B872
A5判・284頁　本体4,200円＋税（〒380円）
初版2004年3月　普及版2009年4月

構成および内容：分子構造（βキチンの成層化合物形成）／溶媒／分解／化学修飾／酵素（キトサナーゼ）／アロサミジン／遺伝子（海洋細菌のキチン分解機構）／バイオ農林業（人工樹皮：キチンによる樹木皮組織の創傷治癒）／医薬・医療／食（ガン細胞障害活性テスト）／化粧品／工業（無221解めっき用前処理剤／生分解性高分子複合材料）他
執筆者：金成正和／奥山健二／斎藤幸恵　他36名

次世代光記録材料
監修／奥山昌宏
ISBN978-4-7813-0064-1　　　　B871
A5判・277頁　本体3,800円＋税（〒380円）
初版2004年1月　普及版2009年4月

構成および内容：【相変化記録とブルーレーザー光ディスク】相変化電子メモリー／相変化チャンネルトランジスタ／Blu-ray Disc技術／青紫色半導体レーザ／ブルーレーザー対応酸化物光記録膜 他【超高密度光記録技術と材料】近接場光記録／3次元多層光メモリ／ホログラム光記録と材料／フォトンモード分子光メモリと材料　他
執筆者：寺尾元康／影山喜之／柚須圭一郎　他23名

機能性ナノガラス技術と応用
監修／平尾一之／田中修平／西井準治
ISBN978-4-7813-0063-4　　　　B870
A5判・214頁　本体3,400円＋税（〒380円）
初版2003年12月　普及版2009年3月

構成および内容：【ナノ粒子分散・析出技術】アサーマル・ナノガラス【ナノ構造形成技術】高次構造化／有機-無機ハイブリッド（気孔配向膜）／ゾルゲル法／外部場操作【光回路用技術】三次元ナノガラス光回路【光メモリ用技術】集光機能（光ディスクの市場）／コバルト酸化物薄膜／光メモリヘッド用ナノガラス（埋め込み回折格子）　他
執筆者：永金知浩／中澤達洋／山下　勝　他15名

ユビキタスネットワークとエレクトロニクス材料
監修／宮代文夫／若林信一
ISBN978-4-7813-0062-7　　　　B869
A5判・315頁　本体4,400円＋税（〒380円）
初版2003年12月　普及版2009年3月

構成および内容：【テクノロジードライバ】携帯電話／ウェアラブル機器／RFIDタグチップ／マイクロコンピュータ／センシング・システム【高分子エレクトロニクス材料】エポキシ樹脂の高性能化／ポリイミドフィルム／有機発光デバイス用材料【新技術・新材料】超高速ディジタル信号伝送／MEMS技術／ポータブル燃料電池／電子ペーパー　他
執筆者：福岡義孝／八甫谷明彦／朝桐　智　他23名

アイオノマー・イオン性高分子材料の開発
監修／矢野紳一／平沢栄作
ISBN978-4-7813-0048-1　　　　B866
A5判・352頁　本体5,000円＋税（〒380円）
初版2003年9月　普及版2009年2月

構成および内容：定義, 分類と化学構造／イオン会合体（形成と構造）／（転移）／物性・機能（スチレンアイオノマー／ESR分光法／多重共鳴法／イオンホッピング／溶液物性／圧力センサー機能／永久帯電 他）／応用（エチレン系アイオノマー／ポリマー改質剤／燃料電池用高分子電解質膜／スルホン化EPDM／歯科材料（アイオノマーセメント）他
執筆者：池田裕子／杳水祥一／舘野　均　他18名

マイクロ/ナノ系カプセル・微粒子の応用展開
監修／小石眞純
ISBN978-4-7813-0047-4　　　　B865
A5判・332頁　本体4,600円＋税（〒380円）
初版2003年8月　普及版2009年2月

構成および内容：【基礎と設計】ナノ医療：ナノロボット　他【応用】記録・表示材料（重合法トナー 他）／ナノパーティクルによる薬物送達／化粧品・香料／食品（ビール酵母）／バイオカプセル／農薬／土木・建築（球状セメント 他）【微粒子技術】コアーシェル構造球状シリカ系粒子／金・半導体ナノ粒子／Pbフリーはんだボール 他
執筆者：山下　俊／三島健司／松山　清　他39名

感光性樹脂の応用技術
監修／赤松　清
ISBN978-4-7813-0046-7　　　　B864
A5判・248頁　本体3,400円＋税（〒380円）
初版2003年8月　普及版2009年1月

構成および内容：医療用（歯科領域）／生体接着・創傷被覆剤（光硬化性キトサンゲル／光硬化, 熱硬化併用樹脂（接着剤のシート化）／印刷（フレキソ印刷／スクリーン印刷）／エレクトロニクス（層間絶縁膜材料／可視光硬化型シール剤／半導体ウェハ加工用粘・接着テープ／塗料, インキ（無機・有機ハイブリッド塗料／デュアルキュア塗料）他
執筆者：小出　武／石原雅之／岸本芳男　他16名

※ 書籍をご購入の際は、最寄りの書店にご注文いただくか、㈱シーエムシー出版のホームページ（http://www.cmcbooks.co.jp/）にてお申し込み下さい。

CMCテクニカルライブラリーのご案内

電子ペーパーの開発技術
監修/面谷 信
ISBN978-4-7813-0045-0　　　　B863
A5判・212頁　本体3,000円＋税（〒380円）
初版2001年11月　普及版2009年1月

構成および内容：【各種方式(要素技術)】非水系電気泳動型電子ペーパー／サーマルリライタブル／カイラルネマチック液晶／フォトンモードでのフルカラー書き換え記録方式／エレクトロクロミック方式／消去再生可能な乾式トナー作像方式 他【応用開発技術】理想的ヒューマンインターフェース条件／ブックオンデマンド／電子黒板 他
執筆者：堀田吉彦／関根啓子／植田秀昭 他11名

ナノカーボンの材料開発と応用
監修/篠原久典
ISBN978-4-7813-0036-8　　　　B862
A5判・300頁　本体4,200円＋税（〒380円）
初版2003年8月　普及版2008年12月

構成および内容：【現状と展望】カーボンナノチューブ 他【基礎科学】ピーポッド 他【合成技術】アーク放電法によるナノカーボン／金属内包フラーレンの量産技術／2層ナノチューブ【実際技術】燃料電池／フラーレン誘導体を用いた有機太陽電池／水素吸蔵現象／LSI配線ビア／単一電子トランジスター／電気二重層キャパシター／導電性樹脂
執筆者：宍戸 潔／加藤 誠／加藤立久 他29名

プラスチックハードコート応用技術
監修/井手文雄
ISBN978-4-7813-0035-1　　　　B861
A5判・177頁　本体2,600円＋税（〒380円）
初版2004年3月　普及版2008年12月

構成および内容：【材料と特性】有機系(アクリレート系／シリコーン系 他)／無機系／ハイブリッド系(光カチオン硬化型 他)【応用技術】自動車用部品／携帯電話向けUV硬化型ハードコート剤／眼鏡レンズ(ハイインパクト加工 他)／建築材料(建材化粧シート／環境問題 他)／光ディスク【市場動向】PVC床コーティング／樹脂ハードコート 他
執筆者：栢木 實／佐々木裕／山谷正明 他8名

ナノメタルの応用開発
編集/井上明久
ISBN978-4-7813-0033-7　　　　B860
A5判・300頁　本体4,200円＋税（〒380円）
初版2003年8月　普及版2008年11月

構成および内容：【機能材料】ナノ結晶軟磁性合金／バルク合金／水素吸蔵 他）／構造用材料（高強度軽合金／原子力材料／蒸着ナノAl合金 他）／分析・解析技術（高分解能電子顕微鏡／放射光回折・分光法 他）／製造技術（粉末固化成形／放電焼結法／微細精密加工／電解析出法 他）／応用（時効析出アルミニウム合金／ピーニング用高硬度投射材 他）
執筆者：牧野彰宏／沈 宝龍／福永博俊 他49名

ディスプレイ用光学フィルムの開発動向
監修/井手文雄
ISBN978-4-7813-0032-0　　　　B859
A5判・217頁　本体3,200円＋税（〒380円）
初版2004年2月　普及版2008年11月

構成および内容：【光学高分子フィルム】設計／製膜技術 他【偏光フィルム】高機能性／染料系 他【位相差フィルム】λ/4波長板 他【輝度向上フィルム】集光フィルム・プリズムシート 他【バックライト用】導光板／反射シート 他【プラスチックLCD用フィルム基板】ポリカーボネート／プラスチックTFT 他【反射防止】ウェットコート 他
執筆者：綱島研二／斎藤 拓／善如寺芳弘 他19名

ナノファイバーテクノロジー ―新産業発掘戦略と応用―
監修/本宮達也
ISBN978-4-7813-0031-3　　　　B858
A5判・457頁　本体6,400円＋税（〒380円）
初版2004年2月　普及版2008年10月

構成および内容：【総論】現状と展望（ファイバーにみるナノサイエンス 他）／海外の現状【基礎】ナノ紡糸（カーボンナノチューブ 他）／ナノ加工（ポリマークレイナノコンポジット／ナノフォド 他）／ナノ計測（走査プローブ顕微鏡 他）【応用】ナノバイオニック産業（バイオチップ／環境調和エネルギー産業（バッテリーセパレータ 他） 他）
執筆者：梶 慶輔／梶原莞爾／赤池敏宏 他60名

有機半導体の展開
監修/谷口彬雄
ISBN978-4-7813-0030-6　　　　B857
A5判・283頁　本体4,000円＋税（〒380円）
初版2003年10月　普及版2008年10月

構成および内容：【有機半導体素子】有機トランジスタ／電子写真用感光体／有機LED（リン光材料 他／色素増感太陽電池／二次電池／コンデンサ／圧電・焦電／インテリジェント材料（カーボンナノチューブ／薄膜から単一分子デバイスへ 他）【プロセス】分子配列・配向制御／有機エピタキシャル成長／超薄膜作製／インクジェット製膜【索引】
執筆者：小林俊介／堀田 収／柳 久雄 他23名

イオン液体の開発と展望
監修/大野弘幸
ISBN978-4-7813-0023-8　　　　B856
A5判・255頁　本体3,600円＋税（〒380円）
初版2003年2月　普及版2008年9月

構成および内容：【合成】（アニオン交換法／酸エステル法 他）／物理化学（極性評価／イオン拡散係数 他）／機能性溶媒（反応場への適用／分離・抽出溶媒／光化学反応 他）／機能設計（イオン伝導／液晶型／非ハロゲン系 他）／高分子化（イオンゲル／両性電解質型／DNA 他）／イオニクスデバイス（リチウムイオン電池／太陽電池／キャパシタ 他）
執筆者：萩原理加／宇恵 誠／菅 孝剛 他25名

※書籍をご購入の際は、最寄りの書店にご注文いただくか、(株)シーエムシー出版のホームページ（http://www.cmcbooks.co.jp/）にてお申し込み下さい。

CMCテクニカルライブラリーのご案内

マイクロリアクターの開発と応用
監修／吉田潤一
ISBN978-4-7813-0022-1　　　　B855
A5判・233頁　本体3,200円＋税（〒380円）
初版2003年1月　普及版2008年9月

構成および内容：【マイクロリアクターとは】特長／構造体・製作技術／流体の制御と計測技術 他【世界の最先端の研究動向】化学合成・エネルギー変換・バイオプロセス／化学工業のための新生技術 他【マイクロ合成化学】有機合成反応／触媒反応と重合反応【マイクロ化学工学】マイクロ単位操作研究／マイクロ化学プラントの設計と制御
執筆者：菅原 徹／細川和生／藤井輝夫 他22名

帯電防止材料の応用と評価技術
監修／村田雄司
ISBN978-4-7813-0015-3　　　　B854
A5判・211頁　本体3,000円＋税（〒380円）
初版2003年7月　普及版2008年8月

構成および内容：処理剤（界面活性剤系／シリコン系／有機ホウ素系 他）／ポリマー材料（金属薄膜形成帯電防止フィルム 他）／繊維（導電材料混入型／金属化合物型 他）／用途別（静電気対策包装材料／グラスライニング／衣料 他）／評価技術（エレクトロメータ／電荷減衰測定／空間電荷分布の計測 他）／評価基準（床、作業表面、保管棚 他）
執筆者：村田雄司／後藤伸也／細川泰徳 他19名

強誘電体材料の応用技術
監修／塩嵜 忠
ISBN978-4-7813-0014-6　　　　B853
A5判・286頁　本体4,000円＋税（〒380円）
初版2001年12月　普及版2008年8月

構成および内容：【材料の製法、特性および評価】酸化物単結晶／強誘電体セラミックス／高分子材料／薄膜（化学溶液堆積法 他）／強誘電性液晶／コンポジット【応用とデバイス】誘電（キャパシタ 他）／圧電（弾性表面波デバイス／フィルタ／アクチュエータ 他）／焦電・光学／記憶・記録・表示デバイス【新しい現象および評価法】材料、製法
執筆者：小松隆一／竹中 正／田實佳郎 他17名

自動車用大容量二次電池の開発
監修／佐藤 登／境 哲男
ISBN978-4-7813-0009-2　　　　B852
A5判・275頁　本体3,800円＋税（〒380円）
初版2003年12月　普及版2008年7月

構成および内容：【総論】電動車両システム／市場展望【ニッケル水素電池】材料技術／ライフサイクルデザイン【リチウムイオン電池】電解液と電極の最適化による長寿命化／劣化機構の解析／安全性【鉛電池】42Vシステムの展望【キャパシタ】ハイブリッドトラック・バス【電気自動車とその周辺技術】電動コミュータ／急速充電器 他
執筆者：堀江英明／竹下秀夫／押谷政彦 他19名

ゾル-ゲル法応用の展開
監修／作花済夫
ISBN978-4-7813-0007-8　　　　B850
A5判・208頁　本体3,000円＋税（〒380円）
初版2000年5月　普及版2008年7月

構成および内容：【総論】ゾル-ゲル法の概要【プロセス】ゾルの調製／ゲル化と無機バルク体の形成／有機・無機ナノコンポジット／セラミックス繊維／乾燥／焼結【応用】ゾル-ゲル法バルク材料の応用／薄膜材料／粒子・粉末材料／ゾル-ゲル法応用の新展開（微細パターニング／太陽電池／蛍光体／高活性触媒／木材改質）／その他の応用 他
執筆者：平野眞一／余部利信／坂本 渉 他28名

白色LED照明システム技術と応用
監修／田口常正
ISBN978-4-7813-0008-5　　　　B851
A5判・262頁　本体3,600円＋税（〒380円）
初版2003年6月　普及版2008年6月

構成および内容：白色LED研究開発の状況：歴史的背景／光源の基礎特性／発光メカニズム／青色LED、近紫外LEDの作製（結晶成長／デバイス作製 他）／高効率近紫外LEDと白色LED（ZnSe系白色LED 他）／実装化技術（蛍光体とパッケージング 他）／応用と実用化（一般照明装置の製品化 他）／海外の動向、研究開発予測および市場性 他
執筆者：内田裕土／森 哲／山田陽一 他24名

炭素繊維の応用と市場
編著／前田 豊
ISBN978-4-7813-0006-1　　　　B849
A5判・226頁　本体3,000円＋税（〒380円）
初版2000年11月　普及版2008年6月

構成および内容：炭素繊維の特性（分類／形態／市販炭素繊維製品／性質／周辺繊維 他）／複合材料の設計・成形・後加工・試験検査（炭素繊維・複合材料の用途分野別の最新動向（航空宇宙分野／スポーツ・レジャー分野／産業・工業分野 他）／メーカー・加工業者の現状と動向（炭素繊維メーカー／特許からみたCFメーカー／FRP成形加工業者／CFRPを取り扱う大手ユーザー 他）他
執筆者：

超小型燃料電池の開発動向
編著／神谷信行／梅田 実
ISBN978-4-88231-994-8　　　　B848
A5判・235頁　本体3,400円＋税（〒380円）
初版2003年6月　普及版2008年5月

構成および内容：直接形メタノール燃料電池／マイクロ燃料電池・マイクロ化の比較／固体高分子電解質膜／電極材料／MEA（膜電極接合体）／平面積層方式／燃料の多様化（アルコール、アセタール系／ジメチルエーテル／水素化ホウ素燃料／アスコルビン酸／グルコース 他）／計測評価法（セルインピーダンス／パルス負荷 他）
執筆者：内田 勇／田中秀治／畑中達也 他10名

※書籍をご購入の際は、最寄りの書店にご注文いただくか、㈱シーエムシー出版のホームページ（http://www.cmcbooks.co.jp/）にてお申し込み下さい。

CMCテクニカルライブラリーのご案内

エレクトロニクス薄膜技術
監修／白木靖寛
ISBN978-4-88231-993-1　　　　　B847
A5判・253頁　本体3,600円＋税（〒380円）
初版2003年5月　普及版2008年5月

構成および内容：計算化学による結晶成長制御手法／常圧プラズマCVD技術／ラダー電極を用いたVHFプラズマ応用薄膜形成技術／触媒化学気相堆積法／コンビナトリアルテクノロジー／パルスパワー技術／半導体薄膜の作製（高誘電体ゲート絶縁膜 他）／ナノ構造磁性薄膜の作製とスピントロニクスへの応用（強磁性トンネル接合（MTJ）他）他

執筆者：久保百司／髙見誠一／宮本 明　他23名

高分子添加剤と環境対策
監修／大勝靖一
ISBN978-4-88231-975-7　　　　　B846
A5判・370頁　本体5,400円＋税（〒380円）
初版2003年5月　普及版2008年4月

構成および内容：総論（劣化の本質と防止／添加剤の相乗・拮抗作用 他）／機能維持剤（紫外線吸収剤／アミン系／イオウ系・リン系／金属捕捉剤 他）／機能付与剤（加工性／光化学性／電気性／表面性／バルク性 他）／添加剤の分析と環境対策（高温ガスクロによる分析／変色トラブルの解析例／内分泌かく乱化学物質／添加剤と法規制 他）

執筆者：飛田悦男／児島史利／石井玉樹　他30名

農薬開発の動向 －生物制御科学への展開－
監修／山本 出
ISBN978-4-88231-974-0　　　　　B845
A5判・337頁　本体5,200円＋税（〒380円）
初版2003年5月　普及版2008年4月

構成および内容：殺菌剤（細胞膜機能の阻害剤 他）／殺虫剤（ネオニコチノイド系剤 他）／殺ダニ剤（神経作用性 他）／除草剤・植物成長調節剤（カロチノイド生合成阻害剤 他）／製剤／生物農薬（ウイルス剤 他）／天然物／遺伝子組換え作物／昆虫ゲノム研究の害虫防除への展開／創薬研究へのコンピュータ利用／世界の農薬市場／米国の農薬規制

執筆者：三浦一郎／上原正浩／織田雅次　他17名

耐熱性高分子電子材料の展開
監修／柿本雅明／江坂 明
ISBN978-4-88231-973-3　　　　　B844
A5判・231頁　本体3,200円＋税（〒380円）
初版2003年5月　普及版2008年3月

構成および内容：【基礎】耐熱性高分子の分子設計／耐熱性高分子の物性／低誘電率材料の分子設計／光反応性耐熱性材料の分子設計／【応用】耐熱注型材料／ポリイミドフィルム／アラミド繊維紙／アラミドフィルム／耐熱性粘着テープ／半導体封止用成形材料／その他注目材料（ベンゾシクロブテン樹脂／液晶ポリマー／BTレジン 他）

執筆者：今井淑夫／竹市 力／後藤幸平　他16名

二次電池材料の開発
監修／吉野 彰
ISBN978-4-88231-972-6　　　　　B843
A5判・266頁　本体3,800円＋税（〒380円）
初版2003年5月　普及版2008年3月

構成および内容：【総論】リチウム系二次電池の技術と材料・原理と基本材料構成／【リチウム系二次電池材料】コバルト系・ニッケル系・マンガン系・有機系正極材料／炭素系・合金系・その他非炭素系負極材料／イオン電池用電極液／ポリマー・無機固体電解質 他／【新しい蓄電素子とその材料】プロトン・ラジカル電池／【海外の状況】

執筆者：山﨑信幸／荒井 創／櫻井庸司　他27名

水分解光触媒技術 －太陽光と水で水素を造る－
監修／荒川裕則
ISBN978-4-88231-963-4　　　　　B842
A5判・260頁　本体3,600円＋税（〒380円）
初版2003年4月　普及版2008年2月

構成および内容：酸化チタン電極による水の光分解の発見／紫外光応答性一段光触媒による水分解の達成（炭酸塩添加法／Ta系酸化物へのドーパント効果 他）／紫外光応答性二段光触媒による水分解の達成／可視光応答性光触媒による水分解の達成（レドックス媒体／色素増感光触媒 他）／太陽電池材料を利用した水の光電気化学的分解／海外での取り組み

執筆者：藤嶋 昭／佐藤真理／山下弘巳　他20名

機能性色素の技術
監修／中澄博行
ISBN978-4-88231-962-7　　　　　B841
A5判・266頁　本体3,800円＋税（〒380円）
初版2003年3月　普及版2008年2月

構成および内容：【総論】計算化学による色素の分子設計 他【エレクトロニクス機能】新規フタロシアニン化合物 他【情報表示機能】有機EL材料 他【情報記録機能】インクジェットプリンタ用色素／フォトクロミズム 他【染色・捺染の最新技術】超臨界二酸化炭素流体を用いる合成繊維の染色 他【機能性フィルム】近赤外線吸収色素 他

執筆者：蛭田公広／谷口彬雄／雀部博之　他22名

電波吸収体の技術と応用 II
監修／橋本 修
ISBN978-4-88231-961-0　　　　　B840
A5判・387頁　本体5,400円＋税（〒380円）
初版2003年3月　普及版2008年1月

構成および内容：【材料・設計編】狭帯域・広帯域・ミリ波電波吸収体【測定法編】誘電率／電波吸収定数【材料編】ITS（弾性エポキシ）・ITS用吸音電波吸収体 他）／電子部品（ノイズ抑制・高周波シート 他）／ビル・建材・電波暗室（透明電波吸収体 他）【応用編】インテリジェントビル／携帯電話など小型デジタル機器／ETC【市場編】市場動向

執筆者：宗 哲／栗原 弘／戸高嘉彦　他32名

※ 書籍をご購入の際は、最寄りの書店にご注文いただくか、㈱シーエムシー出版のホームページ(http://www.cmcbooks.co.jp/)にてお申し込み下さい。

CMCテクニカルライブラリーのご案内

光材料・デバイスの技術開発
編集／八百隆文
ISBN978-4-88231-960-3　　　　B839
A5判・240頁　本体3,400円＋税（〒380円）
初版2003年4月　普及版2008年1月

構成および内容：【ディスプレイ】プラズマディスプレイ 他【有機光・電子デバイス】有機EL素子／キャリア輸送材料 他【発光ダイオード（LED）】高効率発光メカニズム／白色LED 他【半導体レーザ】赤外半導体レーザ 他【新機能光デバイス】太陽光発電／光記録技術 他【環境調和型光・電子半導体】シリコン基板上の化合物半導体 他
執筆者：別井圭一／三上明義／金丸正剛 他10名

プロセスケミストリーの展開
監修／日本プロセス化学会
ISBN978-4-88231-945-0　　　　B838
A5判・290頁　本体4,000円＋税（〒380円）
初版2003年1月　普及版2007年12月

構成および内容：【総論】有名反応のプロセス化学的評価 他【基礎的反応】触媒的不斉炭素-炭素結合形成反応／進化するBINAP化学 他【合成の自動化】ロボット合成／マイクロリアクター 他【工業的製造プロセス】7-ニトロインドール類の工業的製造法の開発／抗高血圧薬塩酸エホニジピン原薬の製造研究／ノスカール錠用固体分散体の工業化 他
執筆者：塩入孝之／富岡清／左右田茂 他28名

UV・EB硬化技術 IV
監修／市村國宏　編集／ラドテック研究会
ISBN978-4-88231-944-3　　　　B837
A5判・320頁　本体4,400円＋税（〒380円）
初版2002年12月　普及版2007年12月

構成および内容：【材料開発の動向】アクリル系モノマー・オリゴマー／光開始剤 他【硬化装置及び加工技術の動向】UV硬化装置の動向と加工技術／レーザーと加工技術 他【応用技術の動向】缶コーティング／粘接着剤／印刷関連技術／フラットパネルディスプレイ／ホログラム／半導体用レジスト／光ディスク／光学材料／フィルムの表面加工 他
執筆者：川上直彦／岡崎栄一／岡英隆 他32名

電気化学キャパシタの開発と応用 II
監修／西野敦／直井勝彦
ISBN978-4-88231-943-6　　　　B836
A5判・345頁　本体4,800円＋税（〒380円）
初版2003年1月　普及版2007年11月

構成および内容：【技術編】世界の主なEDLCメーカー【構成材料編】活性炭／電解液／電気二重層キャパシタ（EDLC）用半製品、各種部材／装置・安全対策ハウジング／ガス透過弁【応用技術編】ハイパワーキャパシタの自動車への応用例／UPS 他【新技術動向編】ハイブリッドキャパシタ／無機有機ナノコンポジット／イオン性液体 他
執筆者：尾崎潤二／齋藤貴之／松井啓真 他40名

RFタグの開発技術
監修／寺浦信之
ISBN978-4-88231-942-9　　　　B835
A5判・295頁　本体4,200円＋税（〒380円）
初版2003年2月　普及版2007年11月

構成および内容：【社会的位置付け編】RFID活用の条件 他【技術的位置付け編】バーチャルリアリティーへの応用 他【標準化・法規制編】電波防護 他【チップ・実装・材料編】粘着タグ 他【読み取り書きこみ機編】携帯式リーダーと応用事例 他【社会システムへの適用編】電子機器管理 他【個別システムの構築編】コイル・オン・チップRFID 他
執筆者：大見孝吉／椎野潤／吉本隆一 他24名

燃料電池自動車の材料技術
監修／太田健一郎／佐藤登
ISBN978-4-88231-940-5　　　　B833
A5判・275頁　本体3,800円＋税（〒380円）
初版2002年12月　普及版2007年10月

構成および内容：【環境エネルギー問題と燃料電池】自動車を取り巻く環境問題とエネルギー動向／燃料電池の電気化学 他【燃料電池自動車と水素自動車の開発】燃料電池自動車市場の将来展望 他【燃料電池と材料技術】固体高分子型燃料電池用改質触媒／直接メタノール形燃料電池 他【水素製造と貯蔵材料】水素製造技術／高圧ガス容器 他
執筆者：坂本良悟／野崎健／柏木孝夫 他17名

透明導電膜 II
監修／澤田豊
ISBN978-4-88231-939-9　　　　B832
A5判・242頁　本体3,400円＋税（〒380円）
初版2002年10月　普及版2007年10月

構成および内容：【材料編】透明導電膜の導電性と赤外遮蔽特性／コランダム型結晶構造ITOの合成と物性 他【製造・加工編】スパッタ法によるプラスチック基板への製膜／塗布光分解法による透明導電膜の作製 他【分析・評価編】FE-SEMによる透明導電膜の評価 他【応用編】有機EL用透明導電膜／色素増感太陽電池用透明導電膜 他
執筆者：水橋衛／南内嗣／太田裕道 他24名

接着剤と接着技術
監修／永田宏二
ISBN978-4-88231-938-2　　　　B831
A5判・364頁　本体5,400円＋税（〒380円）
初版2002年8月　普及版2007年10月

構成および内容：【接着剤の設計】ホットメルト／エポキシ／ゴム系接着剤 他【接着層の機能－硬化接着物をのしに－】力学的機能／熱的特性／生体適合性／接着層の複合機能 他【表面処理技術】光オゾン法／プラズマ処理／プライマー 他【塗布技術】スクリーン技術／ディスペンサー 他【評価技術】塗布性の評価／放散VOC／接着試験法
執筆者：駒峯郁夫／越智光一／山口幸一 他20名

※書籍をご購入の際は、最寄りの書店にご注文いただくか、
㈱シーエムシー出版のホームページ（http://www.cmcbooks.co.jp/）にてお申し込み下さい。